省地节能环保型住宅成套技术指南

住房和城乡建设部住宅产业化促进中心　编

中国建筑工业出版社

图书在版编目（CIP）数据

省地节能环保型住宅成套技术指南/住房和城乡建设部住宅产业化促进中心编. —北京：中国建筑工业出版社，2009

ISBN 978-7-112-10669-1

Ⅰ. 省… Ⅱ. 住… Ⅲ. ①节能—住宅—建筑设计—指南 ②无污染工艺—住宅—建筑设计—指南 Ⅳ. TU241-62

中国版本图书馆 CIP 数据核字（2009）第 009863 号

本书是在总结国家在推进住宅产业现代化，实施国家康居住宅示范工程、住宅性能认定的工作成果基础上，选择了符合“四节一环保”要求的、目前我国住宅建设中广泛推广的 13 项成熟适用技术，重点围绕各项技术的特点、类型、要求、适用范围以及存在的问题和发展方向等方面，从成套技术的角度进行了全面系统的阐述。力求编写的各项技术内容具体、翔实、准确、清晰；各项技术成熟、先进、实用；具有一定的参考借鉴性、实用性和引导性。

本书可供各地建设主管部门及住宅开发、设计、施工、监理等单位的相关人员参考学习。

* * *

责任编辑：刘　江　范业庶
责任设计：董建平
责任校对：兰曼利　王　爽

省地节能环保型住宅成套技术指南

住房和城乡建设部住宅产业化促进中心　编

*

中国建筑工业出版社出版、发行（北京西郊百万庄）
各地新华书店、建筑书店经销
北京永峥排版公司制版
北京市书林印刷有限公司印刷

*

开本：787×1092 毫米　1/16　印张：12¼　字数：310 千字
2009 年 3 月第一版　2009 年 3 月第一次印刷
印数：1—3000 册　定价：**35.00** 元

ISBN 978-7-112-10669-1
（17602）

编 委 会

编委会主任： 梁小青

编委： 叶　明　刘敬疆　陆　方　杨家骥　张兰若　王　琳

主编： 叶　明

各类技术的编写人员：

1　住宅结构体系技术：叶　明　杨家骥

2　外墙保温隔热技术：冯金秋　陆　方　张兰若

3　非承重内隔墙技术：陈　燕　叶　明

4　住宅屋面成套技术：周文清　叶　明

5　住宅厨卫成套技术：马韵玉　杨家骥　朱梓嘉

6　节能门窗技术：闫雷光　叶　明　张兰若

7　建筑外遮阳技术：叶　明　刘　江　张兰若

8　住宅采暖供热技术：李先瑞　杨家骥

9　太阳能热利用技术：梁小青　何梓年　杨金良　亓　琨

10　水源热泵技术：路　宾

11　住宅区中水回用技术：王耀棠　刘敬疆

12　住宅区雨水利用技术：徐志通　王耀棠　叶　明

13　小区智能化管理成套技术：方天培

前　言

近年来我国住宅建设发展迅速，居民对住房质量和品质的需求越来越高，国家对住宅建设的节能、节地、节水、节材和环保要求也不断提升。大力发展省地节能环保型住宅，已成为我国住宅产业发展和建筑节能工作的重要内容，并得到中央乃至全社会的高度关注。为了切实推动我国省地节能环保型住宅建设，提高住宅质量和品质，我们组织了有关方面的专家和相关企业，编写了《省地节能环保型住宅成套技术指南》一书。

本技术指南的编写，是在总结国家在推进住宅产业现代化，实施国家康居住宅示范工程、住宅性能认定的工作成果基础上，选择了符合“四节一环保”要求的13项成熟适用技术，重点围绕各项技术的特点、类型、要求、适用范围以及存在的问题和发展方向等方面，从成套技术的角度进行了全面系统的阐述。力求编写的各项技术内容具体、翔实、准确、清晰；各项技术成熟、先进、实用；具有一定的参考借鉴性、实用性和引导性。

本技术指南选择的13项成熟适用技术，是目前我国住宅建设中广泛推广的关键技术。本书的编写目的主要是供各地建设主管部门，以及住宅开发、设计、施工、监理等单位参考选用。希望本成套技术指南一书的编辑出版，能够对提升我国的住宅建设水平，推动省地节能环保型住宅建设，推进住宅产业现代化，起到积极的指导和促进作用。

目　录

1　住宅结构体系技术

1.1　技术概述

住宅结构体系是指住宅建筑中的支撑体部分，其选型直接关系到住宅的安全性、经济性和适用性。结构形式决定了住宅的建造方式、建筑材料和施工技术；结构质量也直接影响到住宅部品、部件的安装与装饰装修的质量。因此，住宅结构体系是住宅建筑中最为重要的部分。对于住宅结构体系相关技术的研究和应用，要依据我国目前以多层、中高层、高层为主导的集合式住宅的发展现状，而不能盲目地照搬国外的结构体系和相关技术。只有这样，才能更好地适应和满足我国住宅建设发展的实际需要。

我国住宅建筑的结构体系按照使用材料的不同，主要分为砌体结构、木结构、混凝土结构、钢结构以及它们的组合，例如砖混结构、组合结构等几大类型。其中目前最为常用的是砖混结构、混凝土结构、钢结构和组合结构。

1.2　砌体结构体系技术

1.2.1　砌体结构分类与技术指标

砌体结构是指用砖、石或砌块为块材，用砂浆砌筑的竖向承重结构，其水平结构一般采用混凝土构件。砌体结构按照所采用块材的不同，可分为砖砌体结构、砌块砌体结构和石砌体结构三大类。

（1）*砖砌体结构*

砖按照其生产工艺的不同，分为烧结砖和非烧结砖两大系列。烧结砖又分为烧结普通砖和烧结多孔砖。烧结普通砖是以黏土、页岩、煤矸石或粉煤灰为主要原料，经过焙烧而成的实心或孔洞率不大于规定值，且外形尺寸符合规定的砖，分为烧结黏土砖、烧结煤矸石砖、烧结页岩砖及烧结粉煤灰砖等，规格尺寸为：240mm×115mm×53mm。烧结多孔砖是以黏土、页岩、煤矸石或粉煤灰为主要原料，经焙烧而成，孔洞率不小于15%，孔的尺寸小而数量多，主要用于承重部位的砖，简称多孔砖。目前多孔砖主要分为P型砖和M型砖，其中常用的KP_1型砖的规格尺寸为240mm×115mm×90mm，DM型砖规格尺寸为190mm×190mm×90mm以及相应的配砖。在烧结类砖中烧结黏土砖国家已明确提出到2010年底所有城市城区禁止使用。非烧结砖系列主要包括蒸压灰砂砖、蒸压粉煤灰砖等。其中，蒸压灰砂砖是以石灰和砂为主要原料，经坯料制备、压制成型、蒸压养护而成的实心砖，简称灰砂砖。蒸压粉煤灰砖是以粉煤灰、石灰为主要原料，掺加适量石膏和集料，经坯料制备、压制成型、蒸压养护而成的实心砖，简称粉煤灰砖。灰砂砖与粉煤灰砖的规格尺寸与烧结普通砖相同。

（2）砌块砌体结构

砌块砌体结构目前在住宅建筑承重墙体材料中主要以混凝土小型空心砌块最为普遍，混凝土空心砌块是由普通混凝土（以砂石为骨料）或轻集料混凝土（以浮石、煤矸石为骨料）制成。它的主要规格尺寸为390mm×190mm×190mm，孔洞率一般在25%～50%之间。

目前，在我国多层住宅建筑中应用的砌体结构主要是以砖砌体结构和砌块砌体结构为主，其品种、性能、生产工艺和施工技术也日趋成熟，并已经得到广泛和大量采用，是多层住宅建筑结构用材的主要发展方向。砌体结构的具体技术分类和主要技术指标见表1-1。

砌体结构技术分类与主要技术指标　　**表1-1**

<table>
<tr><th rowspan="2">分类</th><th rowspan="2" colspan="3">主要材质及规格</th><th colspan="4">主要技术指标</th></tr>
<tr><th>强度等级</th><th colspan="2">抗风化性能</th><th>放射性</th></tr>
<tr><td rowspan="11">砖砌体结构</td><td rowspan="6">烧结类</td><td rowspan="4">烧结普通砖</td><td>烧结黏土砖</td><td rowspan="6">抗压强度分为MU30、MU25、MU20、MU15、MU10五个强度等级</td><td rowspan="4" colspan="2">抗风化性能应符合现行国家标准《烧结普通砖》GB 5101的规定</td><td rowspan="15">放射性核素限量应符合现行国家标准《建筑材料放射性核素限量》GB 6566的规定</td></tr>
<tr><td>烧结煤矸石砖</td></tr>
<tr><td>烧结页岩砖</td></tr>
<tr><td>烧结粉煤灰砖</td></tr>
<tr><td rowspan="2">烧结多孔砖</td><td>KP$_1$型砖</td><td rowspan="2" colspan="2">抗风化性能应符合现行国家标准《烧结多孔砖》GB 13544的规定</td></tr>
<tr><td>DM型砖</td></tr>
<tr><td rowspan="5">非烧结类</td><td rowspan="3" colspan="2">蒸压粉煤灰砖</td><td rowspan="3">抗压强度等级同烧结普通砖，其优等品不低于MU15</td><td>抗冻性</td><td rowspan="3">符合现行行业标准《粉煤灰砖》JC 239的规定</td></tr>
<tr><td>干燥收缩值</td></tr>
<tr><td>碳化性能</td></tr>
<tr><td rowspan="2" colspan="2">蒸压灰砂砖</td><td rowspan="2">抗压强度分为MU25、MU20、MU15、MU10、MU7.5五个强度等级</td><td colspan="2">抗冻性</td></tr>
<tr><td colspan="2">抗冻性能应符合现行国家标准《蒸压灰砂砖》GB 11945的规定</td></tr>
<tr><td rowspan="4">砌块砌体结构</td><td rowspan="4">非烧结类</td><td rowspan="4" colspan="2">混凝土空心砌块</td><td rowspan="4">抗压强度分为MU20、MU15、MU10、MU7.5、MU5五个强度等级</td><td>干燥收缩值</td><td rowspan="4">符合现行国家标准《普通混凝土小型空心砌块》GB 8239的规定</td></tr>
<tr><td>相对含水率</td></tr>
<tr><td>抗渗性</td></tr>
<tr><td>抗冻性</td></tr>
<tr><td>石砌体</td><td colspan="7">略</td></tr>
</table>

1.2.2　砌体结构主要技术内容

（1）砖砌体结构技术

砖砌体结构涉及的主要技术为配筋砖砌体技术。配筋砖砌体技术又包括：网状配筋砖砌体技术、组合砖砌体技术、砖砌体和钢筋混凝土构造柱组合墙技术等。

网状配筋砖砌体又称横向配筋砌体，是在砖柱或砖墙中每隔几皮砖在其水平灰缝中设置直径为3～4mm的方格网式钢筋网片或直径6～8mm的连弯式钢筋网片。在砌体受压时，网状配筋可约束砌体的横向变形，从而提高砌体的抗压强度；组合砖砌体技术是由砖砌体和钢筋混凝土面层或钢筋砂浆面层组成的构件，可以承受较大的偏心轴向力；砖砌体和钢筋混凝土构造柱组合墙是在砖砌体中每隔一定距离设置钢筋混凝土构造柱，并在各层楼盖处设置钢筋混凝土圈梁（约束梁），使砖砌体墙与钢筋混凝土构造柱和圈梁组成一个整体结构共同受力。

（2）*砌块砌体结构技术*

砌块砌体结构涉及的主要技术为配筋砌块砌体技术。配筋砌块砌体技术根据配筋方式和受力情况的不同可分为约束配筋砌块砌体技术和均匀配筋砌块砌体技术。

约束配筋砌块砌体技术是在砌块墙体的局部配置构造钢筋，如在砌块墙体的转角、丁字接头、十字接头和墙体较大洞口边缘设置竖向钢筋，并在这些部位设置一定数量的拉结钢筋网片。在地震设防烈度为6度、7度和8度地区应用该技术建造住宅的允许层数分别为7层、6层和5层；当采取加强构造措施后，可在原允许层数上增加一层，即分别可以建到8层、7层和6层。

均匀配筋砌块砌体技术是在砌块墙体上下贯通的竖向孔洞中插入竖向钢筋，并用混凝土灌实，使竖向、水平钢筋与砌体形成一个共同工作的整体，承受结构的竖向和水平作用，是结构的承重和抗侧力构件，在受力模式上类同于混凝土剪力墙结构，故又称为配筋砌块剪力墙。该技术对水平配筋和竖向配筋有最小含钢率要求，对砌体的注芯率一般要求大于50%。由于砌体的强度高、延性好，可用于大开间和中高层住宅建筑结构。均匀配筋砌块结构在地震设防烈度为6度、7度、8度和9度地区建造住宅的允许层数分别为18层、16层、14层和8层。

1.2.3 砌体结构执行标准

砌体结构设计总体上应符合现行国家标准《砌体结构设计规范》GB 50003、《建筑抗震设计规范》GB 50011 等规定要求。

多孔砖砌体结构设计应遵循现行行业标准《多孔砖砌体结构设计规范》JGJ137，蒸压灰砂砖砌体结构设计应遵循现行行业标准《蒸压灰砂砖砌体结构设计与施工规程》CECS 20:90，混凝土小型空心砌块砌体结构设计应遵循现行行业标准《混凝土小型空心砌块建筑技术规程》JGJ/T 14。

1.3 混凝土结构体系技术

目前我国中高层、高层住宅建筑主要以混凝土结构为主，结构形式有：框架结构、剪力墙结构、框架-剪力墙结构、筒体结构。其中前三种结构体系在住宅中应用最为普遍。

1.3.1 框架结构

框架结构是以混凝土梁、柱构成整体受力框架的结构形式。其特点是建筑平面布置灵活，可以获得较大的使用空间；结构具有较好的延性，但其整体侧向刚度较小，即抗侧力（地震、风荷载等）性能较弱；在强震作用下侧向变形大，非结构构件破坏较严重。框架结构适合大规模工业化装配式施工，效率较高。

框架结构在住宅中应用的主要形式是异形柱框轻结构。该结构适应住宅平面布置特点，用T形边柱、L形角柱及+形中柱与梁、板构成不露柱角的隐形框架结构；并采用轻质隔墙作围护结构以保温、隔热、节能。由此构成异形截面柱框架轻墙的节能住宅结构体系，简称异形柱框轻节能住宅结构体系。为使异形柱框架能承受更大侧向力的作用，有时还可在异形柱框架平面内加设斜撑，称为斜撑框架结构。异形柱框轻结构避免了室内墙角凸出柱的棱角，改善了室内空间，使住宅建筑设计及使用功能更为方便、灵活。结构上由于采用肢厚与填充墙厚度一致的非矩形截面柱，力学性能异于矩形截面柱，抵御斜向荷载作用的抗剪承载力提高。这种结构主要用于多层或低烈度地震区的中高层住宅。

异形柱框轻结构的不足在于：由于柱肢较薄，节点部位截面较窄，施工难度大；T形、L形异形柱截面不同方向的受力性能差异较大；由于轴压比限制，柱截面较小，房屋层数也受限制；同时，由于截面形状不规则，抗剪性能比矩形柱降低；特别是高烈度地震区，由于结构抗扭能力差，应用受到一定限制。

1.3.2　剪力墙结构

剪力墙结构纵、横方向承重构件主要为混凝土结构墙，该结构形式用墙板代替框架结构中的梁柱以承担内力，并能有效地承担水平力。剪力墙结构刚度大；能承受竖向和水平力；空间整体性好；在水平力作用下侧向变形小；作为住宅建筑有利于避免设备管道及非结构构件的破坏；由于没有梁柱等构件的外露、凸出，空间使用率高；便于室内布置，方便使用。缺点是受平面布置的限制，不能提供较大的使用空间；结构自重较大。剪力墙结构形式是高层住宅采用最为广泛的一种结构形式。剪力墙结构分为以下几种结构形式：全落地结构剪力墙的所有剪力墙体全部落地；部分框支剪力墙（柱支剪力墙）结构在底部开洞，使部分剪力墙“不落地”而由框架支撑上部结构，这样就获得了底部较大的使用空间；短肢剪力墙的墙肢截面高厚比为5~8。通常当短肢剪力墙所承担的第一振型底部地震倾覆力矩达到结构底部总地震倾覆力矩的40%~50%时，可认为是短肢剪力墙。

短肢剪力墙结构是近年发展较快的结构形式，它保留了异形柱出墙面平整的优点，又克服了异形柱抗震性能较弱的缺点。与普通的剪力墙相比，短肢剪力墙结构体系具有以下特点：

(1) 布置灵活，建筑功能容易满足，适于建造11~20层住宅，造价相对比普通剪力墙结构低。

(2) 可以开较大洞口，结构自重比较轻；侧移刚度较小，结构柔，地震作用较小；可获得良好的采光、通风效果。

(3) 短肢剪力墙一般为高剪力墙（高宽比大于2），水平荷载作用下墙体破坏多呈弯曲状态。同时连梁截面跨高比大，破坏也呈弯曲状态。所以，短肢剪力墙具有较大延性。

由于短肢剪力墙结构起步较晚，这项技术尚在发展，尤其在高烈度地震区的应用，仍需大量研究工作。我国的《高层建筑混凝土结构技术规范》JGJ 3 对短肢剪力墙在结构布置、抗震等级及轴压比限制等方面比普通剪力墙更严格，而对其计算模型、适用高度、构造措施等未作明确说明。因此，目前急需解决短肢剪力墙结构的力学性能、破坏形态、抗震性能的系统研究，并建立完整的设计方法。

1.3.3 框架剪力墙结构

框架剪力墙结构是在框架结构中设置一定数量的剪力墙以增加结构的抗侧力性能，形成的一种具有双重特点的结构体系。其优点是：布置灵活、使用空间较大；结构刚度较大；具有多道抗震防线和良好的抗震性能，应用范围较为广泛。缺点是：由于建筑使用功能的要求，剪力墙的平面布置受到限制；可能会造成结构偏心、平面不规则等结构缺陷。水平荷载下框架剪力墙结构的侧向变形特征为弯剪型。

1.4 钢结构体系技术

住宅建筑中最常用的钢结构体系多属轻钢结构范畴；重钢结构多用于大型公共建筑。住宅轻钢结构分为“冷钢”（冷成型）和“热钢”（热成型）两大类。代表结构体系是：冷弯薄壁型钢结构体系、热轧 H 型钢结构体系。

1.4.1 冷弯薄壁型钢结构

冷弯薄壁型钢结构是通过辊式冷成型机组将 0.4 ~3.0mm 厚度的镀锌薄钢板轧制成型钢，并采用螺栓、自攻螺栓、拉铆等（无焊接）冷连接方式组装成的结构。该结构的形式又可分为：门式钢架、钢框架、板式体系、盒子结构等。其中板式体系和盒子结构在住宅中较多使用，但一般多应用于3 层及3 层以下的低层住宅。

1.4.2 热轧 H 型钢结构

热轧 H 型钢结构通过焊接或螺栓连接将热轧 H 型钢组合成钢框架结构，一般用于小高层和高层住宅。

1.5 组合结构体系技术

组合结构一般指钢 - 混凝土组合结构（Composite Steel and Concrete Structure），特点是将钢结构及混凝土结构组合在一起共同承载受力，由于充分发挥了两种结构材料的各自优势，整体性能优于两者性能的叠加。除钢-混凝土组合结构外，还有木-砌体结构的组合、钢-砌体结构的组合等，应用最多的还是钢-混凝土组合结构。

组合结构的组合方式和途径具有多样性：如不同材料间的粘结、机械连接形成的抗剪、抗拔力；构件或材料间的相互约束与支持等。灵活运用组合概念，扬长避短应用各种材料，可以获得性能优越的组合构件或组合结构体系。典型的有：钢 - 混凝土组合梁、钢管混凝土、型钢混凝土等。

钢-混凝土组合结构分为以下类型：组合框架结构体系、横向组合结构体系、竖向组合结构体系、巨型组合结构体系等。

1.6 各类结构体系的比较

各类结构体系的优缺点比较见表 1-2。

各类结构体系的优缺点比较　　表 1-2

结构类型	优　点	缺　点
砌体结构	(1) 材料来源广泛，易于就地取材； (2) 耐火、耐久性能良好； (3) 保温、隔热性能好，节能效果明显； (4) 节省水泥、钢材，节材特点突出； (5) 施工工期短，工艺简单易行； (6) 工程造价低，有较大的成本优势	(1) 建筑内外墙截面尺寸较大，使用面积系数低，不利于大开间和灵活分隔； (2) 结构整体性差，抗震及抗裂性能差； (3) 砌体的抗拉、抗弯及抗剪强度低； (4) 工业化程度低，手工湿作业，施工质量难以控制
混凝土结构	(1) 结构整体性好，建筑抗震性能、耐火性能、耐久性能良好； (2) 适用于中高层、高层住宅结构； (3) 建筑平面布局灵活，易实现大开间； (4) 施工工艺成熟可靠，工程质量易保证； (5) 可预制装配，实现工厂化生产	(1) 结构自重相对较大，水泥、钢材用量较大，综合造价相对较高； (2) 保温、隔热性能较差，墙体外保温构造做法成本较高； (3) 施工工艺较复杂，现场湿作业，施工周期较长
钢结构	(1) 结构重量轻，构件尺寸小，材料用量较少； (2) 工厂化制作，装配化施工，质量有保证； (3) 施工速度快，工期短；干作业施工，对环境污染小； (4) 建筑空间布置灵活，较易实现大空间	(1) 防火性能差； (2) 防腐成本较大； (3) 工程造价较高，建造成本远高于混凝土结构； (4) 外围护结构的配套技术不成熟； (5) 型钢结构难以在小开间住宅中发挥作用
组合结构体系	(1) 力学性能和使用性能良好； (2) 综合经济指标优于钢结构及混凝土结构体系； (3) 施工速度快，工期短	(1) 建筑构造配套技术不够成熟； (2) 结构计算模型不十分成熟

1.7　各类常用结构体系适用范围

各类常用的结构体系在住宅建筑中的适用范围见表 1-3。

各类常用结构体系适用范围　　表 1-3

结构类型 \ 住宅类型		低层 3 层及以下	多层 4～6 层	中高层 7～9 层	高层 9 层以上
混凝土结构体系	异形柱框架结构	不适合	适合	适合	不适合
	短肢剪力墙结构	不适合	不适合	不适合	适合
	剪力墙结构	不适合	不适合	不适合	适合
	框架剪力墙结构	不适合	不适合	不适合	适合
砌体结构体系	网状配筋砖砌体结构	不适合	适合	部分适合	不适合
	组合砖砌体结构	不适合	适合	部分适合	不适合
	砖砌体和钢筋混凝土构造柱组合墙结构	不适合	适合	部分适合	不适合
	约束配筋砌块砌体结构	不适合	适合	适合	不适合
	均匀配筋砌块砌体结构	不适合	不适合	适合	适合

续表

结构类型 \ 住宅类型		低层	多层	中高层	高层
		3层及以下	4~6层	7~9层	9层以上
钢结构体系	冷弯薄壁型钢结构	适合	不适合	不适合	不适合
	热轧H型钢结构	不适合	不适合	适合	适合
组合结构	钢-混凝土组合结构	不适合	不适合	不适合	适合

1.8 各类结构体系的发展趋势

1.8.1 砌体结构体系

砌体结构作为一种量大面广的传统结构形式，具有材料来源广泛、工程造价低、施工方式简单易行等特点，在多层住宅建筑中将得到广泛应用。当前，其发展完善的趋势如下：

(1) 新型墙体材料发展迅速

替代黏土砖的轻质高强砖块、砌块以及高粘结强度砂浆的研究和应用会得到进一步发展。在国家禁止黏土类砖使用的前提下，替代产品如蒸压灰砂砖、蒸压粉煤灰砖、页岩砖、混凝土砌块等将成为今后多层住宅砌体结构的主要墙体材料。同时砖和砌块的强度等级将会逐步提高（新规范已将砖、砂浆的最低强度等级分别提高到MU10、M2.5）。此外，配套的高强砂浆以及砌筑工艺等也将会迅速发展，以提高砌体结构房屋的整体性和抗裂能力。

(2) 砌体结构技术进一步完善

我国采用的砌体结构计算原理和方法与欧美不同。近年对无筋及配筋砌块砌体进行的试验研究取得了系统的成果，可以采用我国自行开发的技术。对于砌块房屋抗震设计可采用国外行之有效的配筋芯柱做法，也可移植我国砖混结构房屋抗震惯用的构造柱做法。构造柱施工质量更容易检查和监控，可确保砌体的抗震性能。采用抗震构造柱还便于使用多排孔砌块，有利于改善墙体的热工性能。国外经验和我国的研究及试点工程表明，在多层、中高层住宅中采用配筋砌体（尤其是配筋砌块剪力墙）抗震和抗裂性能良好，且可节约钢筋和木材，加快施工速度，经济效益显著。

(3) 专业化程度进一步提高

砌体结构施工专业化是今后发展的主要趋势，为保证工程质量，必须研究开发适合于砌块特点的施工技术，包括施工准备、砌块供应、砌筑方法、施工机具、配套器材、工程质量检验等。应结合我国的具体条件和施工习惯，总结各地经验，逐步形成较规范的砌块建筑施工技术，使施工实现专业化。

1.8.2 混凝土结构体系

混凝土结构今后仍将是中高层、高层住宅的主要结构形式，以短肢剪力墙、剪力墙结构体系的方式大量应用，建造方式将逐步向现浇和预制装配式或叠合式相结合的方向发展。

1.8.3 钢结构体系

钢结构虽具有轻质高强、构件截面小、抗震性能好、施工速度快等优点，但对于住宅而言仍存在严重欠缺。一是冷弯薄壁型钢结构仅适用于低层住宅建筑，由于受到政策的限制，没有太大的应用市场；二是热轧H型钢结构防火性能差、防腐投入大、工程造价高，特别是住宅开间、跨度小，H型钢的优势难以发挥；三是尚未形成完整的建筑技术体系，目前还仅限于结构体系技术本身，相应的外围护结构配套技术不完善。因此，钢结构住宅应用将会受到一定制约，其发展方向尚待进一步研究。

1.8.4 组合结构体系

组合结构在住宅中的应用尚处于研究和试用阶段。由于受结构设计、建筑材料、施工技术以及工程造价等因素的影响，发展较慢。组合结构技术的发展趋势，将随着我国经济和科学技术水平的提高，组合结构技术会有较大的提高，将由组合构件向组合结构体系方向发展，设计方法、施工工艺更加精细，地下工程、隧道工程、海洋工程和结构加固等领域的发展空间会更加广泛。

2 外墙保温隔热技术

2.1 技术概述

外墙保温隔热技术经过多年的技术发展及工程实践，目前已形成一些比较成熟的技术体系，并被广泛地应用于住宅工程建设，主要包括外墙外保温系统、外墙内保温系统、复合墙体保温系统、外墙结构自保温系统等，并形成了各自的技术优势和特点以及适用性。

由于我国南北方气候差异较大，在工程建设中如何根据本地气候区的特点，科学合理地选用墙体保温隔热技术措施，满足建筑节能的要求，是当前建筑节能工作需要解决的重要问题。特别是夏热冬冷地区和夏热冬暖地区，由于建筑节能工作起步较晚，对墙体保温隔热技术措施的应用，缺乏系统的研究和工程实践经验，有些工程项目盲目照搬严寒、寒冷地区的经验和做法，不仅浪费了资源，而且已出现诸多的问题和隐患。究其原因，主要是对各种保温隔热系统的技术特点和适用性，以及本地区的气候特性缺乏系统的研究。本章主要针对目前工程应用中比较成熟的、先进适用的外墙保温隔热技术以及相关的技术内容进行系统总结归纳，供各地区有关方面在工程建设中参考借鉴。

2.2 外墙外保温技术

由于外墙外保温技术因其具有优良的保温隔热性能、能消除墙体中的结构性热桥、保护主体结构、少占用建筑面积、不影响室内装修、便于既有建筑的节能改造等特点，因此外墙外保温系统目前在我国已成为主导的墙体保温技术措施。同时，在住宅工程的实际应用中，也出现了形式多样的外墙外保温的技术类型和构造做法，现将相关的技术内容总结如下。

2.2.1 外墙外保温技术类型与特点

外墙外保温的技术类型与特点详见表2-1。

外墙外保温技术类型与特点 表2-1

技术名称	技术特点	存在不足	适用范围
EPS板薄抹灰外保温系统	由EPS板保温层、薄抹面层和饰面涂层构成。EPS板用胶粘剂固定在基层上，薄抹面层中满铺玻纤网。EPS板薄抹灰系统是目前国内外技术上较为成熟的外保温系统	在高温干燥地区易产生裂缝变形。EPS板属热塑性材料，防火性能较差。耐久年限有限。高层建筑抵抗负风压能力低	各类气候区混凝土和砌体结构外墙。高层或超高层慎用

续表

技术名称	技术特点	存在不足	适用范围
胶粉EPS颗粒保温浆料外保温系统	由界面层、胶粉EPS颗粒保温浆料保温层、抗裂砂浆薄抹面和饰面组成。保温浆料经现场拌合后喷涂或抹在基层上，薄抹面层中满铺玻纤网	胶粉EPS颗粒保温浆料密度和导热系数较大，保温性能较差，保护层表面最高温度和温度变化幅度均低于EPS板薄抹灰系统。系统粘结强度较低	夏热冬冷地区、夏热冬暖地区混凝土和砌体结构外墙
EPS板现浇混凝土外保温系统	EPS板内表面设有燕尾槽置于外模板内侧（或直接代替外模板），安装固定件（或支护），浇筑混凝土后，墙体与EPS板形成整体，表面满铺玻纤网、薄抹灰、饰面层	施工工艺复杂，专业化程度要求较高，模板支护难度较大	主要用于寒冷和严寒地区现浇混凝土剪力墙结构外墙
XPS板外保温系统	XPS板外墙外保温系统以挤塑聚苯板为保温材料，表面做玻纤网增强薄抹面层和饰面涂层。用胶粘剂粘结在外墙上。粘结XPS板及做抹面层前，先在XPS板表面涂界面剂，并采用锚栓固定	XPS板热稳定性、界面可粘性差。特别在工程应用中不能使用普通板和再生板，需要采用改进后的专用板	各类气候区混凝土和砌体结构外墙
泡沫玻璃外保温系统	由泡沫玻璃保温层、玻纤网增强薄抹面层和饰面层组成	造价相对较高，系统构造处理不当易产生裂缝	夏热冬冷地区、夏热冬暖地区混凝土和砌体结构外墙
聚氨酯硬泡外保温系统	硬泡聚氨酯导热系数低，柔韧性、粘结性能好，抗外界变形能力强，具有良好的阻燃性、防水性、耐候性。可达到较高的建筑节能标准。主要工艺有：喷涂法、浇注法、粘贴法、干挂法	对聚氨酯硬泡原材料的质量及其稳定性要求较高。具有较强的专业性与技术特性，必须要专业化队伍设计与施工	各类气候区混凝土和砌体结构外墙

2.2.2　外墙外保温系统及主要组成材料的技术性能

（1）外墙外保温系统的技术性能要求详见表2-2。

外墙外保温系统技术性能要求　　　　**表2-2**

项　目	技　术　要　求
耐候性	经耐候性试验后，不得出现饰面层起泡或剥落、保护层空鼓或脱落等破坏，不得产生渗水裂缝。具有薄抹面层的外保温系统，抹面层与保温层的拉伸粘结强度应不小于0.1MPa，并且破坏部位应位于保温层内
抗风荷载性能	系统抗风压值R_d不小于风荷载设计值。 除机械固定系统安全系数K不应小于2外，其余三种保温系统的安全系数K不应小于1.5

续表

项　目	技 术 要 求
抗拉强度	现浇系统和保温浆料系统抗拉强度不应小于 0.1MPa，并且破坏部位不得位于各层界面
抗冲击性	建筑物首层墙面以及门窗口等易受碰撞部位：10J 级； 建筑物二层以上墙面等不易受碰撞部位：3J 级
吸水量	水中浸泡 1h，只带有抹面层和带有全部保护层的系统的吸水量均不应大于等于 1.0kg/m²
耐冻融性能	30 次冻融循环后，保护层无空鼓、脱落，无渗水裂缝。保护层与保温层的拉伸粘结强度应不小于 0.1MPa，破坏部位应位于保温层内
热阻	复合墙体符合设计要求
抹面层不透水性	2h 不透水
保护层水蒸气渗透阻	符合设计要求

注：水中浸泡 24h，只带有抹面层和带有全部保护层的系统的吸水量小于 0.5kg/m² 时，不检验耐冻融性能。

(2) 外保温系统主要组成材料及部件的性能要求详见表 2-3，聚氨酯硬泡材料性能指标见表 2-4。

外保温系统主要组成材料及部件性能要求　　　　表 2-3

<table>
<tr><th colspan="4">检 验 项 目</th><th colspan="2">性 能 要 求</th></tr>
<tr><td rowspan="3">胶粘剂</td><td rowspan="4">拉伸粘结强度（MPa）</td><td rowspan="2">与水泥砂浆</td><td>干燥状态</td><td colspan="2">≥0.6</td></tr>
<tr><td>浸水 48h，取出后 2h</td><td colspan="2">≥0.4</td></tr>
<tr><td colspan="2">与 EPS 板</td><td colspan="2">干燥状态和浸水 48h 后≥0.1，破坏部位应位于 EPS 板内</td></tr>
<tr><td>抹面胶浆
抗裂砂浆
界面砂浆</td><td colspan="2">与 EPS 板或胶粉 EPS 颗粒保温浆料</td><td colspan="2">干燥状态和浸水 48h 后≥0.1，破坏部位应位于 EPS 板内或胶粉 EPS 颗粒保温浆料内</td></tr>
<tr><td rowspan="2">玻纤网</td><td colspan="3">经向和纬向耐碱拉伸断裂强力（N/50mm）</td><td colspan="2">≥750</td></tr>
<tr><td colspan="3">经向和纬向耐碱拉伸断裂强力保留率（%）</td><td colspan="2">≥50</td></tr>
<tr><td rowspan="13">EPS 保温材料</td><td colspan="3">品种</td><td>EPS 板</td><td>胶粉 EPS 颗粒保温浆料</td></tr>
<tr><td colspan="3">密度（kg/m³）</td><td>18～22</td><td>—</td></tr>
<tr><td colspan="3">干密度（kg/m³）</td><td>—</td><td>180～250</td></tr>
<tr><td colspan="3">导热系数[W/(m·K)]</td><td>≤0.041</td><td>≤0.060</td></tr>
<tr><td colspan="3">水蒸气渗透系数[ng/(Pa·m·s)]</td><td>符合设计要求</td><td>符合设计要求</td></tr>
<tr><td colspan="3">压缩性能（MPa）（形变 10%）</td><td>≥0.10</td><td>≥0.25（养护 28d）</td></tr>
<tr><td rowspan="2">抗拉强度（MPa）</td><td colspan="2">干燥状态</td><td>≥0.10</td><td rowspan="2">≥0.10</td></tr>
<tr><td colspan="2">浸水 48h，取出后干燥 7d</td><td>—</td></tr>
<tr><td colspan="3">线性收缩率（%）</td><td>—</td><td>≤0.3</td></tr>
<tr><td colspan="3">尺寸稳定性（%）</td><td>≤0.3</td><td>—</td></tr>
<tr><td colspan="3">软化系数</td><td>—</td><td>≥0.5（养护 28d）</td></tr>
<tr><td colspan="3">燃烧性能</td><td>阻燃型</td><td>—</td></tr>
<tr><td colspan="3">燃烧性能级别</td><td colspan="2">B_1</td></tr>
</table>

续表

检验项目			性能要求
EPS钢丝网架板	热阻（$m^2 \cdot K/W$）	腹丝穿透型	≥0.73（50mm厚EPS板） ≥1.5（100mm厚EPS板）
		腹丝非穿透型	≥1.0（50mm厚EPS板） ≥1.6（80mm厚EPS板）
	腹丝镀锌层		符合QB/T 3897—1999规定
饰面材料			必须与其他系统组成材料相容，应符合设计要求和相关标准规定
锚栓			符合设计要求和相关标准规定
泡沫玻璃	密度（kg/m^3）		≤180
	抗压强度（MPa）		≥0.6
	抗折强度（MPa）		≥0.6
	体积吸水率（%）		≤0.5
	导热系数[W/(m·K)]		≤0.060
XPS板	密度（kg/m^3）		25～32
	压缩强度（kPa）		150～250
	导热系数[W/(m·K)]		≤0.029

聚氨酯硬泡材料性能指标　　表2-4

序号	项目		指标要求			测试方法
			喷涂法	浇注法	粘贴法或干挂法	
1	表观密度（kg/m^3）		≥35	≥38	≥40	GB/T 6343
2	导热系数(23±2℃)[W/(m·K)]		≤0.023			GB/T 3399
3	拉伸粘结强度（kPa）		≥150①	≥100②	≥150③	JGJ144—2004、JGJ 110
4	拉伸强度（kPa）		≥200④	≥200⑤	≥200	GB/T 9641
5	断裂延伸率（%）		≥7	≥5	≥5	
6	吸水率（%）		≤4			GB/T 8810
7	尺寸稳定性（48h）（%）		80℃　≤2.0 -30℃　≤1.0			GB/T 8811
8	阻燃性能	平均燃烧时间（s）	≤70			GB/T 8332
		平均燃烧范围（mm）	≤40			
		烟密度等级（SDR）	≤75			GB/T 8627

①是指与水泥基材料之间的拉伸粘结强度；②是指与水泥基材料之间的拉伸粘结强度；③是指聚氨酯硬泡材料与其表面的面层材料之间的拉伸粘结强度；④拉伸方向为平行于喷涂基层表面（即拉伸受力面为垂直于喷涂基层表面）；⑤拉伸方向为垂直于浇注模腔厚度方向（即拉伸受力面为平行于浇注模腔厚度方向）。

2.2.3 外墙外保温技术选用要点

（1）在进行建筑热工设计时，保温层内表面温度应高于0℃，外保温系统应包覆门窗框外侧洞口、女儿墙以及封闭阳台等热桥部位。

（2）饰面层具有保护整个外保温构造不受紫外线以及其他自然力损害的作用。饰面层应具有很好的不透水性，同时还应具有良好的水蒸气渗透性，以保证不至于形成对外保温构造有害的不透气层。饰面层还应与保温材料及抹面材料相容，不得对保温材料及抹面材料造成破坏。

（3）应做好外保温工程的密封和防水构造设计，确保水不会渗入保温层及基层，重要部位应有详图。水平或倾斜的出挑部分以及延伸至地面以下的部位应做防水层。在外墙外保温系统上安装的设备或管道应固定于基层上，并应做密封和防水设计。

（4）EPS板易受昆虫（如白蚁）、隐花植物和啮齿动物（如老鼠）侵害，设计时需加注意并采取可靠措施。

（5）各种外保温系统都有其特有的构造形式和组成材料，选用时不得随意更改。应按标准规定选用外保温系统，尤其是不得将涂层饰面随意更换为面砖饰面，也不得将EPS板随意换成XPS板。

（6）外保温系统至少应在25年内保持完好，这就要求系统能够承受周期性热湿和热冷气候条件的长期作用。外保温系统夏季暴露于太阳辐射下时，表面温度最高可达80℃。在太阳暴晒后突然降雨的情况下，表面温度可产生50℃的骤然变化。在我国北方严寒地区，冬季气温可降至-40℃。为了保证外保温系统具有可靠的耐久性，选用时应要求供应商提交耐候性检验报告。

（7）应要求外保温系统供应商成套供应系统全部组成材料（包括保温板和饰面涂料）。并要求提供书面施工方案，严格按施工方案和相关标准规定施工。

（8）在正确使用和正常维护的条件下，外墙外保温工程的使用年限不应少于25年。正常维护包括局部修补和饰面涂层维修两个部分，对局部破坏应及时修补。对于不可触及的墙面，饰面层正常维修周期应不小于5年。

（9）对于具有薄抹面层的外保温系统，保护层设计厚度不应小于3mm，并且不宜大于6mm。抹面层应满足以下要求：

1）吸收保温材料因气候条件变化而产生的热胀冷缩应力，本身不发生损坏。

2）具有防水性能。

3）保证外表面有足够的抗冲击性。

4）保温材料表面要求平整，以便做饰面层。

（10）对于外保温系统贴面砖的质量控制要点：

1）应采用以粘结为主，粘钉结合方式固定EPS板，锚栓应钉在玻纤网外并钉在粘胶点处。EPS板与基层和抹面层应有可靠的粘结。

2）经耐候性试验后，面砖与抹面层的粘结强度应不小于0.4MPa，面砖与EPS板保温层的粘结强度应不小于0.2MPa，并且破坏部位应为EPS板。

3）EPS板的密度应不低于20kg/m^3，厚度40~200mm。

4）瓷砖胶粘剂耐冻融性能应符合标准规定。

5）玻纤网面密度≥160g/m²，玻纤网耐碱性应符合《胶粉聚苯颗粒外墙外保温系统》JG 158 的规定。

6）面砖厚度不大于 8mm。

（11）当建筑物高度超过 20m 时，建议聚苯板与基墙采用锚栓辅助固定。

2.2.4　外墙外保温系统主要技术内容

（1）聚苯板薄抹灰外墙外保温系统

聚苯板薄抹灰外墙外保温系统是目前应用比较广泛，也是比较成熟的一种外墙外保温系统。该保温系统适用于抗震设防烈度不大于 8 度的各类气候区的混凝土和砌体结构的住宅建筑外墙保温。其具体构造做法如下：

1）涂料饰面基本构造：

①基层墙体：基层墙体；

②粘结层：EPS 板粘结胶浆（或 XPS 板专用粘结胶浆）；

③保温层：EPS 板（或双面界面处理的毛面 XPS 板）；

④锚固件：根据建筑物高度设置（2~4 个/m²）；

⑤抗裂保护层：EPS 板抗裂胶浆（或 XPS 板专用抗裂胶浆）内含玻璃纤维耐碱网格布；

⑥饰面层：弹性底涂 + 柔性耐水腻子 + 面层涂料。

2）瓷砖饰面基本构造：

①基层墙体：基层墙体；

②粘结层：EPS 板粘结胶浆；

③保温层：EPS 板；

④抗裂保护层：EPS 板抗裂胶浆，内含玻璃纤维耐碱网格布塑料胀栓；

⑤饰面层：面砖粘结胶浆 + 面砖 + 专用面砖勾缝剂。

3）具体构造做法如图 2-1 所示。

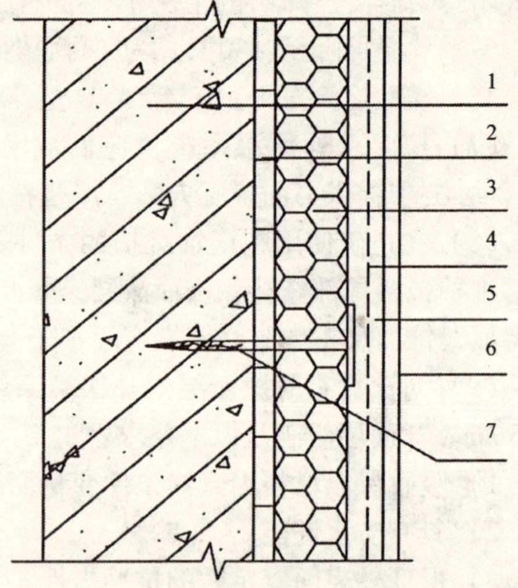

图 2-1　EPS 板外墙外保温系统构造示意图

1—基层；2—胶粘剂；3—EPS 板；4—玻纤网；5—薄抹面层；6—饰面层；7—锚栓

4）关键控制点：

由于 XPS 板外墙外保温系统在我国的应用时间较短，在质量保障和规范管理方面刚刚起步，在实际应用中仍面临一些问题，主要表现在：没有相关标准法规对整个技术系统的综合质量以及其材料、工艺、实验手段、检测依据等进行规范。因此，在实际应用中该保温系统应特别控制 XPS 板、网格布、聚合物砂浆的各项技术指标与配料的质量；XPS 板必须与墙面粘贴牢固、无松动和虚粘现象；聚合物砂浆与 XPS 板必须粘结紧密，无脱层、空鼓，面层无爆灰和裂缝。

5）执行标准：

《膨胀聚苯板薄抹灰外墙外保温系统》JG 149。

(2) 硬质聚氨酯泡沫外墙外保温系统

根据研究测试及工程应用证明，硬质聚氨酯泡沫外墙外保温系统具有良好保温隔热性能，硬质聚氨酯泡沫的导热系数低于空气导热系数，强度高，具有良好的绝热性能及物理性能，是一种高性能的保温材料，在我国建筑围护结构保温工程中硬质聚氨酯泡沫具有广阔的应用前景。

1）硬质聚氨酯泡沫外墙外保温系统的主要工艺形式

目前在建筑工程的实际应用中，硬泡聚氨酯外墙外保温系统主要工艺形式有：现场喷涂法、聚氨酯板材贴板法、聚氨酯复合板材贴板法、现场浇注（可拆模、免拆模）法、聚氨酯干挂法。下面分述如下：

①聚氨酯喷涂法

聚氨酯喷涂法是目前国内建筑聚氨酯保温做法中常见的一种形式。硬泡聚氨酯直喷工艺技术较难掌握，易产生喷涂不均匀和喷涂成品不合格。喷涂设备操作人员必须经过严格和系统的全面培训。

②聚氨酯板材法

聚氨酯板材做法是结合板材的可以预制的特点和施工简便的特点，可以实现工业化规模生产，并且可以保证质量稳定。

③聚氨酯复合板材法

聚氨酯复合板材法是将保护层与保温层复合加工而成，也可以实现规模化工业生产，扩大产量，保证质量稳定，施工时保温层和保护层同步施工，简化了工艺程序。

④现场浇注（可拆模、免拆模）法

墙板现场浇注法是利用预制的标准尺寸纤维压力板作为外保护层和模板，利用浇注成型聚氨酯的方法，一次成型保温系统，工艺简单，成型效果好。

⑤聚氨酯干挂法

聚氨酯干挂法施工是指将聚氨酯硬泡保温装饰复合板干挂在外墙基层形成聚氨酯硬泡外墙外保温系统，该方法属于干作业施工。该系统可分为无龙骨、有龙骨两大类。饰面层有氟碳涂料面、仿石面等多种形式。

硬泡聚氨酯外墙外保温系统目前共有上述五种做法，是针对建筑构造形式多样化而形成的，异形墙面建筑和屋面多数采取喷涂做法，保温防水一体化效果优异；板材做法因为与聚苯板同样的施工工艺，并采取了板材缝隙熔缝处理，因此便于推广施工；浇注法施工简便，与板材法一样无现场污染问题，因此更加适用于建筑体系。

2）聚氨酯硬泡外墙外保温系统的整体性能要求见表2-5。

聚氨酯硬泡外墙外保温系统整体性能要求 表2-5

序号	项 目	指 标 要 求	测试方法
1	抗风荷载性能	系统抗风压值 R_d 不小于风荷载设计值。对于饰面层粘结于保温层的外保温系统，系统的安全系数 K 应不小于1.5；对于饰面层干挂的外保温系统，系统的安全系数 K 应不小于2	JGJ 144—2004

续表

序号	项　目		指 标 要 求	测试方法
2	抗冲击性	普通型	3J 级，适用于建筑物二层及以上墙面等不易受碰撞部位	JGJ 144—2004
		加强型	10J 级，适用于建筑物首层墙面以及门窗口等易受碰撞部位	
3	吸水量		水中浸泡 1h，系统的吸水量小于 1.0kg/m²	JGJ 144—2004
4	耐冻融性能		对于饰面层粘结于保温层的外保温系统，30 次冻融循环后，保护层无空鼓、脱落，无渗水裂缝；保护层与保温层的拉伸粘结强度不小于 0.1 MPa，破坏部位应位于保温层。对于饰面层干挂的外保温系统，30 次冻融循环后，系统各部分外观无明显变化	JGJ 144—2004
5	热　阻		系统的热阻应符合设计要求	GB/T 13475
6	抹面层不透水性		2h 不透水	JGJ 144—2004
7	水蒸气渗透阻		水蒸气湿流密度≥0.85g/(m²·h)	JGJ 144—2004 GB/T 17146
8	燃烧性能		热释放速率峰值≤10kW/m²，总放热量≤5MJ/ m²	GB/T 16172
9	系统耐候性		对于饰面层粘结于保温层表面的外保温系统，经过耐候性试验后，系统不得出现饰面层起泡或剥落、保护层空鼓或脱落等破坏，不得产生渗水裂缝；具有抹面层的系统，抹面层与保温层的拉伸粘结强度不得小于 0.1 MPa，且破坏部位应位于保温层。对于饰面层干挂的外保温系统，经过耐候性试验后，系统外观不得出现明显变化	JGJ 144—2004

注：水中浸泡 24h，若只带有抹面层和带有全部保护层的系统的吸水量均小于 0.5kg/m² 时，可不检验耐冻融性能。

3）执行标准

①《硬泡聚氨酯保温防水工程技术规范》GB 50404；

②《聚氨酯硬泡外墙外保温工程技术导则》（建科［2007］124 号）；

③《外墙外保温工程技术规程》JGJ 144；

④《喷涂聚氨酯硬泡体保温材料》JC/T 998；

⑤《建筑物隔热用硬质聚氨酯泡沫塑料》QB/T 3806。

2.3　外墙内保温技术

外墙内保温技术是将保温材料置于外墙体的内侧。

2.3.1　外墙内保温技术特点

优点：（1）对材料要求不高，造价相对较低；（2）施工技术简便，施工进度快。

缺点：（1）热桥部位不好处理，热损失大，容易结露；（2）墙体受室外气候影响大，昼夜温差和冬夏温差大，容易造成墙体开裂。

外墙内保温技术由于具有明显的缺陷，不适宜在严寒与寒冷地区采用。主要原因是由于结构冷（热）桥的存在使局部温差过大而产生结露现象，造成保温隔热的墙面发霉、开裂。特别是当室外温度低于室内温度时，外墙收缩的幅度比内保温系统的速度快，当室外温度高于室内温度时，外墙膨胀的速度高于内保温系统，这种反复形变使内保温系统始终处于一种不稳定的墙体基础上，在这种形变应力反复作用下不仅使外墙易遭受温差应力的破坏也易造成内保温系统的空鼓开裂。因此，随着建筑节能标准的提高，外墙内保温系统已不适宜于室内外温差较大的严寒与寒冷地区。

在夏热冬冷与夏热冬暖地区，由于室内外温差比严寒与寒冷地区要小得多，相应通过热桥传递的热量也要小得多。经研究结果表明，该地区建筑围护结构温差传热是有限的，如果采用遮阳措施后，一般外墙平均传热系数小于标准规定值，主要问题是以解决隔热为主。因此，对于夏热冬暖地区采用外墙内保温不存在热桥、结露和温度应力开裂的性能问题。外墙内保温隔热技术对于夏热冬暖地区在安全性、材料耐久性和施工成本等方面明显优于外墙外保温技术，是一种经济实用的建筑节能技术措施。

2.3.2 外墙内保温技术内容

（1）在外墙内侧粘贴或砌筑块状保温板（如膨胀珍珠岩板、水泥聚苯板、加气混凝土块、EPS 板等），并在表面做保护层（如水泥砂浆或聚合物水泥砂浆等）。

（2）在外墙内侧拼装 GRC 聚苯复合板或石膏聚苯复合板，表面刮腻子。

（3）在外墙内侧安装岩棉轻钢龙骨纸面石膏板（或其他板材）。

（4）在外墙内侧抹保温砂浆。

（5）在公共建筑外墙、地下车库顶板现场喷涂超细玻璃棉绝热吸声系统。该系统保温层属于 A 级不燃材料。其做法是：将经特殊加工的超细玻璃棉与水基特种胶粘剂，通过专用纤维喷涂于建筑物基体表面，在自然干燥前，可用专用工具进行整形，使其形成具有装饰效果表面形状；需要时，可做干挂饰面或吊顶。

2.3.3 外墙内保温与外保温性能比较

砖混结构外墙，混凝土构造柱和圈梁表面积占外墙面积的 16%，砌体部分（做内保温或夹心保温的部分）占外墙面积的 84%。在平均传热系统同样为 0.82W/($m^2\cdot$K) 的情况下，做内保温或夹心保温时，EPS 板厚度为 8cm；而做外保温时，EPS 板厚度只需 3cm。

外墙保温构造，中间为外保温墙体，右侧为内保温墙体，夏季室外气温为 30℃，室内为 22℃。冬季室外气温为 -10℃，室内为 18℃。做了外保温后，墙体冬夏温差只有 11℃，而内保温墙体冬夏温差却高达 50℃。因此，内保温做法易于造成外墙温度裂缝。

鉴于以上情况，选用外墙内保温时应充分估计热桥影响，并需采取加强措施防止外墙产生温度裂缝。

2.3.4 外墙内保温技术选用要点

（1）应充分估计热桥影响，设计热阻值应取考虑热桥影响后复合墙体的平均热阻。

（2）应做好热桥部位节点构造保温设计，避免内表面出现结露问题。

（3）内保温系统易造成外墙或外墙片温度裂缝，设计时需采取加强措施。

2.4　外墙夹心保温技术

外墙夹心保温主要技术内容如下：

（1）夹心保温一般以240mm厚砖墙做外墙片，以120mm厚砖墙做内墙片。也有内外墙片相反的做法。两片墙之间留出空腔，随砌墙随填充保温材料。保温材料可为岩棉、EPS板或XPS板、散装或袋装膨胀珍珠岩等。两片墙之间可采用砖拉结或钢筋拉结，并设钢筋混凝土构造柱和圈梁连接内外墙片。

（2）小型混凝土空心砌块EPS板夹心墙构造做法：内墙片为190mm厚混凝土空心砌块，外墙片为90mm厚混凝土空心砌块，两片墙之间的空腔中填充EPS板，EPS板与外墙之间有20mm厚空气层。在圈梁部位按一定间距用混凝土挑梁连接内外墙片。

假定北京、沈阳、长春、哈尔滨聚苯板厚度分别为80、100、130和150mm，经计算机模拟计算，夹心墙体传热系数分别为0.59、0.52、0.44和0.41W/(m^2·K)。经计算机模拟计算和试验室实测，挑梁部位夹心墙体室内侧表面温度高于露点温度，不会结露。

2.5　复合墙体保温技术

2.5.1　保温砌模网格剪力墙结构体系

该体系保温砌模由EPS颗粒保温灰浆制成，用专用砌筑材料砌成墙体，砌模孔中浇注自流混凝土，形成网格剪力墙结构。可按不同气候区保温要求灰缝厚度为3~5mm。砌缝过厚会导致热桥影响过大，而且会在砌缝处形成痕迹。这就要求砌模本身尺寸偏差要足够小。

2.5.2　保温模板现浇混凝土构造系统

该系统以厂预制的EPS板模板代替传统的墙体模板和楼板模板。EPS板墙体模板有内、外两层EPS板，两层EPS板厚度均为65mm，高度为300mm。两层EPS板顶部装有高密度聚乙烯H型材，通过钢筋连接将内、外层EPS板连接起来。EPS板模板现场组装后浇注混凝土形成复合保温墙体、楼板屋顶。拆模后，两侧EPS板表面抹玻纤网增强薄抹面层，内表面做内墙涂料饰面，外表面做涂料饰面或面砖饰面。

2.6　墙体自保温技术

2.6.1　技术特点

以蒸压砂加气混凝土、陶粒增强加气砌块和硅藻土保温砌块（砖）等为墙体材料，辅以节点保温构造措施，即可满足夏热冬冷地区和夏热冬暖地区节能50%的设计标准。

2.6.2　技术要求

材料干体积密度：475~825kg/m^3。抗压强度：B05级大于3.5 MPa、B06级大于5.0

MPa、B07 级大于 5. 50MPa、B08 级大于 7. 5 MPa。导热系数：0. 12 ~0. 20W/(m·K)。体积吸水率 15% ~25%。其他技术性能指标符合现行国家标准《蒸压加气混凝土砌块》GB/T 11968 的标准要求。240mm 厚墙体，专用保温砂浆或胶粘剂砌筑灰缝，不考虑两面抹灰和表面热阻，传热系数小于 $0.85m^2 \cdot K/W$。

3 非承重内隔墙技术

3.1 技术概述

我国的非承重内隔墙技术与产品的发展，是从20世纪70年代中期开始，至今已有30多年的发展历程。目前从产品的品种上与国外相比类型较为齐全；从技术、质量、生产水平和规模上看与国外先进水平还有不同程度的差距，而且各种类型技术产品的发展尚不平衡，总体上还处于发展的初中期。非承重内隔墙技术产品的发展对于我国建筑业的技术进步起到了极大的促进作用，并具有以下优势。

3.1.1 非承重内隔墙技术的应用较大地减轻建筑自重

我国传统的砖混建筑平均每平方米的自重约1.5t，其中，墙体的重量约占80%，内墙又占墙体重量的70%以上。如果采用新型建筑结构体系和非承重内隔墙技术，据测算，其建筑自重约可降到每平方米600多公斤，将会节约大量的建筑材料。

3.1.2 非承重内隔墙技术应用带来施工技术重大革新

传统的内隔墙施工需进行砌筑、抹灰、等待抹灰层硬化与干燥等工序，施工期以数月计，费工费时；采用长度与层高相同的轻质隔墙板，可基本实现改湿法作业为干法作业，或安装龙骨和薄板，或直接安装条板，然后嵌缝，墙面局部找平，数日内即可进行墙面的装饰，施工文明，工期短，劳动强度低，工程质量高。

3.1.3 非承重内隔墙技术的应用可实现室内空间灵活布局

以住宅建筑为例，如采用内墙承重的建筑体系，由于承重结构的连续性，室内空间没有可改性。如果住宅室内分隔采用非承重隔墙技术，除厨房、卫生间外，室内空间均可进行灵活分隔，能够较大程度地满足居民的个性化需求。

我国的非承重内隔墙技术，经过几十年的研究、开发和应用实践，目前已基本形成了技术类型比较完整的轻钢龙骨内隔墙技术、轻质条板内隔墙技术和轻质砌块内隔墙技术三大技术体系，现分别介绍如下。

3.2 轻钢龙骨内隔墙技术

轻钢龙骨内隔墙由轻钢龙骨与轻质薄板组合而成，根据选用板材和隔墙构造的不同，可组成各种不同功能的墙体。

3.2.1　墙体材料

（1）主体材料

轻钢龙骨内隔墙的主体材料包括板材和轻钢龙骨及其配件，若对隔墙有较高的绝热和隔声要求，还应增加绝热和吸声材料。

1）板材

根据隔墙使用部位的功能不同，轻钢龙骨内隔墙选用的板材可分为两类：对于卧室、起居厅等“非湿区”主要选用纸面石膏板；对于厨房、卫生间、盥洗室等“湿区”，可选用耐水纸面石膏板，也可选用纤维增强水泥板或纤维增强硅钙板等耐水功能较好的板材。

①纸面石膏板

纸面石膏板是以建筑石膏为主要原料，加入多种添加剂与水搅拌后，连续浇注在两层护面纸之间，再经封边、凝固、切断、干燥而成的一种建筑板材，主要有普通纸面石膏板、耐水纸面石膏板和耐火纸面石膏板三个品种。主要规格为：

长度：1800、2100、2400、2700、3000、3300、3600mm；

宽度：900、1200mm；

厚度：9.5、12.0、15.0、18.0、21.0、25.0mm。

其技术性能应符合现行国家标准《纸面石膏板》GB/T 9755的要求，主要技术性能见表3-1。

纸面石膏板的主要技术性能　　**表3-1**

板材厚度（mm）	断裂荷载（N）		单位面积重（kg/m^2）	吸水率（%）	表面吸水量（g/m^2）	遇火稳定性（min）	面纸与芯材粘结
	纵向	横向					
9.5	360	140	9.5	不大于10（仅适用于耐水纸面石膏板）	不大于160（仅适用于耐水纸面石膏板）	不小于20（仅适用于耐火纸面石膏板）	良好
12.0	500	180	12.0				
15.0	650	220	15.0				
18.0	800	270	18.0				
21.0	950	320	21.0				
25.0	1100	370	25.0				

②纤维增强水泥板

纤维增强水泥板是由水泥、增强纤维和辅助填料加水，用圆网抄取法成型，经加压后，蒸养而成。

根据增强材料的不同分为两个品种：采用石棉纤维作增强材料生产的板材称为石棉水泥板；部分或全部用维纶纤维代替石棉作增强材料生产的板材称为维纶纤维增强水泥板。主要规格为：

长度：1000、1200、1800、2400、2800、3000mm；

宽度：800、900、1000、1200mm；

厚度：4、5、6、8、10、12、15、20、25mm。

两种板材的技术性能应分别符合现行行业标准《建筑用石棉水泥平板》JC/T 412 和

《维纶纤维增强水泥平板》JC/T 671 规定的指标，主要技术性能见表3-2。

石棉水泥平板和维纶纤维增强水泥平板的主要技术性能　表3-2

产品类型		密度（g/cm^3）	抗折强度平均横/纵（MPa）	抗冲击强度（kJ/m^2）	湿胀率（%）	吸水率（%）	不燃性	其他指标
石棉水泥平板	1类板	1.7	≥28/20	≥2.5	—	≤20	符合GB 8624中A级标准	不透水性：经24h底面无水滴出现抗冻性：经25次冻融循环，不得有分层破坏现象
	2类板	1.6	≥22/17	≥2.0	—	≤24		
维纶纤维增强水泥平板		1.6~1.9	≥13.0	≥2.5	—	≤20		

③纤维增强硅钙板

纤维增强硅钙板可简称为硅钙板，是由钙质材料、硅质材料和增强材料为主要原料，经制浆、圆网抄取法成型并加压后，经蒸压养护制成。根据增强材料的不同，分为石棉纤维增强硅钙板和非石棉纤维增强硅钙板两个品种。

主要规格为：

长度：1800、2400、2440、3000mm；

宽度：800、900、1000、1200、1220mm；

厚度：5、6、8、10、12、15mm。

其技术性能应符合现行行业标准《纤维增强硅钙板》JC/T 564 的要求，主要技术性能见表3-3。

纤维增强硅钙板的主要技术性能　表3-3

项　目		类　别			
		D 0.8		D 1.0	
密度 D（g/cm^3）		$0.75 < D \leqslant 0.90$		$0.90 < D \leqslant 1.20$	
含水率（%）		≤10			
抗折强度（MPa）	e=5、6、8	≥8	≥9	≥9	≥10
	e=10、12、15	≥6	≥7	≥7	≥8
螺钉拔出力（N/mm）		≥60		≥70	
导热系数［W/（m·K）］		≤0.25		≤0.29	
湿胀率（%）		≤0.25			
不燃性		符合现行国家标准《建筑材料及制品燃烧性能分级》GB 8624 中A级			

2）轻钢龙骨及其配件

①轻钢龙骨

轻钢龙骨是以冷轧钢板（带）、镀锌钢板（带）或彩色喷塑钢板（带）为原料，采用冷弯工艺生产的薄壁型钢。用作墙体的龙骨，其钢板厚度为0.6~1.5mm，主要有三个品种：

横龙骨：用于隔墙与建筑物顶、地的连接，也称沿顶、沿地龙骨；

竖龙骨：为隔墙的主要受力构件；

通贯龙骨：为竖龙骨之间的横向连接构件，用于增强隔墙的刚度。

轻钢龙骨的质量应符合现行国家标准《建筑用轻钢龙骨》GB/T 11981 的规定，其力学性能应符合表3-4的规定。

龙骨组件的力学性能 **表3-4**

项　目	要　　求
抗冲击性能	残余变形量不大于10.0mm，龙骨不得有明显变形
静载试验	残余变形量不大于2.0mm
CH 龙骨静载试验	最大变形量不大于 $L/240$（L 为试验均件长度）

②轻钢龙骨配件

隔墙用轻钢龙骨配件是以冷轧钢板（带）为原料，经冲压制成，用于组合轻钢龙骨骨架。各国的轻钢龙骨内隔墙，其轻钢龙骨体系大同小异，可分为有配件隔墙龙骨体系和无配件隔墙龙骨体系两类。

有配件隔墙龙骨体系的配件主要有：

支撑卡：覆面板材与龙骨固定时起辅助支撑竖龙骨的配件；

卡托：竖龙骨开口面与横撑龙骨之间的连接配件；

角托：竖龙骨背面与横撑龙骨之间的连接配件；

通贯龙骨连接件：通贯龙骨接长的连接件等。

轻钢龙骨配件的质量及技术性能应符合现行行业标准《建筑用轻钢龙骨配件》JC/T 558 的规定。

（2）配套材料

安装轻钢龙骨内隔墙时，国外根据所采用的覆面板材，均已做到选用与其性能匹配的配套材料。我国目前只对纸面石膏板隔墙安装时所需的专用配套材料基本配齐，但标准尚未全面制定，目前有的采用国外标准，有的采用企业标准；纤维增强水泥板和纤维增强硅钙板安装使用的配套材料尚未系统开发，目前均使用纸面石膏板隔墙安装时所用的专用配套材料。

纸面石膏板隔墙安装时所用的专用配套材料见表3-5。

纸面石膏板隔墙安装专用配套材料 **表3-5**

品　种	外　观	性能要求
接缝带	白色或象牙白纸条孔数（个）15000/m^2	规格：宽50mm，每卷长度50、100、150m 性能：横向抗拉强度：>80N/15mm 宽 湿变形：纵向：<0.4%；横向：<2.5% 粘结性能：与嵌缝膏之间的粘结力强 采用标准：ASTMC 475-64

续表

品　种	外　观	性 能 要 求
嵌缝膏	粉　状	细度：0.125mm 筛的筛余小于 10% 初凝：40～70min 初终凝相隔：10～20min 抗折强度：≥1.5 MPa 抗压强度：≥3.0 MPa 采用标准：DIN 1168
	膏　状	粘结强度：1.5MPa 干燥时间：表干 2h 粘结面积：≥90% 采用标准：ASTMC 475-64
密封材料	膏　状 （丙烯酸配建筑密封膏）	密度：1.44 g/cm^3；延伸率：400% 拉伸强度：0.09MPa 表干时间：0.1～0.2h 收缩率：8%～10%（28d） 低温柔性：－35℃ 采用标准：行业标准
	条　状	乙烯泡沫塑料带，单面能粘结，有持续弹性，具有密封多孔状的轻质泡沫结构，是一种柔韧性好，自粘、绝缘和防水性能优良的密封产品 规格：10mm×15mm×2000mm
刮墙腻子	粉　状	细度：0.125 mm 筛的筛余小于 10% 抗压强度：>6 MPa 抗折强度：>2.5 MPa 表面硬度：（布氏）>10 MPa 可使用时间：4h 左右 粘结（剪切）强度：与红砖 0.5～1.0 MPa 采用标准：企业标准
	膏　状	组成：聚合物、助剂和填料 固含量：>60% 粘结强度：>0.5 MPa； 裂纹试验：合格（按 ASTMC 474 标准） 作业性：良好 采用标准：企业标准
胶粘剂	粘结剂	外观：白色粉末 细度：0.2mm 筛的筛余小于 10% 水膏比：0.6:1 初凝时间：90min 终凝时间：与初凝相隔 10min 抗弯强度：≥2.5 MPa 抗压强度：≥6.0 MPa 粘结强度：>0.2 MPa 采用标准：企业标准

续表

品 种	外 观	性 能 要 求
胶粘剂	瓷砖粘结剂	晾置时间：≥10min 调整时间：>5min 使用温度：5~35℃ 耐温范围：-30~60℃ 剪切强度：原强度>1.3 MPa 耐温：>1.0 MPa（采用英国标准 BS 5980—80） 耐冻融：>1.0 MPa（采用国家标准 GB 9145—88） 垂直拉伸粘结强度：常温 14 天 1.05 MPa 碱性水浸：14 天 0.47 MPa（采用日本标准 JISA 5584—87） 采用标准：企业标准
粉末壁纸胶		外观：均匀粉末 固含量：>95% 180℃剥离强度：（N/2.5cm）4 MPa 抗霉性：不霉变 pH 值：7 左右 采用标准：企业标准

（3）固定件

在安装轻钢龙骨内隔墙时，无论是龙骨与主体结构之间，龙骨与龙骨之间，龙骨与板材之间，以及龙骨与各种配件之间，均需要用不同的连接件将它们紧固在一起，这些连接件统称为固定件。主要固定件的品种、形状、规格和用途见表 3-6。

主要固定件的品种、形状、规格和用途 表 3-6

名称	形 状	规 格	用 途
平头钉		25~35mm	单层石膏板与木龙骨的固定 有贴面的石膏板与木龙骨的固定
高强自攻螺钉		ϕ3.5mm×25mm	单层石膏板与轻钢龙骨的固定
高强自攻螺钉		ϕ3.5mm×35mm	双层石膏板或厚石膏板与轻钢龙骨的固定
尼龙膨胀杆		ϕ6mm×25mm ϕ6mm×31mm	与自攻螺钉配合使用，在水泥墙、砖墙上固定部件
圆头螺钉		ϕ5mm×30mm	窗帘盒安装的固定
圆头螺钉		ϕ4mm×25mm	铝合金外墙板与空气龙骨的固定
抽芯铆钉		ϕ3.2mm×8mm ϕ4.0mm×8mm	轻钢龙骨之间的固定，或其他金属部件之间的固定

续表

名称	形状	规格	用途
水泥钉		T20mm×20mm T30mm×25mm	金属龙骨及部件与水泥墙、柱、梁、楼板等部位的固定
射钉		DD 27 DD 32	沿顶、沿地龙骨与楼板等的连接固定不上人吊顶吊杆与水泥楼板的固定
射弹（黑）		S3 黑	作为射钉钉入的动力
射弹（红）		S3 红	作为水泥钉钉入的动力
膨胀螺栓		M6mm×6.5mm×10mm	上人吊顶吊杆与水泥楼板的固定沿顶、沿地龙骨与水泥楼板的固定
岩棉钉			岩棉板与石膏板之间固定
伞形螺钉	挂勾 石膏板 伞形螺栓		墙体吊挂件

3.2.2　轻钢龙骨内隔墙的设计与功能

（1）隔墙设计

1）隔声设计

民用建筑内隔墙应满足现行国家标准《民用建筑隔声设计规范》GBJ 118 的规定。民用住宅分户墙的空气声计权隔声量应大于45dB；分室墙应大于35dB。

2）防火设计

①工业与民用建筑内隔墙应满足现行国家标准《建筑设计防火规范》GB 50016 的耐火极限要求。

②高层民用建筑内隔墙应满足现行国家标准《高层民用建筑设计防火规范》GB 50045 的耐火极限要求。高层住宅分户墙的耐火极限应大于2h。

③用于管道井壁、电梯井道壁时，耐火极限应按现行国家标准《高层民用建筑设计防火规范》GB 50045、《建筑设计防火规范》GB 50016、《汽车库、修车库、停车场设计防火规范》GB 50067 的相关规定执行。

3）抗震设计

①非抗震地区，内隔墙与主体结构可采用非抗震的连接构造。

②在抗震设防烈度 8 度和 8 度以下地区，内隔墙与主体结构应采用设抗震卡的刚柔性结合的方法连接固定。隔墙与顶板、结构梁连接处应增设柔性材料并用镀锌钢板抗震卡件

固定，或安装减震龙骨。减震龙骨与竖向龙骨垂直连接，间距小于600mm。减震龙骨搭接长度不得大于600mm、不得小于100mm。

4）防潮防水设计

①潮湿房间的内隔墙，应采用耐水纸面石膏板，底部做墙垫，板与墙垫之间嵌密封膏，缝宽不小于5mm；

②厨房、卫生间等潮湿部位，板面可刷防水涂料或贴瓷砖；隔墙下部还应做C20细石混凝土条形基础。

5）板厚设计

当龙骨两侧各贴一层石膏板时，板厚应不小于12mm。

6）吊挂设计

当内隔墙吊挂重物时，应根据使用要求预设计埋件。

7）超高隔墙设计

当内隔墙的高度超过石膏板的长度时，应设水平构件拼接两块石膏板，拼接方法有：

①横龙骨与竖龙骨扣合连接；

②横龙骨用卡托和角托连接于竖向龙骨；

③用嵌缝条与竖龙骨连接；

④用宽度大于50mm的平形接头与竖龙骨连接。

（2）轻钢龙骨纸面石膏板内隔墙的限制高度

参考国外数据，经采用30kg/m^{2}荷载试验，龙骨间距为400mm时，龙骨两侧各贴一层12mm厚石膏板，其最大水平变形为$H_0/870$。通过试验对隔墙提出三种水平变形标准，即对于一般石膏板墙面水平变形不得大于$H_0/120$（如一般标准的住宅或办公楼）；对于墙面装修标准较高或对撞击有一定要求时（如人流不太多的公共场所）水平变形不得大于$H_0/240$；对隔墙振动和撞击有特殊要求（如人流控制）为$H_0/360$。隔墙限制高度见表3-7。

隔墙限制高度 **表3-7**

墙厚	UC龙骨（mm）	龙骨间距（mm）	限制高度 H_0（mm）		
			$H_0/120$	$H_0/240$	$H_0/360$
74	50×50×0.6	300	4110	3250	2580
		400	3590	2580	2490
		600	3260	2590	2250
	50×50×0.7	300	4500	3580	3120
		400	3930	3120	2730
		600	3580	2830	2480
	2-50×50×0.6	300	5170	4110	3590
		400	4520	3590	3130
		600	4110	3250	2850
	2-50×50×0.7	300	5110	4500	3930
		400	4950	3930	3430
		600	4500	3580	3120

续表

墙厚	UC 龙骨（mm）	龙骨间距（mm）	限制高度 H_0（mm）		
			$H_0/120$	$H_0/240$	$H_0/360$
99	75×50×0.6	300	5730	4550	3970
		400	5010	3970	3470
		600	4550	3610	3150
	75×50×0.6	300	6300	5000	4370
		400	5500	3960	3460
		600	5000	3960	3460
	2-75×50×0.6	300	7220	5730	5010
		400	6310	5010	4370
		600	5730	4550	3970
	2-75×50×0.7	300	7940	6300	5500
		400	6930	5500	4800
		600	6300	5000	4370
124	100×50×0.6	300	7890	6270	5480
		400	6900	5480	4780
		600	6270	4980	4350
	100×50×1.0	300	8680	6890	6020
		400	7580	6020	5260
		600	6890	5470	4780
	2-100×50×0.7	300	9950	7890	6900
		400	8690	6900	6030
		600	7900	6270	5480
	2-100×50×1.0	300	10940	8680	7580
		400	9550	7580	6630
		600	8680	6890	6180

注：本表系隔墙两侧按各贴一层 12mm 厚石膏板考虑。当隔墙两侧按各贴二层 12mm 厚石膏板时，其极限高度可按上表提高 1.07 倍。如隔墙仅贴一层 12mm 厚石膏板时，其极限高度可按上表乘以 0.9 系数。

（3）隔墙的构造与功能

轻钢龙骨内隔墙可通过采用不同的板材和隔墙构造组合成普通隔墙、隔声隔墙和耐火隔墙三种不同功能的隔墙，见表 3-8。

不同功能隔墙的构造与功能　　表 3-8

类型	隔墙构造示意图	主要性能	主体材料（mm）	板材厚度与层数（mm）	隔墙厚度（mm）	填充材料
普通隔墙	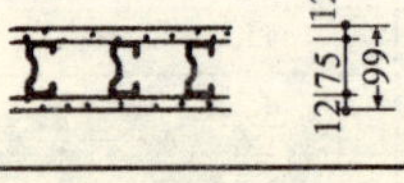	隔声：37dB 耐火：0.52h	12mm 厚普通石膏板 龙骨 75×50×0.6	12+12	99	

续表

类型	隔墙构造示意图	主要性能	主体材料（mm）	板材厚度与层数（mm）	隔墙厚度（mm）	填充材料
隔声隔墙	2×12 75 12 111	41dB	同上	12+12×2	111	
	2×12 75 2×12 123	44dB	同上	12×2+12×2	123	
	2×12 75 2×12 135	50dB	同上	12×2+12×2	123	金属减振条
	2×12 100 2×12 135	55dB	同上	12×2+12×2	135	金属减振条 50mm厚岩棉 （$80kg/m^3$）
耐火隔墙	12 75 12	0.52h	同上	12+12	99	
	15 75 9.5 15	1.10 h	9.5、15mm厚普通石膏板	15+9.5、15	114.5	
	2×12 75 2×12	1.50 h	12mm厚耐火石膏板	12×2+12×2	123	
	2×12 100 3×12	2.00 h	12mm厚耐火石膏板 龙骨100×50×0.6	12×2+12×3	160	100mm厚岩棉
	9.5 3×12 100 100 3×12 9.5	3.00 h	9.5、12mm厚耐火石膏板 龙骨2×100×50×0.6	9.5、12×3+12×3、9.5	290	100mm厚岩棉

3.3 轻质条板内隔墙技术

轻质条板的类型根据隔墙的材料组成可分为增强水泥条板、增强石膏条板、加气混凝土条板、轻质混凝土条板、植物纤维复合条板及粉煤灰泡沫水泥条板等。

3.3.1 隔墙材料

(1) 板材

重点介绍几种应用较为普遍的条板。

1）增强水泥条板

增强水泥条板又称 GRC 板，它是由 42.5 级以上的低碱硫铝酸盐水泥为基料，膨胀珍珠岩为细骨料，耐碱玻璃纤维涂塑网或短切耐碱玻纤为增强材料制作而成。主要规格为：

长度：一般为 2200～4000mm；常用为 2400～3000mm；

宽度：常用为 600mm；

厚度：常用为 60、90、120mm。

空心条板孔洞的最小外壁厚度：不宜小于 15mm，条板两边的壁厚应一致，孔间肋厚不宜小于 20mm。

它的主要技术性能见表 3-9。

增强水泥条板的主要技术性能　　表 3-9

条板品种	面密度（kg/m²）		抗弯荷载（N）	抗冲击性（次）	单点吊挂力（N）	隔声量（dB）	燃烧性能级	耐火极限（h）	含水率（%）	干燥收缩率（%）
增强水泥条板	60 型	≤60	≥1200	≥5	≥1000	≥30	A	≥1	≤5	≤0.6
	90 型	≤70	≥2000			≥35				
	120 型	≤90	≥2800			≥40				

2）增强石膏条板

增强石膏条板是以建筑石膏为基料，以短切中碱玻璃纤维为增强材料经加水搅拌、浇注成型、抽芯、干燥制成。为提高其强度和耐水性，可在基料中加入适量的水泥、矿渣、粉煤灰；为减轻板材自重，可加入膨胀珍珠岩作轻骨料。主要规格为：

长度：2400～3000mm；

宽度：600mm；

厚度：常用为 60、90、120mm；

空心条板孔洞的最小外壁厚度：不宜小于 15mm，条板两边的壁厚应一致，孔间肋厚不宜小于 20mm。主要技术性能见表 3-10。

增强石膏条板的主要技术性能　　表 3-10

条板品种	面密度（kg/m²）		抗弯荷载（N）	抗冲击性（次）	单点吊挂力（N）	隔声量（dB）	燃烧性能级	耐火极限（h）	含水率（%）	干燥收缩率（%）
增强石膏条板	60 型	≤50	≥1000	≥5	≥1000	≥30	A	≥1.5	≤5	≤0.6
	90 型	≤70	≥1500			≥35				
	120 型	≤90	≥2000			≥40				

3）蒸压加气混凝土条板

蒸压加气混凝土条板是以水泥、生石灰、硅砂为原料，铝粉为发泡剂，按使用状态的受力要求，通过计算配置采用专用防锈剂处理的焊接钢筋网片配筋，经蒸压养护而成的多孔板材。按加气混凝土干体积密度分为 B04、B05、B06、B07、B08 五个等级，分别表示其干体积密度为 400、500、600、700、800kg/m³。

主要规格（mm）：蒸压加气混凝土条板板长与板厚之间的关系和作用的荷载有关，选用时可参照表3-11。

内墙板正常配筋最大板长选用表　表3-11

板厚（mm）	75	100	125	150	175	200
板长（mm）	3000	4250	5050	6000	6000	6000

板宽为600mm。

蒸压加气混凝土条板的主要技术性能见表3-12。

蒸压加气混凝土条板的主要技术性能　表3-12

项　目		单　位	技术性能指标
密度级别			B05
干密度		kg/m^3	≤525
抗压强度	平均值	MPa	≥3.5
	最小值		≥3.2
	气干值		≥4
抗冲击性能		次	≥10
单点吊挂力		N	≥1500
抗冻性	质量损失	%	≤3
	冻后强度	MPa	≥3.2
干导热系数		W/(m·K)	0.13
干燥收缩		mm/m	≤0.5
软化系数		%	0.93
耐　火		h	≥3.23
隔　声		dB	≥39

（2）配套材料

上述三类条板施工用配套材料的品种、技术性能及用途分别为：

1）增强水泥条板

增强水泥条板施工配套材料见表3-13。

增强水泥条板施工配套材料　表3-13

配套材料	指　标	用　途
1号水泥粘结剂	抗剪强度（MPa）　≥1.5 粘结强度（MPa）　≥1.0 初凝时间（h）　0.5~1.0	用于条板与条板、条板与主体结构的粘结
2号水泥粘结剂	抗剪强度（MPa）　≥2.0 粘结强度（MPa）　≥3.0 初凝时间（h）　0.5~1.0	用于条板吊挂件、构配件粘结和预埋件补平、修复

续表

配套材料	指　标	用　途
石膏腻子	抗压强度（MPa）　≥2.5 抗折强度（MPa）　≥1.0 粘结强度（MPa）　≥0.2 初凝时间（h）　3.0	用于条板隔墙面层修补和找平
玻纤布条	涂塑中碱玻纤网布 网格（目/英寸）　8 布重（g/m^2）　120 布条断裂强度 经纱（N）　≥300 纬纱（N）　≥150	50～60mm 宽的布条用于板缝处理，100～200mm 宽的布条用于条板隔墙转角处理

2）增强石膏条板

增强石膏条板施工配套用材料见表 3-14。

增强石膏条板施工配套材料　　表 3-14

配套材料	指　标	用　途
1号石膏粘结剂	抗剪强度（MPa）　≥1.5 粘结强度（MPa）　≥1.0 初凝时间（h）　0.5～1.0	用于条板与条板，条板与主体结构的粘结
2号石膏粘结剂	抗剪强度（MPa）　≥2.0 粘结强度（MPa）　≥2.0 初凝时间（h）　0.5～1.0	用于条板吊挂件、构配件粘结和预埋件补平、修复
石膏腻子	抗压强度（MPa）　≥2.5 抗折强度（MPa）　≥1.0 粘结强度（MPa）　≥0.2 初凝时间（h）　3.0	用于条板隔墙面层修补和找平
玻纤布条	涂塑中碱玻纤网布 网格（目/英寸）　8 布重（g/m^2）　120 布条断裂强度 经纱（N）、　≥300 纬纱（N）　≥150	50～60mm 宽的布条用于板缝处理，100～200mm 宽的布条用于条板隔墙转角处理

3）蒸压加气混凝土条板

蒸压加气混凝土条板施工配套用材料见表 3-15。

蒸压加气混凝土条板施工配套材料　　表 3-15

项　目		技术指标					
		填缝粘结剂	打底腻子	面层腻子	修补材料	界面剂	防水界面剂
粉体外观		均匀无结块	均匀无结块	均匀无结块	均匀无结块	均匀无结块	均匀无结块
保水性（mg/cm^2）		≤8	≤8	—	—	≤8	—
流动度（mm）		150~180	150~180	—	—	150~180	—
抗压强度（MPa）		7.0~15	7.0~15	—	5.0~12	—	—
抗折强度（MPa）		≥2.2	≥2.2	—	≥1.6	—	—
压剪胶结强度（MPa）	原强度	≥1.0	—	—	—	≥1.0	≥2.0
	耐冻融	≥0.4	—	—	—	≥0.7	≥1.0
	耐温性	—	—	—	—	—	≥1.0
	耐水性	—	—	—	—	—	≥1.0
拉伸胶结强度（MPa）	原强度	—	—	—	≥0.3	—	≥0.4
	耐冻融	—	—	—	≥0.2	—	—
抗拉强度（MPa）		—	—	—	—	≥0.4	—
粘结强度（MPa）		—	≥0.3	—	—	—	—
标准状态下粘结强度（MPa）		—	—	≥0.25	—	—	—
收缩性（mm/m）		—	—	—	≤0.5	—	≤0.5
防渗性（0.15MPa，60min）		—	—	—	—	—	无渗漏
干燥时间　表干（h）		—	—	<5	—	—	—
打磨性（%）		—	—	20~80	—	—	—
施工性		—	—	刮涂无障碍	—	—	刮涂无障碍

3.3.2 条板内隔墙的设计

（1）隔声设计

1）分室墙

条板用于户内分室墙时，其厚度不宜小于90mm。

2）分户墙

条板用于户间分户墙时，宜选用厚度不小于60 mm的板做双排板构造，双板的间距一般为10~50 mm，可将其作为空气隔声层；也可根据设计需要作为填入玻璃棉、岩棉等吸声材料的空间；也可选用隔声性能符合要求的单层条板或夹心复合条板，其厚度不应小于120 mm。

（2）防火设计

上述所列条板，其单板的耐火极限均大于1h。进行隔墙防火设计时，一般应采用双层板隔墙构造，即其耐火极限大于2h；达不到设计要求时，再考虑调整板的厚度、空气层厚度和是否需要增加绝热材料等措施。

（3）抗震设计

1）在非抗震地区

内隔墙与主体结构的连接采用刚性连接方法。

2）在抗震设防烈度 8 度和 8 度以下地区

应采用刚性和柔性相结合的方法，隔墙与主体结构的连接采用镀锌钢板卡件固定；隔墙与主体结构顶部之间宜增设柔性材料。

（4）防潮防水设计

在潮湿环境下安装条板隔墙，设计时应有防潮防水措施。

1）沿隔墙设计水池、水箱和面盆等设备时，墙面应刷防水涂料或贴瓷砖；

2）厨房、卫生间的隔墙应采用防水型条板，若采用石膏型耐水条板时，隔墙下部还应做 C20 细石混凝土条形基础。

（5）隔墙的限长与限高

1）条板隔墙的长度不应超过 6m，超长时宜采用钢柱或其他加强措施。

2）条板隔墙的限制高度：

60 mm 厚隔墙 ≤3.0 m；90 mm 厚隔墙 ≤3.6m；

100 mm 厚隔墙 ≤3.9 m；120 mm 厚隔墙 ≤4.2 m；

200 mm 厚隔墙 ≤4.8 m。

如需超过限高安装隔墙，应由工程设计单位另做加固、抗震设计；安装时竖向接板，并应错缝连接。

3.4 轻质砌块内隔墙技术

3.4.1 轻质砌块材料

用于轻质砌块内隔墙的材料主要包括轻质砌块和砌筑材料两类。

（1）轻质砌块

轻质砌块内隔墙的主体材料按基本原材料可分为烧结黏土类、混凝土类、石膏类和硅酸盐类四种，相应的典型产品有黏土空心砌块、超轻陶粒混凝土砌块、石膏砌块和蒸压加气混凝土砌块。

国外生产的大规格黏土空心砌块尺寸多为 390mm × 190mm × 190mm，我国由于生产技术的原因，目前尚不能达到大批量连续生产的水平；超轻陶粒混凝土是由体积密度约为 300 kg/m^3 的陶粒制成的，国内的产量现在还很低，因此，仅介绍后两种产品。

1）石膏砌块

石膏砌块是以建筑石膏为主要原料，经加水搅拌、浇注成型、干燥制成的块状轻质隔墙材料。根据使用对砌块性能的要求，可用高强石膏部分或全部替代建筑石膏；也可加入部分水泥、矿渣、粉煤灰、轻集料和增强材料等。石膏砌块按外形分，有实心砌块和空心砌块；按功能分，有普通砌块和防潮砌块。

主要规格为：

长度：666mm；

高度：500mm；

厚度：60、80、90、100、110、120mm。

石膏砌块的主要技术性能见表3-16。

石膏砌块的主要技术性能 表3-16

表观密度	平整度	断裂荷载	软化系数
>1000kg/m³	≤0.1mm	≥1.5kN	≥0.6*

*该指标仅适用于防潮石膏砌块。

2）蒸压加气混凝土砌块

蒸压加气混凝土砌块可分别用水泥、石灰、矿渣、粉煤灰、砂为原料，铝粉为发泡剂，经加水搅拌、成型、静停发泡、蒸压养护、切割加工而成，具有质轻、保温、防火等特点，可锯、可刨、加工性能好，主要用于外保温填充墙和非承重内隔墙。

蒸压加气混凝土砌块按体积密度分为300、400、500、600、700、800kg/m³，共6个品种，分别以B03、B04、B05、B06、B07、B08表示。主要技术性能见表3-17。

加气混凝土砌块的技术性能 表3-17

项目			体积密度级别					
			B03	B04	B05	B06	B07	B08
强度级别			A1.0	A2.0	A3.5	A5.0	A7.5	A10.0
干燥收缩值	标准法（mm/m）≤		0.5	0.5	0.5	0.5	0.5	0.5
	快速法（mm/m）≤		0.8	0.8	0.8	0.8	0.8	0.8
导热系数[W/(m·K)]			0.10	0.12	0.14	0.16	—	—
耐火性能（h）	砌块厚度（mm）	75	—	—	2.5	—	—	—
		100	—	—	3.75	—	—	—
		150	—	—	5.75	—	—	—
		200	—	—	8.00	—	—	—
隔声性能（dB）	砌块厚度（mm）	75	—	—	38.8	—	—	—
		100	—	—	40.6	—	—	—
		150	—	—	43.0	—	—	—
		200	—	—	—	—	—	—

（2）配套材料

石膏砌块和蒸压加气混凝土砌块施工用配套材料的品种与性能（略）。

3.4.2 轻质砌块内隔墙的设计

（1）石膏砌块内隔墙

1）隔声设计

①分室墙可选用单层80mm厚实心砌块隔墙或100mm厚空心砌块隔墙；

②分户墙可选用双层80mm厚实心砌块隔墙或双层100mm厚、单层150mm厚空心砌块隔墙；

③隔声性能 50～55 dB 的隔声墙，可选用双层 80mm 厚实心砌块中间夹不同厚度的吸声材料。

2）防火设计

石膏砌块的耐火性能优良，经试验表明，100mm 厚的实心砌块隔墙、100mm 厚和 120mm 厚的空心砌块隔墙耐火极限可达 3h；150mm 厚的空心砌块隔墙耐火极限可达 4h。

3）抗震设计

①当隔墙厚度大于 80mm、小于 100mm，高度超过 3m；隔墙厚度大于 100mm，高度超过 4m 时，应根据现行国家标准《建筑抗震设计规范》GB 50011 设置配筋带和混凝土圈梁；

②当墙体长度超过 6m 时，应按现行国家标准《砌体结构设计规范》GB 50003 的有关规定设置配筋带、混凝土圈梁和构造柱；

③砌块隔墙应与主体结构的梁、板、柱、墙有可靠的连接。

4）防潮、防水设计

① 潮湿房间的砌块隔墙：应采用防潮石膏砌块，底部做墙垫，板与墙垫之间嵌密封膏，缝宽不小于 5mm；

② 厨房、卫生间等潮湿部位：墙面可刷防水涂料或贴瓷砖；隔墙下部还应做 C20 细石混凝土条形基础。

5）隔墙高厚比设计

不同厚度石膏砌块隔墙的最大高度和最大长度设计见表 3-18。

允许的石膏砌块隔墙最大高度和最大长度　　**表 3-18**

项　目	石膏砌块墙厚度		
	60mm	80mm	100mm
最大高度（m）	3.00	3.50	4.50
最大长度（m）	6.00	6.00	6.00

注：1. 一般隔墙厚度不宜小于 80mm；

2. 石膏砌块隔墙的高厚比应按现行国家标准《砌体结构设计规范》GB 50003 进行验算。

（2）蒸压加气混凝土砌块

1）隔声设计

①分室墙

砌块用于户内分室墙时，选用厚度不宜小于 90 mm。

②分户墙

砌块用于户内分户墙时，选用厚度应不小于 150 mm。

2）防火设计

加气混凝土属不燃材料，125 mm 及以上厚度的砌块隔墙均能达到作为建筑防火墙耐火极限 4h 的要求。

3）抗震设计

① 在非抗震地区

内隔墙与主体结构的连接采用刚性连接方法。

② 在抗震设防烈度 8 度和 8 度以下地区

应采用刚性和柔性相结合的方法，隔墙与主体结构间的砌筑墙缝可填入聚合物水泥砂浆；对高层钢筋混凝土和钢结构的墙体与主体结构之间的缝应打入发泡剂或填岩棉。

4）防潮防水设计

加气混凝土砌块墙体抗水渗透的能力较好，在厨房、卫生间等潮湿环境，应在隔墙下部做 C20 细石混凝土条形基础，隔墙与条形基础间的接缝应打入密封胶；也可采用防水界面剂，用薄层聚合物砂浆或防水砂浆粉刷的做法；对防水要求高的墙体还可采用两层防水砂浆粉刷的做法。

沿隔墙设计水池、水箱和面盆等设备时，墙面应刷防水涂料或贴瓷砖；厨房、卫生间的隔墙应采用防水型条板，若采用石膏砌块防潮时，隔墙下部还应做 C20 细石混凝土条形基础。

3.5 我国非承重内隔墙技术发展方向

3.5.1 非承重内隔墙技术的发展应因地制宜

为推动建筑业的技术进步，发展非承重隔墙是重要的措施之一。我国地域辽阔，各地拥有的资源不同，经济的发展水平不平衡，发展什么类型的隔墙技术应因地制宜。比较以上三种类型的内隔墙技术，轻钢龙骨内隔墙技术的产业化基础最好，特别是纸面石膏板，我国生产企业生产线的年生产能力最大可达到 3000 万 m^2，国外先进水平为 5000 万～8000 万 m^2，全部是干法作业，施工效率高，技术产品成熟可靠，在我国大中城市应大力推广应用。轻质条板内隔墙技术，在我国生产线的年生产能力在 100 万 m^2 左右，目前处于半机械化生产水平，其投资规模从几百万到千万元以上，适宜在中小城镇推广。轻质砌块内隔墙体系，其单机年生产能力从几万到几十万平方米，由于单机规模较小，机械化水平的选择性较大。因此，各地宜根据自身情况做出发展规划。

3.5.2 非承重内隔墙板材应作为今后发展的重点

非承重内隔墙板材与块材相比在工程应用中具有较大的优势。其特点是施工文明、方便、快捷，施工周期短，劳动强度低，隔墙表面平整，工程质量有保证等，建议制定相关政策积极推动其发展。

3.5.3 非承重内隔墙应优先发展石膏基类产品

主要因为石膏基类产品具有安全、舒适、快速、环保的特点。

安全主要是指石膏建材具有优良的耐火性。舒适是因为石膏建材是一种多孔的材料，这些孔在室内湿度大时，可将水分吸入；反之，室内湿度小时又可将孔中的水分释放出来，因此，它可自动调节室内的湿度，使人感到舒适；也由于它是一种多孔材料，导热系数与木材相近，人体接近和接触时有一种“暖”的感觉，这就使人们特别钟爱在室内使用此类材料。目前，国外已有许多国家将纸面石膏板作为室内木墙板和木吊顶的替代品。快速是因石膏胶凝材料的凝结硬化时间短，生产石膏建材制品的速度快，工程安装效率高。

环保是指石膏建材节能、利废、卫生、不污染环境。因此，石膏建材是一种非常全面的绿色建材，欧美等发达国家早已大量使用，美国和日本的内隔墙几乎全部使用纸面石膏板。我国的石膏建材已有20余年的发展历史，目前已基本掌握了其生产和应用技术，技术产品成熟可靠，建议今后在住宅工程建设中应大力推广应用。

4 住宅屋面成套技术

4.1 技术概述

住宅屋面是住宅建筑最顶层的外围护结构，具有建筑围护、保温、隔热、防水、承重等使用功能。屋面作为住宅建筑外围护结构的重要组成部分，其保温隔热性能的优劣将直接影响到住宅建筑的能耗，对于整个建筑的节能起到至关重要的作用。据有关方面测算，屋面能耗约占整个建筑总能耗的8% ~10%。屋面的防水和保温隔热性能关系到房屋使用的安全性、舒适性和耐久性，并直接影响到居民的生活质量。因此，住宅屋面的保温、隔热、防水、排水性能是整个屋面系统的重要技术指标。屋面系统是由满足这些使用功能要求的构造层组成，但这些建筑构造层不是单一存在的，各构造层之间是通过有机结合并形成整体而共同工作。屋面系统的建筑材料、构造做法和施工技术等的集成构成了屋面成套技术。

随着我国住宅建设的快速发展，屋面的新型防水、保温隔热材料已经达到了一定的水平。从单一材料的品种、生产规模、产品质量及施工工艺等方面与国外相比已经达到较高的水平。但从屋面成套技术和整体功能质量来讲还存在一定的差距，如技术不配套，缺乏整体技术集成，造成屋面渗漏、保温隔热效果差等问题依然存在。其原因主要是对屋面成套技术重视不够，仅注意单一材料和技术的应用。为了加强对屋面成套技术的研究和推广应用，本章主要针对住宅屋面系统的保温隔热和防水等性能要求，从成套技术的角度进行归纳和总结。

4.2 住宅屋面类型与技术要点

住宅屋面按其建筑形式主要分为平屋面和坡屋面两种类型。平屋面是指排水坡度一般为2% ~3%的屋面；坡屋面是指坡度较大，一般坡度大于10%的屋面。平屋面和坡屋面的技术要点主要包括屋面结构层以上的屋面找平层、隔气层、保温层、防水层、保护层和使用面层等构造层次所形成的屋面成套技术。

4.2.1 平屋面类型与技术要点

（1）平屋面类型

平屋面按其功能要求主要分为普通保温屋面、隔热屋面、种植屋面、蓄水屋面等类型。

1）普通保温屋面按其使用功能要求又分为不上人屋面和上人屋面。不上人屋面是指屋面不允许上人行走活动（维修人员除外），屋面荷载设计较小。上人屋面是指屋面允许经常上人行走、活动，屋面防水保护层为刚性保护层。普通保温屋面按其构造做法又分为倒置式保温屋面和普通保温屋面（也称正置式屋面）。

2）隔热屋面又分为架空通风隔热屋面和实体材料隔热屋面。

3）种植屋面又分为简单式种植屋面和花园式种植屋面。

（2）平屋面技术要点

1）普通（上人）保温屋面技术要点

①上人屋面需设置刚性保护层，设计荷载比不上人屋面大。

②屋面保温隔热材料不宜选用吸水率大的材料，避免屋面湿作业时保温隔热材料大量吸水，降低热工性能。

③要确保防水层质量，若屋面产生渗漏不易维修。

普通（上人）保温屋面的构造做法见图4-1。

2）倒置式保温屋面技术要点

倒置式保温屋面是将保温层设在防水层上面，防水层不仅得到了保温层的保护，同时避免了其他因素对防水层的破坏。与传统的普通保温屋面相比，构造做法较为简单。保温材料需采用吸湿性低、耐候性强的保温材料，如挤塑聚苯板等。

倒置保温屋面构造做法见图4-2。

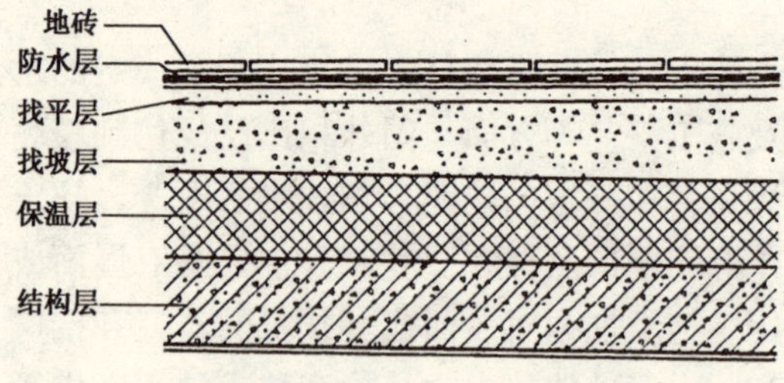

图4-1　普通（上人）保温屋面构造示意图

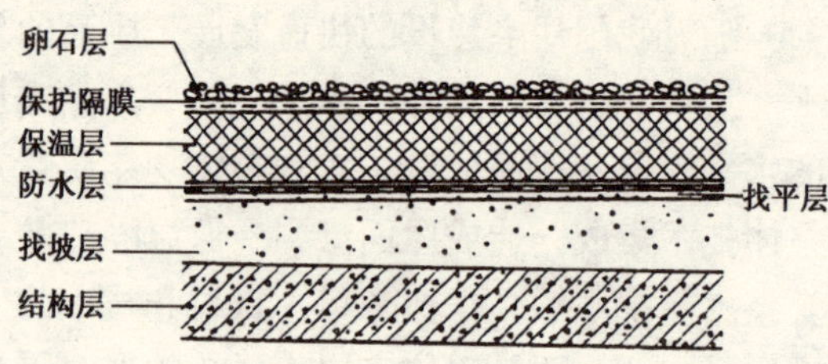

图4-2　倒置式保温屋面构造示意图

3）隔热（架空）屋面技术要点

隔热（架空）屋面是利用通风空气间层散热快的特点，以提高屋面的隔热能力。架空屋面一般是由隔热构件、通风空气间层、支撑构件和基层（结构层、保温层、防水层）组成。经实际测试证明，架空层过小则隔热效果不明显，如空气间层增大，则屋面温度逐渐降低。但架空层过高，温度降低不明显且屋面荷载加大。

主要技术要点如下：

①架空屋面的进风口宜设在炎热季节最大频率风向的正压区，出风口宜设在负压区；

②架空屋面的坡度不宜大于5%，架空隔热层的高度应按屋面宽度或坡度大小的变化确定；

③空气间层高度一般设为100～300mm较为适宜；

④架空屋面宜设在通风良好的建筑物上，不宜在寒冷地区采用；

⑤架空隔热板距山墙或女儿墙不得小于250mm，以免热胀冷缩影响墙的牢固。

隔热（架空）屋面构造见图4-3。

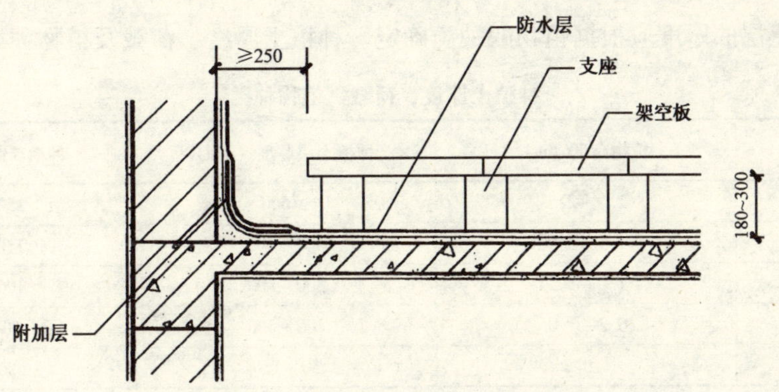

图4-3 隔热（架空）屋面构造示意图

4）种植屋面技术要点

种植屋面是在建筑屋面和地下工程顶板的防水层以上铺设种植土，并种植植物，使其起到防水、保温、隔热和生态环保作用的屋面。种植屋面分为简单式种植屋面和花园式种植屋面。简单式种植屋面是仅以地被植物和低矮灌木进行绿化的屋面。花园式种植屋面是以乔木、灌木和地被植物进行绿化，并设有亭台、园路、园林小品和水池、小溪等，可提供人们进行休闲活动的屋面。种植屋面的基本构造层次见图4-4。可根据种植屋面的类别及屋面结构的荷载要求等实际情况适当增减。

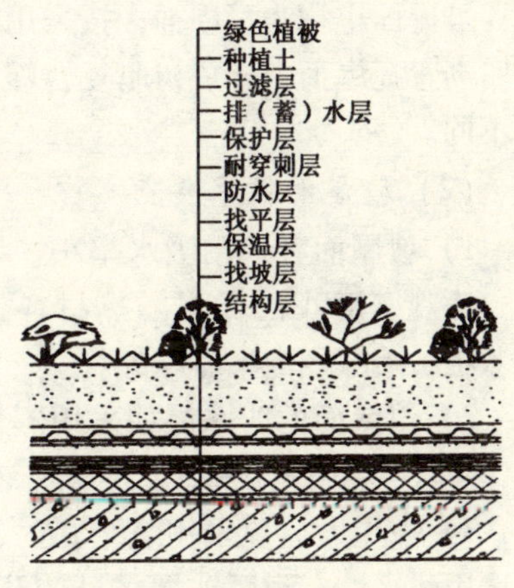

图4-4 种植屋面构造示意图

主要技术要点如下：

①结构层宜采用强度等级不小于C20的现浇钢筋混凝土。

②根据不同地区、不同类别并按现行建筑节能设计标准计算确定是否要设置保温层。当需设置保温层时，宜选用吸水率低、导热系数小和密度较小且具有一定强度的材料（如挤塑聚苯保温板、硬泡聚氨酯保温材料等）。

③花园式种植屋面必须设置耐根穿刺防水层。

④普通防水层应选用耐水、耐腐蚀、耐霉变的卷材（如高聚物改性沥青防水卷材、合成高分子防水卷材等）或防水涂料（如聚氨酯防水涂料等）。

⑤耐根穿刺防水层应采用具有物理阻根功能的材料（如高密度聚乙烯土工膜、PVC防水卷材等）或化学阻根功能的材料（如掺有生物添加剂的铜复合胎基SBS改性沥青卷材等）。

⑥排（蓄）水层可根据荷载选择专用的塑料或橡胶排（蓄）水板，荷载允许的地下工程顶板也可采用卵石、陶粒等做排水层。

⑦过滤层宜选用200~400g/m^2 聚酯纤维无纺布等。

⑧种植土宜选用密度较小、保水、保肥，不易板结，适宜植物生长的改良田园土、无机复合种植土等。

⑨种植土层的厚度应根据植物的种类确定。种植土厚度、荷载及植物种类见表4-1。

种植土厚度、荷载、植物种类　　表4-1

植物种类	植物高度（m）	种植土层厚度（mm）	种植荷载（kg/m²）
小型乔木	2.0~2.5	≥600	250~300
大灌木	1.5~2.0	500~600	150~250
小灌木	1.0~1.5	300~500	100~150
地被植物	0.2~1.0	100~300	50~100
草坪	≤0.2	50~150	30~50

4.2.2　坡屋面类型与技术要点

（1）坡屋面类型

坡屋面也称为瓦屋面，按采用的瓦材不同，主要分为烧结瓦屋面、混凝土瓦屋面、玻纤胎沥青瓦屋面、合成树脂复合塑料波形瓦屋面等类型。由于瓦材的不同其构造做法也有所不同。

（2）坡屋面技术要点

1）坡屋面宜选用吸水率小、导热系数小、表观密度小的保温隔热材料，如挤塑聚苯板、喷涂硬泡聚氨酯等。

2）坡屋面的防水层如采用彩色沥青瓦时，防水层则设置在最上面，兼有装饰作用。

3）坡屋面屋顶采用烧结瓦时，防水层宜选用耐水性、耐腐蚀性优良的防水涂料，如聚氨酯防水涂料、丙烯酸防水涂料、聚合物水泥防水涂料等，易于施工。

4）坡屋面保温隔热材料也可采用喷涂硬泡聚氨酯，保温防水一体化。坡屋面构造见图4-5。

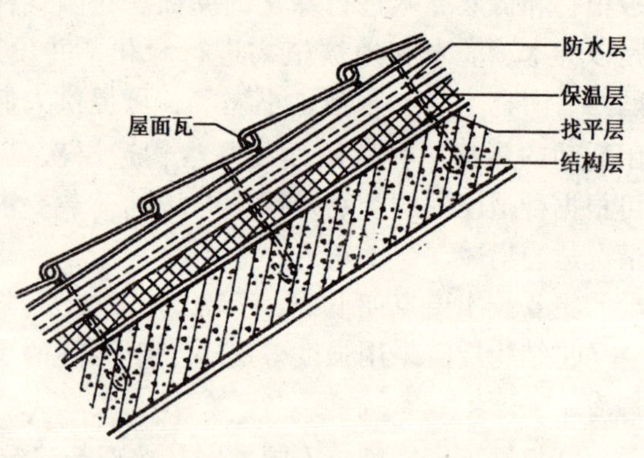

图4-5　坡屋面构造示意图

4.2.3　各类屋面的技术特点与适用范围

各类屋面的技术特点与适用范围见表4-2。

各类屋面技术特点与适用范围　　表4-2

屋面类型			技术特点	适用范围
平屋面	保温屋面	普通保温屋面	保温层设在防水层下面，能够有效阻止水蒸气的凝结，保温效果好，但防水层易老化和破坏	严寒和寒冷地区 夏热冬冷地区
		倒置式保温屋面	保温层设在防水层上面，防水层得到有效保护，构造做法简单。需采用吸湿性低、耐候性强的保温材料	严寒和寒冷地区 夏热冬冷地区

续表

屋面类型			技术特点	适用范围
平屋面	隔热屋面	实体材料隔热屋面	隔热屋面是在屋面结构层上设置隔热材料或构造措施，使其屋面具有隔热功能	夏热冬冷地区 夏热冬暖地区
		架空通风隔热屋面	架空屋面是利用通风空气间层散热快的特点，以提高屋面的隔热能力	夏热冬暖地区
	种植屋面	简单式种植屋面	简单式种植屋面是仅以地被植物和低矮灌木进行绿化的屋面，使其起到防水、保温、隔热和生态环保作用	夏热冬冷地区 夏热冬暖地区
		花园式种植屋面	花园式种植屋面是以乔木、灌木和地被植物进行绿化，并设有亭台、园路、园林小品和水池、小溪等，可提供人们进行休闲活动的屋面	夏热冬冷地区 夏热冬暖地区
坡屋面		坡屋面按其采用的瓦材不同主要分为烧结瓦屋面、混凝土瓦屋面、玻纤胎沥青瓦屋面、合成树脂复合塑料波形瓦屋面等类型	坡屋面是指坡度较大的屋面，坡度一般大于10%。坡屋面易排水，保温隔热效果好，具有外立面装饰作用	严寒和寒冷地区 夏热冬冷地区 夏热冬暖地区

4.3 屋面保温隔热技术要求

4.3.1 屋面保温材料指标

(1) 板状保温材料要求

屋面保温材料常用板状保温材料，如聚苯板、聚氨酯泡沫塑沫板、加气混凝土板（泡沫混凝土板）等。各类保温材料性能要求见表4-3。

板状保温材料性能要求 表4-3

项　目	质量要求				
	聚苯板		硬泡聚氨酯	泡沫玻璃	加气混凝土类
	挤塑	模压			
表观密度（kg/m^3）	—	15~30	≥30	≥150	400~600
压缩强度（kPa）	≥250	60~150	≥150	—	—
抗压强度（MPa）	—	—	—	≥0.4	≥2.0
导热系数[W/(m·K)]	≤0.030	≤0.041	≤0.027	≤0.062	≤0.220
70℃，48h后尺寸变化率（%）	≤2.0	≤4.0	≤5.0	—	—
吸水率（V/V,%）	≤1.5	≤6.0	≤3.0	≤0.5	—

(2) 喷涂硬泡聚氨酯防水保温一体化材料要求

喷涂硬泡聚氨酯按材料的物理性能分为三种类型，主要适用于以下部位：

Ⅰ型：用于屋面和外墙保温层；

Ⅱ型：用于屋面和复合保温防水层；

Ⅲ型：用于屋面保温防水层（即防水保温一体化）。

屋面用喷涂硬泡聚氨酯的物理性能见表4-4。

屋面用喷涂硬泡聚氨酯物理性能　　表4-4

项　　目	性能要求		
	Ⅰ型	Ⅱ型	Ⅲ型
密度（kg/m^2）	≥35	≥45	≥55
导热系数[W/(m·K)]	≤0.024	≤0.024	≤0.024
压缩性能（形成10%）（kPa）	≥150	≥200	≥300
不透水性（无结皮）0.2MPa，30min	—	不透水	不透水
尺寸稳定性（70℃，48h）（%）	≤1.5	≤1.5	≤1.0
闭孔率（%）	≥90	≥92	≥95
吸水率（%）	≤3	≤2	≤1

硬泡聚氨酯保温材料的防火性能应符合现行国家标准《建筑设计防火规范》GB 50016的要求。

4.3.2　屋面保温隔热施工技术要求

（1）聚苯板（XPS）保温屋面施工

用聚苯板作为保温层，常用挤塑聚苯板（XPS），强度高，施工效果好。

1）基层处理

将屋面板表面清理干净，灰浆、杂物全部清除，基层应干燥。

2）弹线

当屋面设有隔汽层时，应先进行隔汽层施工，即可在隔汽层上弹线、铺设保温层。弹线时按设计坡度及流水方向，找出屋面坡度走向，确定保温层的厚度范围。

3）保温层铺设

①干铺保温层：聚苯板可直接铺设在结构层或隔汽层上，应紧靠需要隔热保温部分的表面，铺平、垫稳、缝对齐。分层铺设时，上、下两层板的接缝应相互错开，表面两块相邻聚苯板板边厚度应一致。板间的缝隙应用同类材料的碎屑填塞密实。

②粘贴保温层：聚苯板也可采用粘结法铺设。用粘结材料平粘在屋面基层上，应贴严、粘牢。板缝间或缺棱掉角处应用聚苯板碎屑加粘结材料拌匀后填补严密。粘贴聚苯板的胶粘剂一般采用水乳型高分子乳液胶粘剂，如EVA乳液、丙烯酸乳液或醋酸乙烯乳液配制的胶粘剂。不得用溶剂型胶粘剂。溶剂型胶粘剂会将聚苯板溶化，降低保温性能。

（2）加气混凝土砌块保温屋面施工

1）基层处理：基层应坚实、平整。

2）保温层铺设

①干铺保温层：加气混凝土砌块可直接铺在结构层或隔汽层上，要紧靠需要隔热保温

部分的表面，逐行铺设，铺平、垫稳、缝对齐。相邻两行的加气块接缝应错开，厚度应一致。分层铺设时，上、下两层加气混凝土砌块的接缝应错开。接缝的缝隙应用碎加气混凝土砌块嵌填密实。

②粘贴保温层：加气混凝土砌块可采用粘贴法铺设。用粘结材料平粘在屋面基层上，贴严、粘牢。板缝间或缺棱掉角处应用碎加气块加粘结材料拌匀后填补严密。粘贴加气混凝土砌块一般采用水泥、石灰混合砂浆，其比例为：水泥:石灰:砂子＝1:1:8。

(3) 复合保温层的铺设

为了达到节能设计要求，可采用两种保温材料复合做法。当采用复合材料保温层时应注意如下铺贴顺序：

当采用聚苯板与加气混凝土砌块复合保温时，聚苯板保温层在下，加气混凝土砌块铺在聚苯板上面。

当采用硬泡聚氨酯与加气混凝土砌块复合保温时，硬泡聚氨酯保温层在下，加气混凝土砌块铺在上面。

(4) 喷涂硬泡聚氨酯保温屋面施工技术

1）施工技术要求

①清理基层

当基层的表面有浮灰或油污时，硬泡聚氨酯防水保温层会从作业基面上拱起或脱离，即为脱层或起鼓。因此，必须将基层表面的灰浆、油污、杂物彻底清理干净。

②材料配制

硬泡聚氨酯防水保温材料必须在喷涂施工前配制好。两组分液体原料（多元醇和异氰酸酯）与发泡剂等添加剂必须按工艺设计配比准确计量，投料顺序不得有误，混合均匀，热反应充分，输送管路不得渗漏，喷涂应连续均匀。

③喷涂施工

根据防水保温层厚度，一个施工作业面可分几遍喷涂完成，每遍喷涂厚度宜在10～15mm。当日的施工作业必须连续喷涂施工完毕。喷涂完工后，应及时在防水保温层表面设置一层防紫外线照射的保护层。保护层可选用耐紫外线的配套保护涂料或聚合物水泥砂浆保护层，当采用聚合物水泥砂浆保护层时，保护层厚度在5mm左右。

2）厚度要求

硬泡聚氨酯防水保温层厚度的设计，应根据建筑防水与保温隔热性能要求而定，一般分为4个厚度等级。

当屋面传热系数 $K \leqslant 0.80$ 时，防水保温层厚度应为25mm；

当屋面传热系数 $K \leqslant 0.70$ 时，防水保温层厚度应为30mm；

当屋面传热系数 $K \leqslant 0.60$ 时，防水保温层厚度应为40mm；

当屋面传热系数 $K \leqslant 0.50$ 时，防水保温层厚度应不小于50mm，最大厚度可达80mm。

(5) 架空（隔热）屋面施工技术

1）清理基层

将屋面的杂物、灰浆清理干净。

2）弹线分格

屋面隔热板应按设计要求设置分格缝。分格缝可按照防水保护层的分格原则进行分格。

3）砌筑砖墩架空层

屋面防水层如无刚性保护层，则应在砖墩下增铺一层卷材或油毡，以大于砖墩周边150mm左右为宜。砌筑砖墩架空层应灰缝饱满、平整，宜用M5水泥砂浆砌筑。

4）坐砌隔热板

坐砌隔热板时宜横向拉线，纵向用靠尺控制板缝，使其横平竖直。砌筑时应坐浆饱满，宜用M2.5水泥砂浆砌筑，砌平、粘牢。隔热板坐浆完毕，需进行1~2d的湿养护，待砂浆强度达到上人要求时，可进行隔热板勾缝。隔热板表面缝隙宜用1:2水泥砂浆填塞。勾缝水泥砂浆要调好稠度，随勾缝随拌料。

5）架空屋面也可采用预制构件，如纤维水泥架空板凳等，施工更为简便。

4.4　屋面防水技术要求

4.4.1　屋面防水等级设防要求

屋面防水工程应根据建筑物的性质、重要程度、使用功能要求及防水层合理使用年限，按不同等级进行设防。屋面防水等级设防要求见表4-5。

屋面防水等级设防要求　　表4-5

项　目	屋面防水等级			
	Ⅰ	Ⅱ	Ⅲ	Ⅳ
建筑物类别	特别重要或对防水有特殊要求的建筑	重要的建筑和高层建筑	一般的建筑	非永久性的建筑
防水层合理使用年限	25年	15年	10年	5年
设防要求	三道或三道以上防水设防	两道防水设防	一道防水设防	一道防水设防

4.4.2　屋面防水层厚度要求

（1）屋面防水卷材采用合成高分子防水卷材：单层使用时厚度不应小于1.5mm；双层使用时总厚度不应小于2.4mm。采用高聚物改性沥青防水卷材热熔施工时厚度不小于3mm；单层使用时厚度不应小于4mm，双层使用时总厚度不应小于6mm。卷材防水层厚度选用见表4-6。

卷材防水层厚度选用表　　表4-6

屋面防水等级	设防道数	合成高分子防水卷材	高聚物改性沥青防水卷材	双面自粘防水卷材
Ⅰ级	三道或三道以上设防	厚度不应小于1.5mm	厚度不应小于3mm	厚度不应小于1.5mm+1.5mm
Ⅱ级	两道设防	厚度不应小于1.2mm	厚度不应小于3mm	厚度不应小于1.5mm
Ⅲ级	一道设防	厚度不应小于1.5mm	厚度不应小于4mm	—
Ⅳ级	一道设防	—	—	—

（2）屋面选用聚合物水泥防水涂料时应采用Ⅰ型料作为一道防水层。与其他防水材料复合使用时涂膜厚度不小于1.5mm，单独使用时涂膜厚度不应小于2mm。具体厚度要求详见表4-7。

聚合物水泥防水涂料厚度 表4-7

屋面等级	设防道数	平屋面	坡屋面
Ⅰ级	三道或三道以上	厚度不小于1.5 mm	厚度不小于2mm
Ⅱ级	两道以上	厚度不小于1.5mm	
Ⅲ级	一道以上	厚度不小于2mm	
Ⅳ级	一道以上	厚度不小于2mm	

（3）屋面选用沥青瓦时，其厚度不应小于2.8mm。

（4）屋面防水多道设置时，可将卷材、涂膜、细石防水混凝土等材料复合使用，也可使用卷材叠层。

采用多种材料复合时，应注意以下几点要求：

1）合成高分子防水卷材或涂膜防水层上部，不得采用热熔法施工防水材料。

2）涂膜与卷材复合使用时，涂膜宜放在下部。

3）耐穿刺、耐老化的防水卷材宜放在上部。

4）两种或两种以上柔性材料复合使用时，应具有相容性。

5）基层处理剂及胶粘剂应与卷材相容，应选择同一生产厂家配套的产品。

4.4.3 屋面防水材料选用

（1）屋面防水材料的主要类型与特点

主要类型有：合成高分子防水卷材、高聚物改性沥青防水卷材、双面自粘防水卷材、聚合物水泥防水涂料、沥青瓦等。其材料技术特点与适用范围见表4-8。

屋面防水材料技术特点与适用范围 表4-8

材料类型	技术特点	适用范围
SBS改性沥青防水卷材	Ⅰ型的聚酯胎SBS改性沥青防水卷材，有一定的拉力，低温柔度较好	适用于一般和较寒冷地区的一般建筑屋面的防水层
	Ⅱ型的聚酯胎SBS改性沥青防水卷材，具有拉力高，低温柔度好、耐腐蚀、耐霉变以及延伸率大等特点	适用于一般和寒冷地区且防水等级Ⅰ、Ⅱ、Ⅲ级的建筑屋面或地下工程的防水层
APP改性沥青防水卷材	Ⅰ型的聚酯胎或玻纤胎APP（APAO）改性沥青防水卷材，具有耐热度较高和耐腐蚀、耐霉变等性能，但低温柔度较差	适用于非寒冷地区作一般建筑工程的屋面防水层
	Ⅱ型的聚酯胎APP（APAO）改性沥青防水卷材，具有拉力高，延伸率大，耐热度好，耐腐蚀、耐霉变等性能，低温柔度也较好	适用于一般和较寒冷地区或炎热地区作屋面或地下工程的防水层

续表

材料类型	技 术 特 点	适 用 范 围
三元乙丙橡胶防水卷材	三元乙丙橡胶防水卷材，具有拉伸强度较高，延伸率大，对基层伸缩开裂变形的适应性强等特点	适用于炎热或严寒地区的中、高档建筑作屋面或地下工程的防水层
聚合物水泥防水涂料	双组分水性防水涂料，分为Ⅰ型和Ⅱ型。Ⅰ型：以聚合物乳液为主要成分的（水乳型丙烯酸酯为主要成膜物）；Ⅱ型：以水泥等刚性材料为主要成分	适用于外墙面及厕浴间、水池等防水工程，屋面或地下工程中的一道防水层。不适用于长期水浸泡的部位防水
单组分聚氨酯防水涂料	涂膜具有橡胶高弹性和延伸性，耐水性、耐高低温性能好。单组分与双组分比较，单组分即开即用，可避免由于现场配料和混合搅拌造成的质量问题和对环境的污染	适用于防水等级为Ⅰ~Ⅱ级地下防水工程及Ⅰ~Ⅲ级非外露的屋面工程作防水层

(2) 各类防水材料的主要技术性能

1) SBS 改性沥青防水卷材

SBS 改性沥青防水卷材是以聚酯毡或玻纤毡为胎体，浸渍和涂盖苯乙烯—丁二烯—苯乙烯（SBS）热塑弹性体改性沥青，两面覆以隔离材料制成。

卷材按胎基分为聚酯胎（PY）和玻纤胎（G）两类；按上表面隔离材料分为聚乙烯膜（PE）、细砂（S）、矿物粒料或片状材料（M）三种；按其物理性能分为Ⅰ型和Ⅱ型两种。

卷材规格：幅宽为 1m，厚度为 3mm、4mm。SBS 改性沥青防水卷材物理性能应符合现行国家标准《弹性体改性沥青防水卷材》GB 18242 的要求，见表 4-9。

弹性体（SBS）改性沥青防水卷材物理性能 表 4-9

胎 基		聚酯毡胎		玻纤毡胎	
型 号		Ⅰ型	Ⅱ型	Ⅰ型	Ⅱ型
不透水性	压力（MPa）≥	0.3		0.2	0.3
	保持时间（min）≥	30			
耐热度（℃）		90	105	90	105
		无滑动、流淌、滴落			
拉力（N/50mm）≥	纵向	450	800	350	500
	横向			250	300
最大拉力时延伸率（%）≥	纵向	30	40	—	
	横向				
低温柔度（℃）		−18	−25	−18	−25
		无裂纹			
参考价格（4mm 厚）（元/m²）		30	33	25	28

2) APP 改性沥青防水卷材

APP 改性沥青防水卷材是以聚酯毡或玻纤毡为胎基，浸渍和涂盖无规聚丙烯（APP）

改性沥青，两面覆以隔离材料制成。

卷材的类型、品种、规格均同SBS改性沥青防水卷材。

卷材物理性能应符合现行国家标准《塑性体改性沥青防水卷材》GB 18243 的要求，见表4-10。

塑性体（APP）改性沥青防水卷材物理性能　　表4-10

胎基		聚酯毡胎		玻纤毡胎	
型号		Ⅰ型	Ⅱ型	Ⅰ型	Ⅱ型
不透水性	压力（MPa）≥	0.3		0.2	0.3
	保持时间（min）≥	30			
耐热度（℃）		110	130	110	130
		无滑动、流淌、滴落			
拉力（N/50mm）≥	纵向	450	800	350	500
	横向			250	300
最大拉力时延伸率（%）≥	纵向	25	40	—	
	横向				
低温柔度（℃）		-5	-15	-5	-15
		无裂纹			
参考价格（4mm厚）（元/m²）		30	33	25	28

3）三元乙丙橡胶防水卷材

三元乙丙橡胶防水卷材是以乙烯、丙烯和双环戊二烯（或乙叉降冰片烯）三种单体共聚合成的三元乙丙橡胶为主体，掺入适量的添加剂，经多道工序加工制成的高性能防水材料。为了保证三元乙丙橡胶防水卷材防水层的粘结和密封效果，应采用与卷材相容的胶粘剂，内外密封膏或搭接胶粘带等配套材料，以达到防水层整体密封和耐久的目的。

①三元乙丙橡胶防水卷材技术性能

三元乙丙橡胶防水卷材的厚度为1.0～2.0mm。宽度为1.0～1.2m，长度为20m；其物理性能执行现行国家标准《高分子防水材料第1部分：片材》GB 18173.1，见表4-11。

三元乙丙橡胶防水卷材技术性能　　表4-11

项目		指标
断裂拉伸强度（MPa）	常温≥	7.5
扯断伸长率（%）	常温≥	450
撕裂强度（kN/m）≥		25
不透水性，30min无渗漏		0.3MPa
低温弯折（℃）≤		-40
加热伸缩量（mm）	延伸＜	2
	收缩＜	4
热空气老化（80℃×168h）	断裂拉伸强度保持率（%）≥	80
	扯断伸长率保持率（%）≥	70

续表

项目		指标
臭氧老化（40℃×168h）	伸长率40%，500pphm	无裂纹
粘结剥离强度	（N/mm）≥	1.5
	浸水保持率（%）≥（常温168h）	70

②三元乙丙橡胶防水卷材主要配套材料

基层胶粘剂：用于三元乙丙橡胶防水卷材与基层粘结的胶粘剂。

搭接胶粘剂：与三元乙丙橡胶防水卷材相容性良好，专用于卷材与卷材接缝的胶粘剂。

基层胶粘剂和搭接胶粘剂质量符合现行国家标准《高分子防水材料　第1部分　片材》GB18173.1、现行行业标准《高分子防水卷材胶粘剂》JG/T 863的要求。物理力学性能见表4-12。

配套胶粘剂的物理力学性能　　表4-12

序号	项目			基层胶	搭接胶
1	剪切状态下的粘合性	卷材与卷材	标准试验条件（N/mm）≥	—	2.0
			标准试验条件（N/mm）≥	1.8	—
2	剥离强度	标准试验条件（N/mm）≥		—	1.5
		浸水后保持率（%）168h≥		—	70

内密封膏：以合成橡胶为基料、枪挤施工的弹性单组分膏状材料，专门用于卷材搭接缝内侧的密封。

外密封膏：以合成橡胶为基料、枪挤施工的弹性单组分膏状材料，专门用于卷材搭接缝外边缘的密封和保护，可长期暴露，耐候性能好。

止水玛瑙脂膏：单组分、低黏度、自浸润的玛瑙脂密封膏，用于三元丙卷材或三元丙自硫化泛水材料与基层之间的密封。

浇注密封膏：双组分、不含溶剂的聚氨酯密封膏，专用于特殊复杂部位（如管束、穿透屋面的异形根部等）与卷材防水层之间的密封。

自硫化三元乙丙橡胶泛水材料：采用特殊配方和工艺生产的、具有优异塑性的三元乙丙橡胶片材，专用于复杂细部节点和异形部位的处理。施工时不需剪裁，可随节点构造的形状任意拉伸和变形，直接粘贴而不会产生内应力；在自然环境下硫化，最终达到与三元乙丙橡胶防水卷材相同的物理性能，并永久保持初粘的形状。该材料是规格1.5mm厚，宽度为150、230或300mm的卷材。

搭接胶粘带：胶粘带是完全硫化的合成橡胶产品，专用于三元乙丙橡胶卷材与卷材间搭接缝的粘结，具有高粘结强度、施工简便和优良的物理性能等特点。

4）单组分聚氨酯防水涂料

单组分聚氨酯防水涂料是以异氰酸酯、聚醚为主要原料，配以各种助剂制成的，并可吸收空气中的湿气而固化，无有害溶剂挥发的单组分柔性防水涂料。

外观：为均匀黏稠液体、无凝胶、结块。

①材料性能

物理力学性能应符合现行国家标准《聚氨酯防水涂料》GB/T 19250 的要求，见表 4-13。

单组分聚氨酯防水涂料主要物理力学性能 **表 4-13**

<table>
<tr><th rowspan="2" colspan="2">项　目</th><th colspan="2">性能要求</th><th rowspan="2" colspan="2">项　目</th><th colspan="2">性能要求</th></tr>
<tr><th>Ⅰ类</th><th>Ⅱ类</th><th>Ⅰ类</th><th>Ⅱ类</th></tr>
<tr><td colspan="2">固体含量（%） ≥</td><td colspan="2">80</td><td colspan="2">低温弯折性（℃）</td><td colspan="2">-40℃弯折无裂纹</td></tr>
<tr><td colspan="2">拉伸强度（MPa） ≥</td><td>1.9</td><td>2.45</td><td rowspan="2">干燥时间</td><td>表干时间（h） ≤</td><td colspan="2">12</td></tr>
<tr><td colspan="2">断裂伸长率（%） ≥</td><td>550</td><td>450</td><td>实干时间（h） ≤</td><td colspan="2">24</td></tr>
<tr><td colspan="2">不透水性 0.3MPa 30min</td><td colspan="2">不透水</td><td colspan="2">潮湿基面粘结强度（MPa） ≥</td><td colspan="2">0.50</td></tr>
</table>

注：产品按拉伸性能分为Ⅰ、Ⅱ两类。

②材料特点

涂膜具有橡胶弹性，延性和优良拉伸性能；耐高低温性能好；易于厚涂。

单组分与双组分比较，单一组分即开即用，可避免由于现场配料和混合搅拌造成的质量问题和对环境的污染。

5）聚合物水泥防水涂料（简称 JS 防水涂料）

①材料性能

聚合物水泥防水涂料是以聚合物乳液和水泥为主要原料，加入其他添加剂制成的液料与粉料的双组分水性防水涂料，涂料应符合现行行业标准《聚合物水泥防水涂料》JC/T894 的要求，其主要物理性能指标见表 4-14。

聚合物水泥防水涂料主要物理性能 **表 4-14**

<table>
<tr><th rowspan="2" colspan="2">项　目</th><th colspan="2">性能要求</th><th rowspan="2">项　目</th><th colspan="2">性能要求</th></tr>
<tr><th>Ⅰ类</th><th>Ⅱ类</th><th>Ⅰ类</th><th>Ⅱ类</th></tr>
<tr><td colspan="2">固体含量（%） ≥</td><td colspan="2">65</td><td>断裂伸长率（无处理）（%） ≥</td><td>200</td><td>80</td></tr>
<tr><td rowspan="2">干燥时间</td><td>表干时间（h） ≤</td><td colspan="2">4</td><td>低温柔性 φ10mm 棒</td><td>-10℃无裂纹</td><td>—</td></tr>
<tr><td>实干时间（h） ≤</td><td colspan="2">8</td><td>不透水性，0.3MPa，30min</td><td>不透水</td><td>不透水</td></tr>
<tr><td colspan="2">拉伸强度（无处理）（MPa） ≥</td><td>1.2</td><td>1.8</td><td>潮湿基面粘结强度（MPa） ≥</td><td>0.5</td><td>1.0</td></tr>
</table>

②聚合物水泥防水涂料的特点：

能在潮湿或干燥的多种材质基面直接施工，与水泥砂浆及多种基层粘结牢固；

防水涂层固化后既有聚合物乳液的高弹性，又有无机粉料的坚硬性、耐水性、耐候性；

材料无毒、无害、无污染，属环保涂料，也可用于饮水池工程；

材料的基料为白色，可加颜料，配成彩色涂层。

4.4.4　屋面防水施工技术

(1) 高聚物改性沥青防水卷材施工

高聚物改性沥青防水卷材主要包括弹性体（SBS）改性沥青防水卷材及塑性体（APP）改性沥青防水卷材。

目前SBS改性沥青防水卷材，APP改性沥青防水卷材大多使用热熔法施工工艺。SBS改性沥青防水卷材耐低温性能好，主要在北方寒冷地区应用；APP改性沥青防水卷材耐高温性能好，主要在南方夏热冬暖地区应用。现以SBS改性沥青卷材为例，介绍高聚物改性沥青防水卷材热熔法施工工艺。

1）施工工艺

热熔法施工工艺是指将SBS改性沥青防水卷材，用火焰加热器（或汽油喷灯）通过加热熔化防水卷材底层的热熔胶，进行粘结的施工方法。其主要施工工艺和要求如下：

① 机具准备：火焰喷枪或汽油喷灯，燃料为汽油。

② 消防准备：申请点火证，现场不得有焊接等明火作业，备有灭火器材、沙袋等。

③SBS改性沥青防水卷材用热熔法施工时，厚度不得小于3mm，防水卷材单层使用时，厚度不得小于4mm，双层使用时，总厚度不得小于6mm（3mm+3mm）。2mm厚及以下的卷材不得在工程上使用，更不能热熔。

④复合胎防水卷材不能用于Ⅰ、Ⅱ级屋面及地下防水工程。Ⅲ级屋面使用时按三层叠加使用。

⑤热熔施工环境温度为-10℃以上，不受季节限制。

⑥下雨或雨后基层潮湿不得施工，五级风以上不得进行热熔施工作业。

2）工艺流程

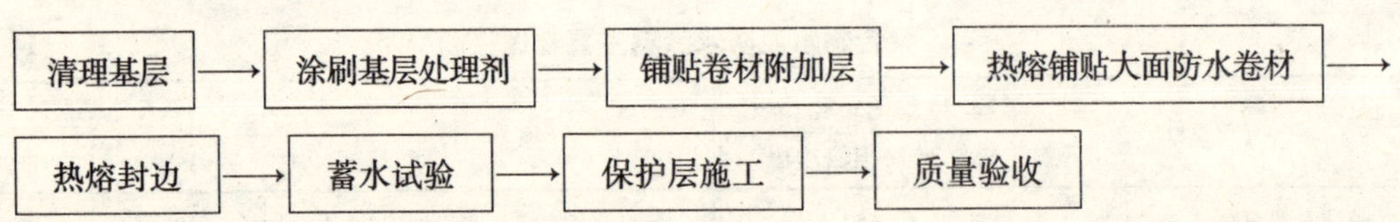

3）施工操作要点

①清理基层

将基层浮浆、杂物彻底清扫干净。

②涂刷基层处理剂

基层处理剂一般为沥青基防水涂料，将基层处理剂在屋面基层满刷一遍。大面用长把滚刷涂刷，细部构造部位如管根、水落口等处可用油漆刷涂刷。要求涂刷均匀，不得见白露底。

③铺贴卷材附加层

基层处理剂干燥后（约4h），在细部构造部位，如屋面与立面的转角处、女儿墙泛水、伸出屋面管道根、水落口、天沟、檐口等部位铺贴一层3mm厚附加层卷材，宽度不小于300mm，以起到增强作用。要求贴实、粘牢、无折皱。

④热熔铺贴大面防水卷材

先在基层弹好基准线，将卷材定位后，重新卷好。点燃火焰喷枪（喷灯），烘烤卷材底面与基层交界处，使卷材底边的改性沥青熔化。要沿卷材宽度往返加热，边加热边沿卷材长边向前滚铺，用压辊排除空气，使卷材与基层粘结牢固。

在卷材热熔施工时，火焰加热要均匀，过份加热会烧穿卷材；温度不够会使卷材粘结不牢。因此施工时要注意调节火焰大小及移动速度。火焰喷枪与卷材底面的距离应控制在0.3~0.5m。卷材接缝处必须溢出熔化的改性沥青胶。

⑤热熔封边

将卷材搭接缝处用汽油喷灯烘烤，随即用小抹子将接缝处熔化的改性沥青胶抹平。应先封长边，后封短边。

⑥蓄水试验

屋面防水层完工后，经质量检查合格，应做蓄水试验。蓄水24h无渗漏为合格。

⑦保护层施工

高聚物改性沥青防水卷材屋面必须有保护层。

上人屋面按设计要求铺水泥方砖或抹水泥砂浆保护层。注意刚性保护层按设计要求分格留缝，保护层与防水层之间最好设置隔离层。

不上人屋面最好选择高聚物改性沥青防水卷材本身带有石片、砂粒等保护层的卷材。

注意事项：热溶法施工工艺为明火作业，施工现场要特别注意防火，以免引起火灾及人员烧伤。

（2）合成高分子防水卷材施工

合成高分子防水卷材包括各种合成橡胶防水卷材，主要以三元乙丙橡胶防水卷材为主。现以三元乙丙橡胶防水卷材为例，介绍冷粘法施工工艺。冷粘法施工工艺，可采用满粘法、空铺法或机械固定法铺设。同时根据设防要求可分为单层和叠层构造。

满粘法：是采用专用基层胶粘剂把卷材全部粘结在基层上的施工方法。满粘法适用于各类防水工程的卷材与基层以及卷材与卷材之间的粘结。

空铺法：是卷材空铺在基层上，只粘结搭接缝部位并在卷材防水层上铺设不同压载材料的施工方法。适用于基层变形较大及防水层上有重物覆盖的建筑屋面。

机械固定法：将增强型三元乙丙橡胶防水卷材空铺在基层上，卷材搭接区使用机械固定件固定，固定件间距为150~300mm，卷材接缝使用配套搭接胶粘剂粘结。机械固定法适用于挤塑聚苯乙烯泡沫保温板或硬泡聚氨酯保温板作为防水基层的屋面工程。

1）施工工艺

①工具准备

卷尺、盒尺、壁纸刀、剪刀、线盒、油漆刷、滚刷、手压辊、嵌缝枪、带凹槽的刮板等。

②消防准备

胶粘剂等配套材料为易燃材料，应按计划限量进入工地；在运输、储存过程中，应配备灭火器材；库房周围不得有易燃物品，并应由专人负责管理。

③作业条件

•基层处理：找平层表面抹平压光、坚实、平整；不得有凹凸、松动、起砂、裂缝、麻面等现象；排水坡度应符合国家标准和设计要求。

•将基层表面的灰尘、油脂及杂物清除干净。

•找平层与突出屋面的结构（如女儿墙、变形缝、管道、天窗等）交接处的阴阳角均应做成半径为20mm的圆弧。

•采用满粘法时，基层应干燥。采用空铺法或机械固定法时，基层上无明水即可进行防水施工。

•施工环境要求：三元乙丙橡胶防水卷材，严禁在雨雪天气和风力大于五级的天气施工；施工温度5~35℃为宜。

④工艺流程

满粘法工艺流程如下：

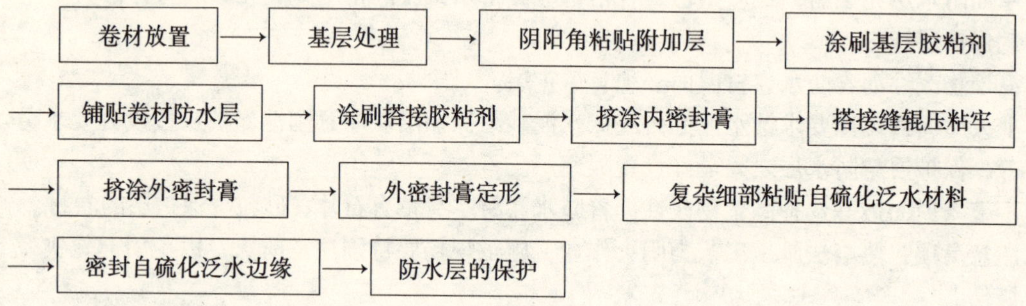

2）操作要点

①卷材放置

满粘法施工卷材在铺贴之前，需在合格基层上将卷材从紧卷状态下展开，使其从拉伸状态自由收缩，消除卷材在生产卷曲过程中产生的应力，避免以后卷材收缩造成不良后果。

②基层处理

将验收合格的基层清扫干净。

③阴阳角粘贴附加层

在所有阴阳角处，用配套基层胶粘剂粘贴宽度不小于300mm的卷材附加层。附加层必须紧贴阴阳角，不得空鼓。

④涂刷基层胶粘剂

根据屋面的形状和构造弹出基准线。将卷材沿基准线折回半幅，露出一半卷材的底面，折回的卷材应平整、无皱折；

将基层胶粘剂用滚刷或毛刷均匀分别涂刷在合格基层和卷材表面上（注意不要涂在搭接缝区域），并保证使基层和卷材两个表面都达到100%涂刷，无露底和堆积现象。

⑤铺贴卷材防水层

基层胶粘剂干燥至指触不粘时，即开始铺贴卷材；沿卷材长边已涂胶一侧向外铺贴在涂过胶的基层上。铺贴时不能拉伸卷材，并避免出现皱折等缺陷。铺完卷材后，立即在卷材表面用力滚压，以保证卷材与基层粘结牢固。折回卷材未粘结的一半，按照上述工艺完成整幅卷材的铺贴。

采用叠层做法时，铺设的上层卷材接缝应与下层卷材接缝错开1/3～1/2幅宽。

⑥卷材搭接缝的粘结

卷材与卷材的连接采用搭接方式。采用配套搭接胶粘剂：相邻卷材搭接定位后，均匀涂刷配套搭接胶粘剂；待搭接胶粘剂干燥至指触不粘时，沿底部卷材的内侧13mm以内，挤涂直径为3～4mm宽的内密封膏膏条，并确保内密封膏不间断。内密封膏挤涂完毕后，粘结卷材接缝，一边压合一边排出空气，随后立即用手持钢压辊滚压，滚压方向应与接缝方向相垂直，以保证粘结牢固。以接缝外边缘为中心线挤涂外密封膏，最后用带有凹槽的专用刮板沿接缝中心线以45°角刮涂压实外密封膏，使之定形。

3）注意事项

①防水卷材及配套材料多为易燃物，存放场地和施工现场严禁烟火，并应配备足够的灭火器材。

②在铺设刚性块材或细石混凝土保护层之前，应在防水层与保护层之间设置隔离层；隔离层材料可用纸胎沥青油毡、聚乙烯薄膜等材料。

③防水层完成并经验收合格后，方可进行保护层的施工。

④施工机具应及时清洗，以利再用。

（3）聚合物水泥防水涂料（JS防水涂料）施工

1）工具准备

台秤、手持电动搅拌器、配料桶、开刀、刮板、钢丝刷、扫帚、油漆刷、滚刷等。

2）工艺流程

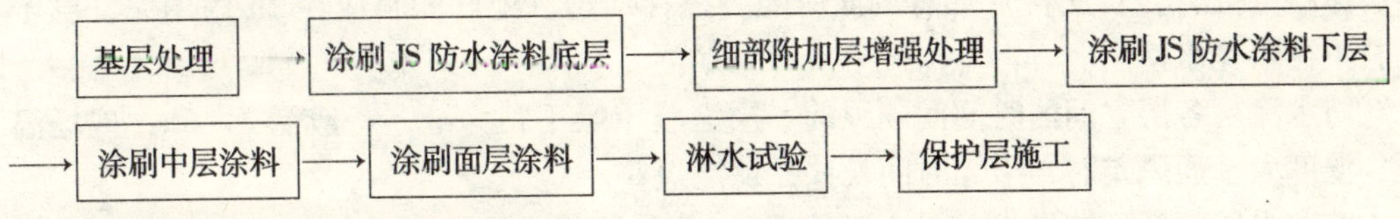

3）涂料（Ⅰ型）配合比

各层防水涂料配合比见表4-15。

JS防水涂料（Ⅰ型）各涂层配合比 表4-15

涂层类别	重量配合比	涂层类别	重量配合比
底层涂料	液料:粉料:水＝10:7～10:14	中层涂料	液料:粉料:水＝10:7～10:0～2
下层涂料	液料:粉料:水＝10:7～10:0～2	面层涂料	液料:粉料:水＝10:7～10:0～2

按规定的比例取料，用搅拌器充分搅拌均匀，直至料中不含团粒，搅拌时间约为5min，应用机械搅拌。

4）操作要点

①清理基层

基层必须彻底清理干净，不得有浮土、杂物、明水等。

②涂刷底层涂料

将已搅拌好的底层涂料，用滚刷涂刷于基层。要求涂刷均匀不露底，待涂层干燥后，再进行下一道工序。

③细部附加层增强处理

对预制天沟、檐沟与屋面交接处及细部节点应增加一层涂有 JS 防水涂料的胎体增强材料作为附加层。附加层的宽度应不小于 300mm。胎体增强材料可用玻纤布。

④涂刷下层涂料须待底层涂料干燥后方可涂刷。

⑤涂刷中层涂料须待下层涂料干燥后方可涂刷。

⑥涂刷面层涂料

待中层涂料干燥后，用滚刷均匀涂刷。可多刷一遍或几遍，直至达到设计规定的涂膜厚度。

⑦防水涂膜应分遍涂刷，前后两遍涂刷方向应相互垂直，需铺设胎体增强材料时，应依屋面坡度大小而定，当坡度大于 15% 时，应垂直于屋脊铺设；小于 15% 时，可平行屋脊铺设。

⑧淋水试验

待防水层彻底干燥，并在最后一遍防水层涂刷 48h 后，坡屋面可进行淋水试验。淋水时间不少于 2h，平屋面进行蓄水试验，蓄水 24h 以上，无渗漏为合格。

⑨保护层施工

淋水试验合格后应及时做水泥砂浆或细石混凝土保护层。

5）注意事项

①涂刷要均匀，并要求多刷几遍，使涂料与基层之间不留气泡，粘结严实。

②涂料（尤其是打底料）如有沉淀应随时搅拌均匀。配好的料应在 2h 内用完，已干固的料不得再兑水使用。

③防水涂层各层之间的时间间隔以前一层涂膜干燥不粘为准，一般需 2 ~ 6h，现场温度低、湿度大、通风差时，干燥时间长些，反之短些。

④若防水层厚度不够（尤其是立面施工），应加涂一遍或数遍防水涂料。

4.5　应用前景

随着建筑技术的发展，我们在住宅屋面工程实践中已经逐渐认识到：要提高屋面工程的技术水平，就必须把屋面当作一个系统工程来对待。屋面的各个构造层次都起着各自不同的作用，同时又是互相关联、互相影响。而在屋面的构造中，除结构层外，起着关键作用的是防水层和保温层。防水层决定着屋面的使用功能，保温隔热层则决定着人们在室内的舒适度。

作为屋面保温层，应认真贯彻国家有关节约能源的政策，从保温层的设计、保温材料的选择、施工方法等方面入手，以达到建筑节能的最佳效果。

作为防水层，应遵循“设计是前提，材料是基础，施工是关键，管理是保证”的综合治理原则，尽快解决屋面渗漏问题，确保屋面工程质量。

我们相信，在住宅建设不断发展的过程中，在不同的工程实践中，建筑防水、保温隔热成套技术将有较大的发展和提高。

5 住宅厨卫成套技术

5.1 技术概述

随着我国住房建设的快速发展和人们生活水平的不断提高，以及整体橱柜和多功能卫生间的应用，居民对厨房和卫生间的要求也越来越高。由于厨房和卫生间有其很强的功能性，被称为住宅的“心脏”，它的适用性、合理性直接影响到居民的生活质量，成为体现一套住宅品质高低的重要因素。由于厨房和卫生间设备具有多功能的特点，也决定了它产品类型较多，设计施工复杂，易出现技术和质量问题。经调查，目前我国住宅厨房和卫生间出现的技术和质量问题仍较为普遍，其主要问题和原因如下。

（1）因厨房建筑空间尺度差异过大，设备管线、计量表具布置无序，造成厨房设备设施安装困难，管道穿橱柜台面、柜体、占据柜内空间，甚至截断台面。不仅破坏了“整体橱柜”，占据了储物空间，而且因计量表具与储物混合在同一狭小空间内增加了安全隐患。见图5-1。

图5-1 设备管线、计量表具占据储物空间

（2）因房屋地面不平整，墙面不垂直，墙角不是90°，而造成“整体橱柜”不能与房屋吻合相接，出现剔台面、加封边等问题。见图5-2。

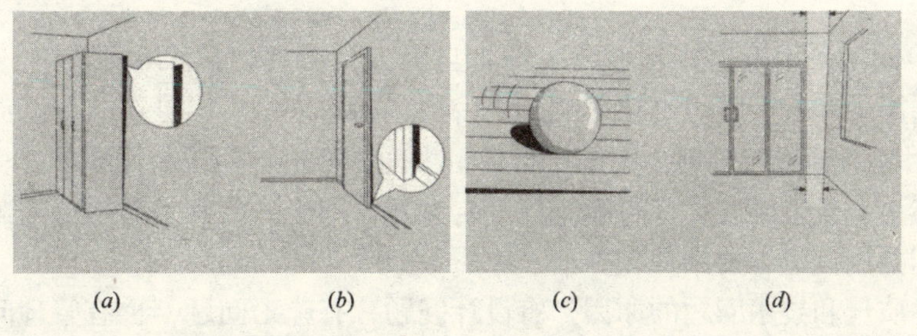

(a) (b) (c) (d)

图5-2 整体橱柜不能与房屋吻合相接

（a）家具与墙壁之间有缝隙；（b）房门与墙面接缝处无法收边；（c）地板倾斜；（d）窗框与墙壁不平行

（3）厨房平面和空间设计成一些不合理的多边形、弧形等异形形状，使得整体橱柜的安装要量体定制，无法实现标准化。

（4）厨房的建筑设计将厨房的窗台高度设计成低于橱柜台面高度；凸窗前布置水池没有考虑凸窗开启问题；确定厨房门位时没能留出足够的台面深度尺寸。见图5-3。

（5）厨房设施管线缺乏综合设计，常发生燃气管与排气横管交叉，暖气立管与柜体相撞，电插座与厨房设备位置不协调等矛盾。见图 5-4～图 5-6。

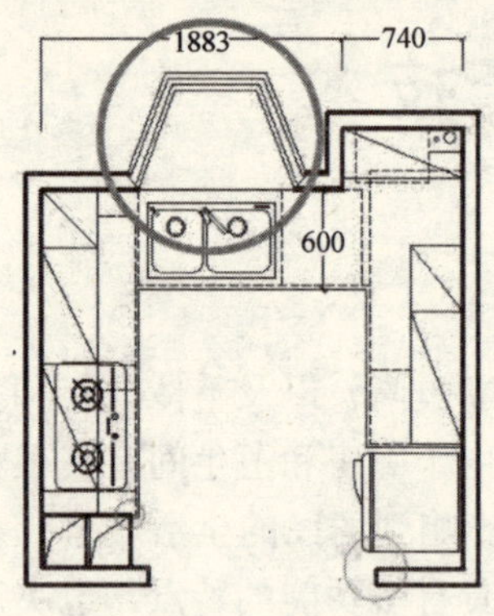

图 5-3　凸窗前布置水池没有考虑凸窗开启

图 5-4　厨房设施管线缺乏综合设计（一）

图 5-5　厨房设施管线缺乏综合设计（二）

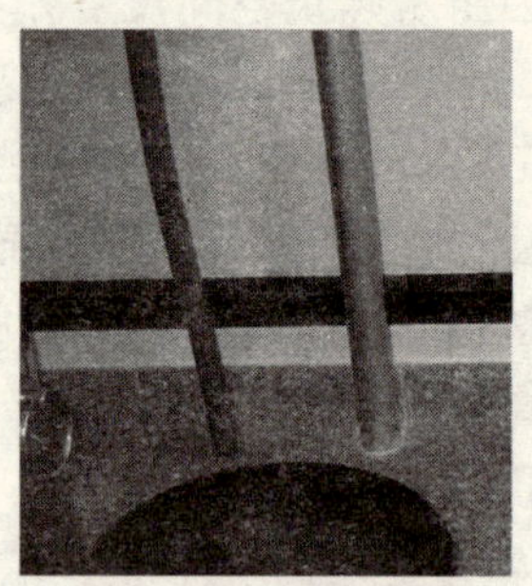

图 5-6　厨房设施管线缺乏综合设计（三）

（6）卫生间多采用下层排水系统，即将自家卫生洁具的排水水平管置于下层顶板下面，使得本层漏水和排水噪声直接影响到下一层，并增加了本层更新洁具设备的难度。

（7）共用竖向管线与表具多集中设置在卫生间，不仅占用了使用空间，而且增加了设施管线维护与更新改造难度，不可能与住宅自然寿命同步，尤其是高层住宅某户出现问题就直接影响到共用该竖管的用户。

产生上述质量和技术问题的原因，有设计问题，有施工问题，也有管理问题，但根本原因是住宅建设的主导思想“为居住者服务”的理念尚未确立。再加上目前我国住宅建设仍以手工作业为主，工业化程度低，技术集成度低，产品不配套。

针对上述问题和原因，本章从技术角度，将厨房和卫生间成套技术归纳总结如下。

5.2　住宅厨房成套技术

5.2.1　厨房的整体设计要点

住宅厨房整体设计就是要全面地综合考虑各种因素，优化系统组合以适应不断发展的生活需求。整体设计是指将厨房用具和厨房家电以及厨房所有设施按其形状、尺寸和使用要求，与厨房建筑进行系统集成，整体配置，合理布局，统一施工。厨房整体设计主要包括：合理的操作流程，简短的工作路径，方便的设备布置，就近的储藏空间等基本原则。

厨房的功能与操作主要包括：摘理、存放、洗涤、切削、备餐、烹饪、临时存放、餐后清理等内容。可概括为三个功能中心：即烹调中心、洗涤中心和储物中心。每个功能中心都有各自的工作空间和设备。

在炉灶周围形成的烹调中心：烹调所用的炊具，储藏和存放这些物件的柜橱，供餐必备的台板，通风排气的设备等构成了这个工作中心。

以水池为洗涤清洁的设施中心：与洗涤清洁相关的洗菜、淘米、餐具清洗用的器具、水池；切菜用的工具，存放和储存这些用具的柜橱和案板，构成了这个工作中心的范围。

以储存食物为主的储物中心：是以冰箱为核心，其左右均应布置台面以备清理、摘剪、选用或储存。

(1) 厨房操作流程与工作路径的设计

厨房的操作流程与工作路径是将三部分设备中心相连，而形成的工作三角连线（作业动线）。操作流程需要合理布置，就需要考虑作业动线的简捷，尽可能避免作业动线的交叉和相互妨碍。因此，形成的三角形工作线可以衡量厨房炊事操作的基本效能。据发达国家的资料统计，工作三角形的三边之和一般在3600~6600 mm之间，过短则难以包容全部炊事行为设备，过长则导致炊事行为者因来往行程而付出过多的劳动。见图5-7。

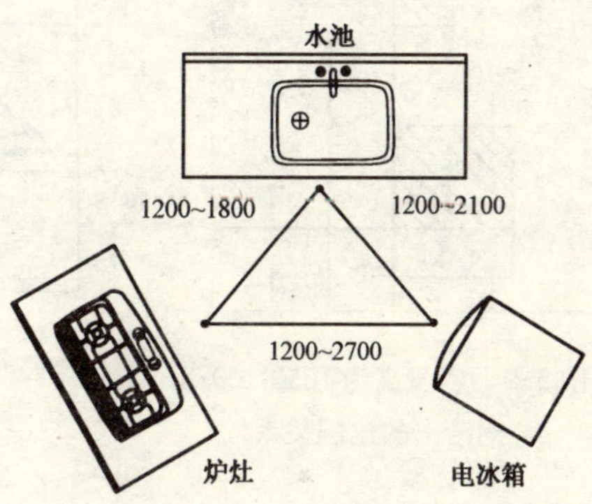

图5-7 厨房主要设备间的工作三角形

不同的厨房平面布置，其主要设备之间的工作三角形也略有不同，见图5-8。

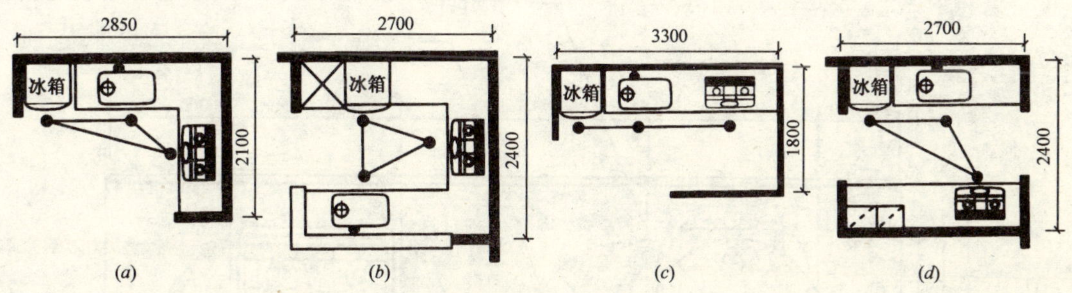

图5-8 不同类型厨房主要设备之间的工作三角形

(a) L形；(b) U形；(c) Ⅰ形；(d) Ⅱ形

(2) 厨房部品的设计

厨房设备空间、尺度的设计需要考虑习俗、人种、性别、年龄、人体尺度和生活条件等不同因素，才能达到合理设计，提高厨房炊事活动的效率。

1) 炊事行为的主要操作姿势是近台直立姿势，所以厨房操作台及高、低、吊柜的适宜高度和深度的确定，要以操作者的身高、眼高、肘高、臀高及臂长、手长等尺度为依据，如图5-9所示。

图5-9是以身高为1650:100为例给出的比例关系，则储物空间的舒适下限为400 mm，上限为1800 mm。

2）操作台高度的确定：在操作台面上进行炊事行为者要完成洗、切、烧，配、备餐及清理、储存等各种行为，台高则分别根据操作姿势确定（见图5-10）。操作台高度一般设计为800～900 mm，并且应具有高低可调节功能，这种台高的调整功能不仅能满足不同客户身高的个性要求，同时也能适应厨房地面平整度的微小差异。

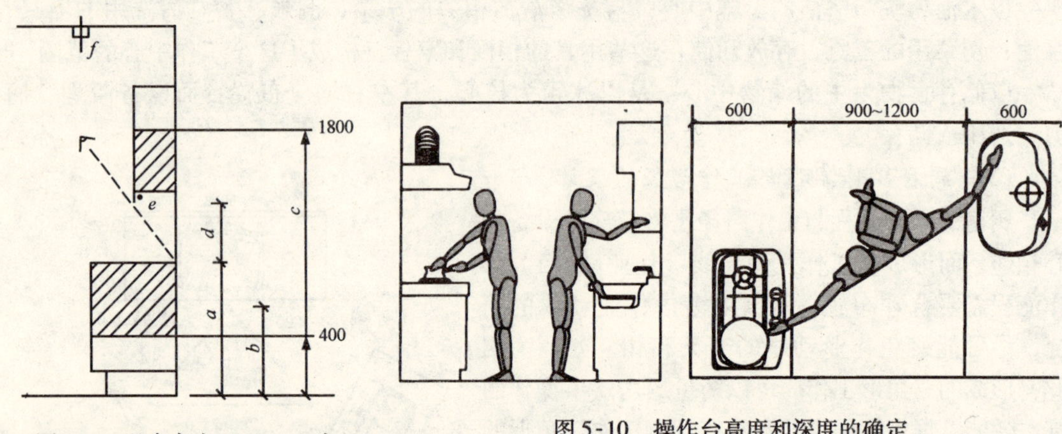

图5-9　以身高为1650:100为例给出的比例关系

图5-10　操作台高度和深度的确定

3）操作台深度的确定：当人直立于台高800～900 mm的操作台前操作时，手的活动范围是400～500 mm之间，而弯腰伸臂手可达的尺寸是800～830 mm，故国际标准一般确定台深为600 mm（图5-10）。人体操作与操作台的关系见图5-11～图5-14。

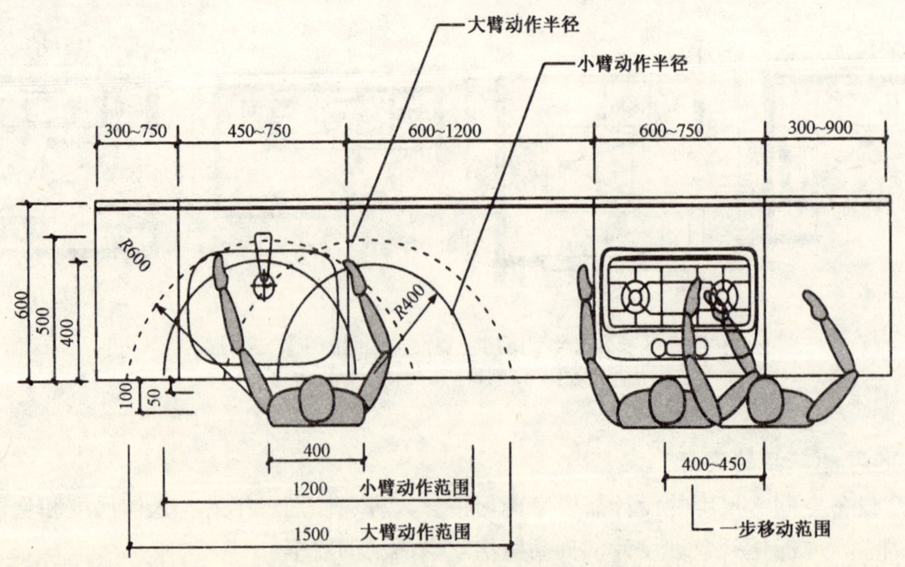

图5-11　人体操作与操作台的关系

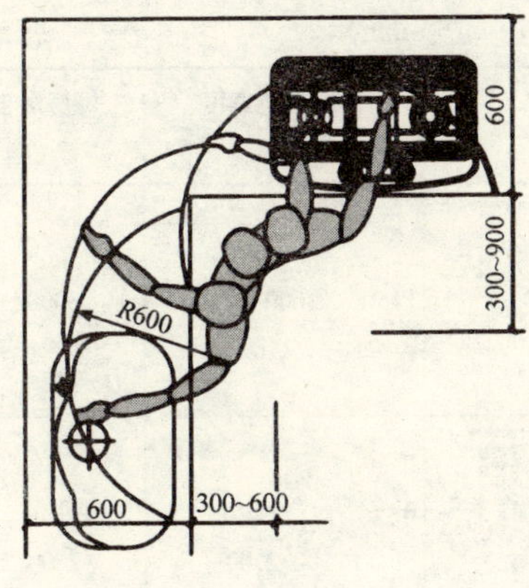

图 5-12 转角处的工作区域

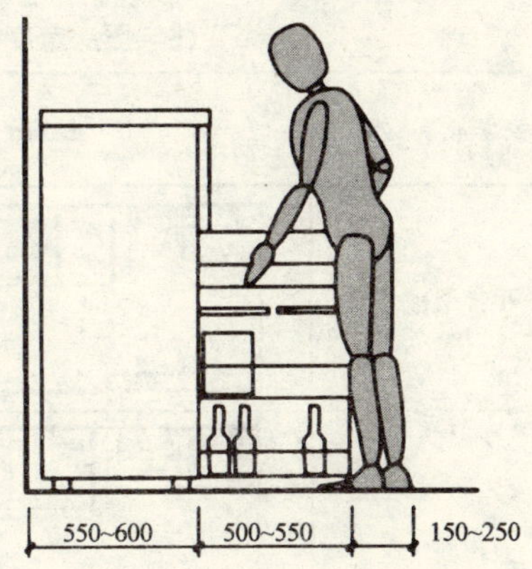

图 5-13 打开冰箱时所需动作的空间

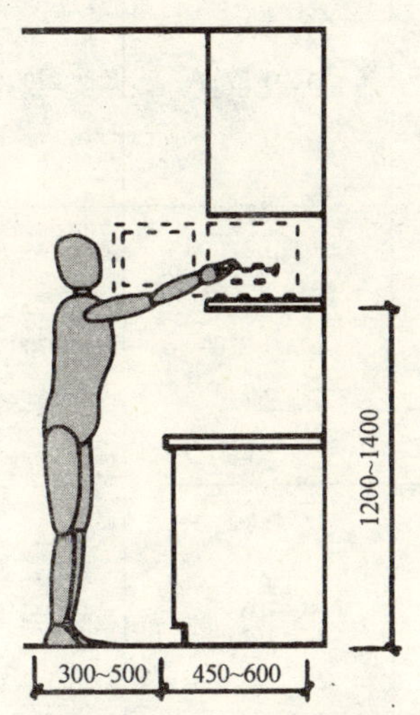

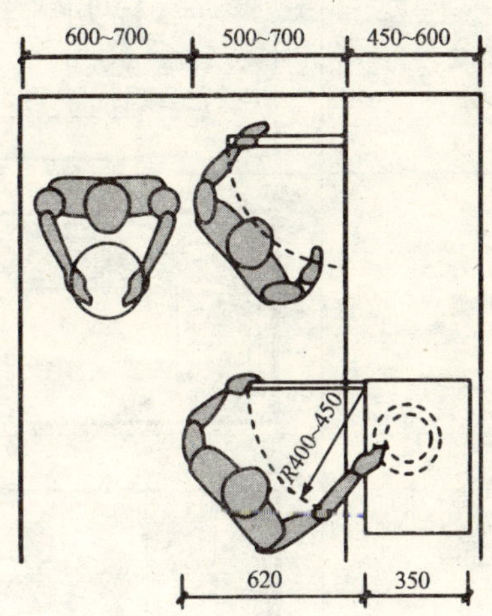

图 5-14 放于中部的微波炉的适宜高度和宽度图

4）随着人们生活水平的提高，目前有加深台深到 700 ~ 750 mm 的趋势，即利用伸手可及的沿墙 200 mm 处作为储存区，相适应的台上吊柜的深度也可以从 300 ~ 350 mm 增加到 400 ~ 450 mm，再配以新型五金，使吊柜内储存的物品易于取用。

（3）厨房建筑设计

住宅厨房家具的布置形式，一般分为单排型、双排型、L 型、U 型和壁柜型，其厨房的建筑设计应考虑住宅厨房家具的布置形式，满足净宽度、净长度的要求。具体尺寸见表 5-1。

（4）厨房管线设计

1）竖向管线

管线布置应满足顺畅、简洁、接口定位、维修方便、便于厨房家具与厨房设备安装和更换，同时厨房表具不应设在厨房家具内，管线不得穿越台面等原则。立管与表具的布置形式如下：

住宅厨房宽度、长度尺寸限值（单位：mm）　　表5-1

厨房家具布置形式	厨房平面示意图	厨房最小宽度（净）	厨房最小长度（净）
单排型	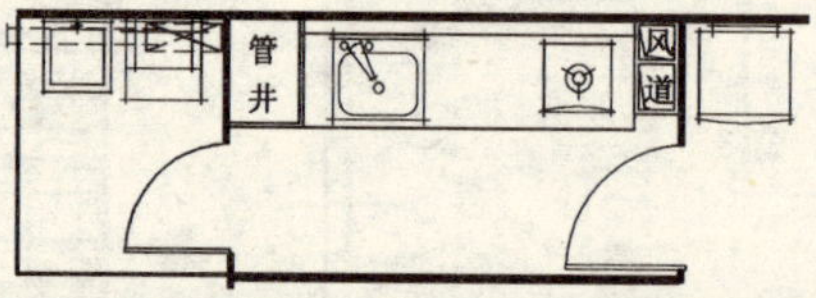 管井　风道	1500（1600）/2000	3000/3000
双排型	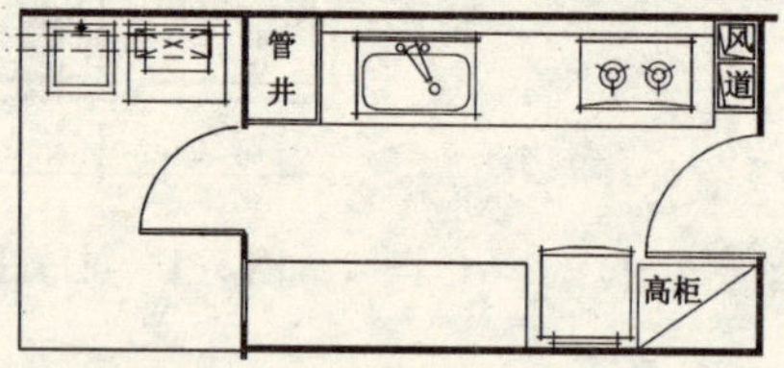 管井　风道　高柜	2200/2700	2700/2700
L型	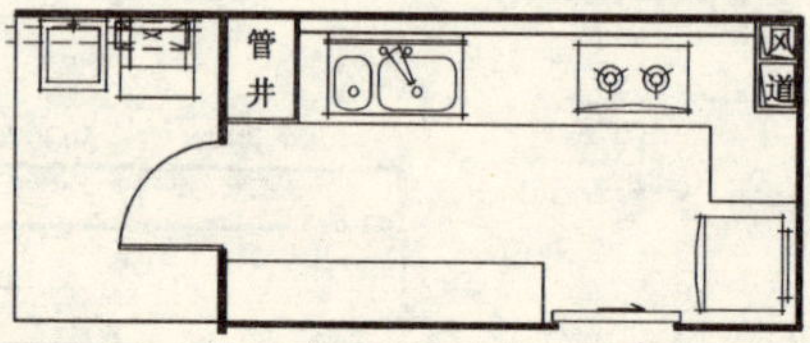 管井　风道	1600/2700	2700/2700
U型	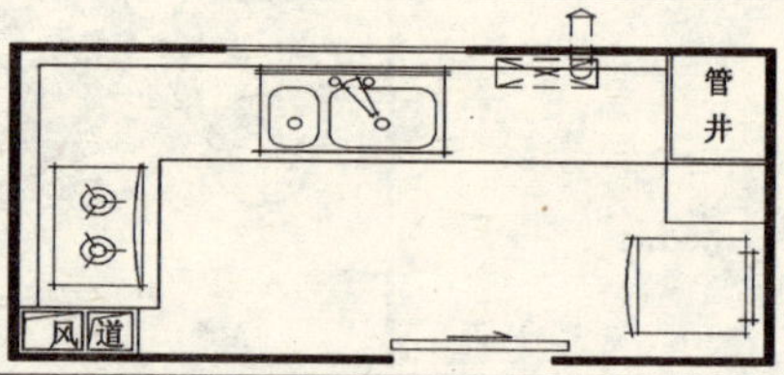 管井　风道	1900/2100	2700/2700
壁柜型	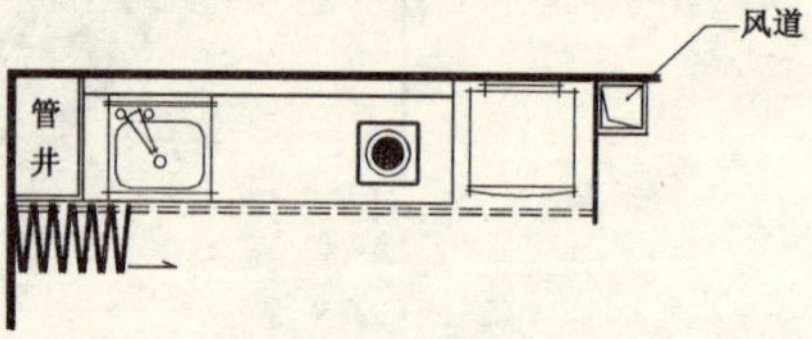 管井　风道	700	2100

注：1. 按炊事操作流程排列，厨房操作面净长无冰箱位时不应小于2.1m。
2. 布置双排型厨房家具时，两排厨房家具之间的净距不应小于0.9m。
3. "/"下尺寸为无障碍厨房的尺寸。
4. 壁柜型厨房宜用于家庭人口少的家庭，可利用通行空间兼容炊事行为空间。
5. 通风道、管井等未计入厨房尺寸限值中。

①立管与表具宜布置在住宅套型外公共空间，如楼梯间或户门外，以方便管理与维修。

②立管与表具布置在住宅套型内时，宜与住宅卫生间共用管线区，以节省管线及空间。在冬季不结冰地区宜布置在服务阳台上。

③立管与表具布置在厨房内时，宜布置在立管管线区。立管从外侧到内侧依次宜为燃气管、给水管、热水管和排水管。见图5-17。

④管线区包覆宽度不宜大于500mm，深度不宜大于700mm。

⑤厨房内的立管与表具相对集中布置可以分为阳台线形和室内矩形布置两种布置形式。

阳台线形：将垂直管线区布置在阳台（夏热冬暖地区尤其适用）见图5-15和图5-16，此种布置形式的管线区用于北方地区时需要加防冻保温措施。

室内矩形布置：单排型、双排型、L 型、U 型和壁柜型均可以采用此种布置形式。见图 5-17、图 5-18。

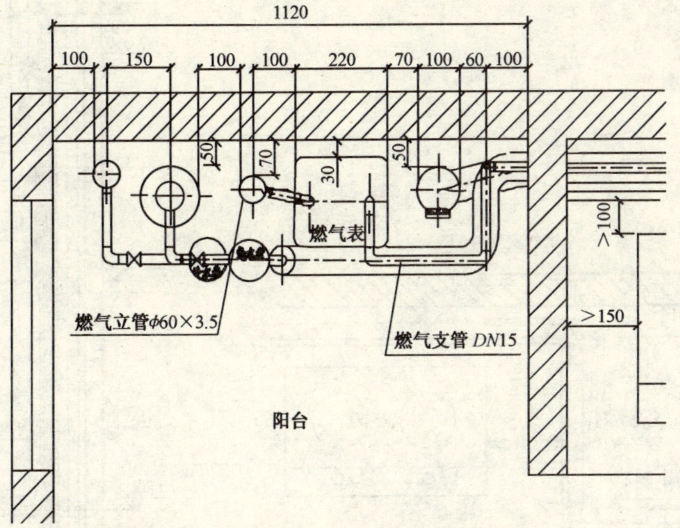

图 5 15 管道和表具布置在阳台示意平面图

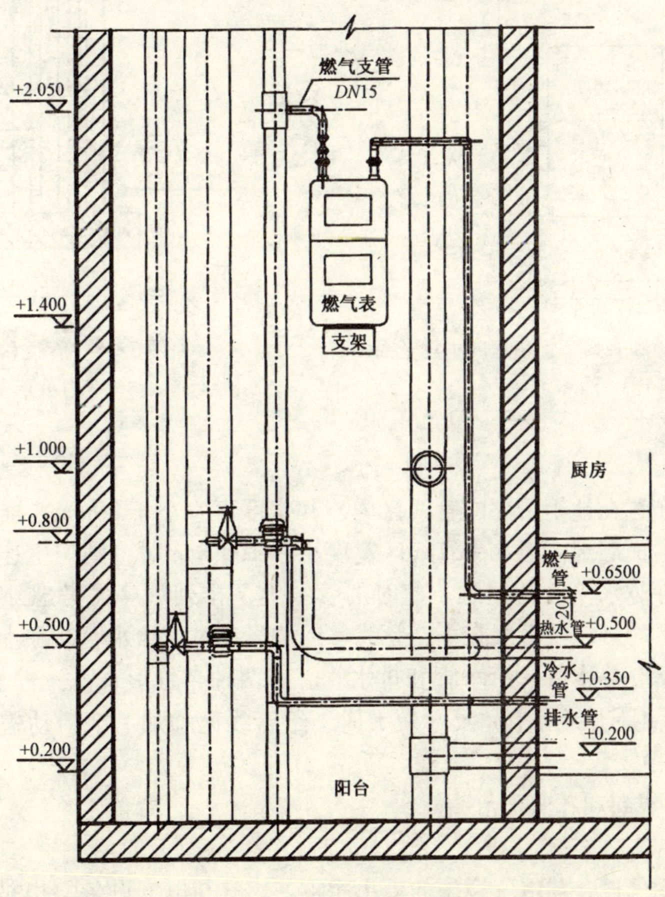

图 5-16 管道和表具布置在阳台示意立面图

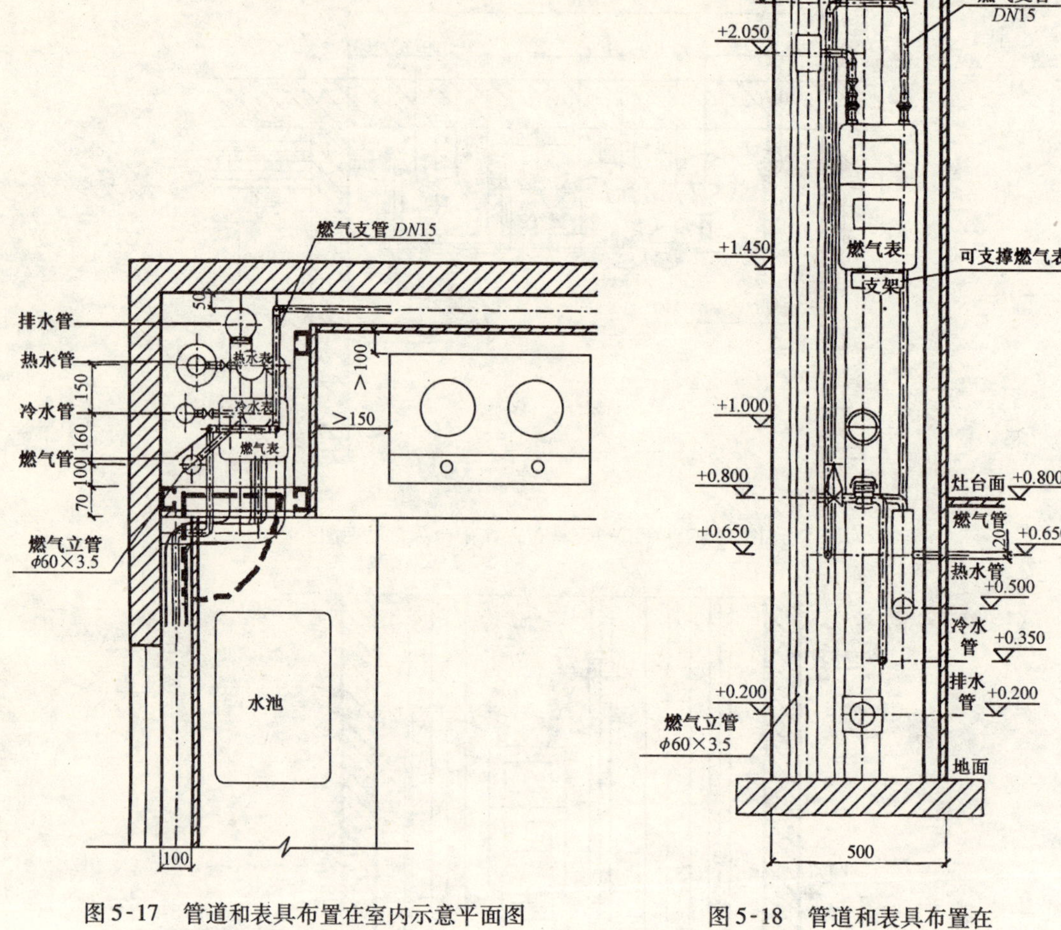

图 5-17　管道和表具布置在室内示意平面图

图 5-18　管道和表具布置在室内示意立面图

2）水平管线

水平管线应布置在地柜后部的管线区内，其宽度不宜小于 80mm，推荐为 100mm。高度由地面至整体台面底部。当水平管线区宽度小于 100 mm 时，则产生连接水平管与设备的竖向管道难以穿越水平管的问题，此时的管线上下排列顺序需考虑灶具和洗涤池的位置。管线靠近灶具时，燃气管线在上；管线靠近洗涤池时，给水管线在上。管线顺序从上至下依次为燃气管、热水管、给水管和排水管。有两种布置形式，一种是台面覆盖管线，见图 5-19；另一种是当厨房空间尺寸较大时，给管线区增加一个活动盖板，便于检修水平管线，见图 5-20。

3）管线设备空间和孔洞预留

①燃气设备

• 燃气表、用气设备与电气设施的最小净距，燃气与电气设备、相邻管道之间的最小净距见《城镇燃气室内工程施工及验收规范》CJJ 94 的规定。

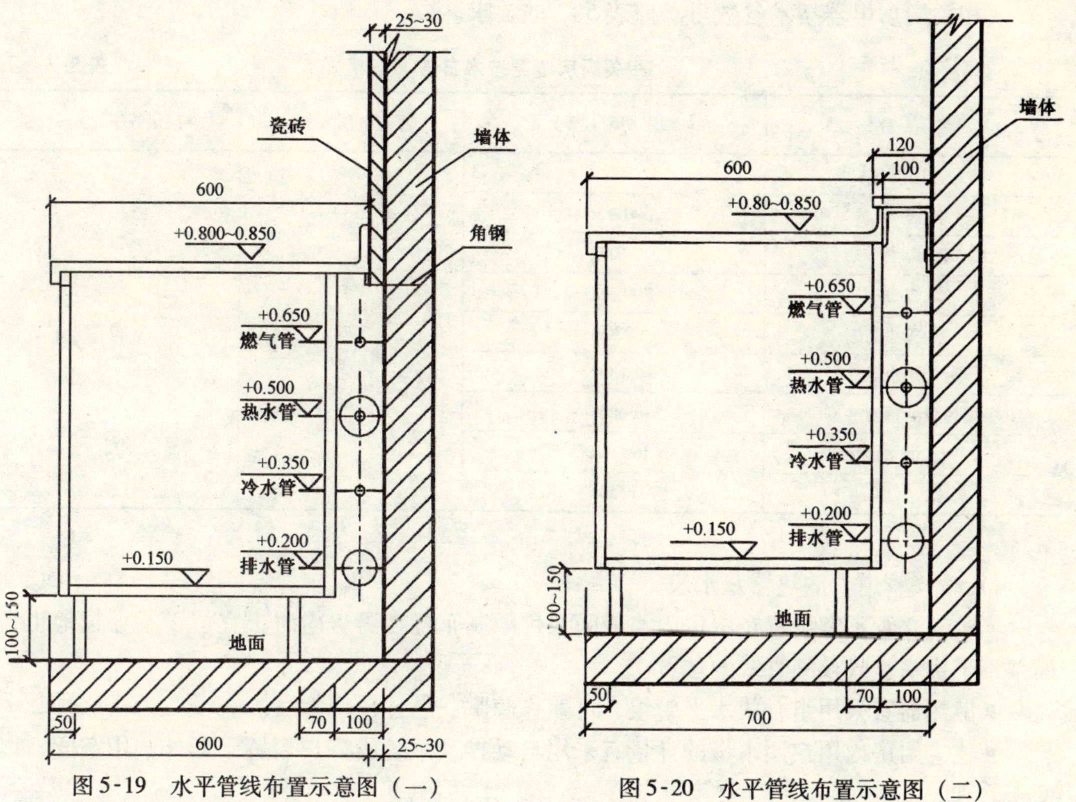

图5-19 水平管线布置示意图（一） 图5-20 水平管线布置示意图（二）

• 燃气设备的入口管径：燃气表燃气入口管径宜为 *DN*15 或 *DN*20，高度宜为1.80～2.50m；双眼灶燃气入口管径宜为 *DN*15，高度宜为0.65m；热水器燃气入口管径宜为 *DN*15，冷热水进出口管宜为 *DN*15，高度宜为1.20m左右；壁挂式暖浴炉入口管径宜为 *DN*15 或 *DN*20，冷热水进出口管径宜为 *DN*15 或 *DN*20，高度各异。

• 燃气设备的排烟设施应符合《家用燃气燃烧器具安装及验收规程》CJJ 12和《城镇燃气设计规范》GB 50028的规定。排烟道口径：双眼灶的吸油烟机烟口直径不应小于 *DN*150；热水器的排烟口直径不应小于 *DN*80；壁挂式（容积式）暖浴炉排烟口直径不应小于 *DN*80。

②电气设施

• 电源插座宜成组布置，并靠近用电设备。电源插座高度、数量宜符合表5-2的规定。

电源插座高度、数量 **表5-2**

高度（mm）	数量（个）	适用设备举例	备　注
300	3	洗碗机、烤箱、电冰箱	当电源线穿过水平管线区时，必须加钢套管
1200	4	微波炉、电饭锅、消毒柜、烤箱、开水壶等厨房小家电	
2100	2	油烟机、燃气报警装置	

● 相关厨房电器技术参数可参照表5-3的要求。

相关厨房电器技术参数　　表5-3

名　　称	额定功率（W）	额定电压（V）	额定频率（Hz）
双眼电灶	3000	220	50
电烤箱	2000～3600		
消毒柜	600		
微波炉	700～900		
洗碗机	2200		
燃气热水器	130		
垃圾处理器	400		
油烟机	160～200		
冰　　箱	350		

4）暖气管道、散热器及水表

● 暖气立管不宜设置在厨房内，若受条件限制布置在厨房内时，宜位于不穿越地柜台面并不干扰水、气设施管线的位置。

● 散热器宜采用组合式水平管组，可兼作晾晒、悬挂轻型物品。

● 住宅厨房内用户用水量的计量宜采用自动抄表系统或将户表置于套外共用空间，以便于管理。

● 应优先选用集中热水系统，或采用太阳能热水系统。

（5）厨房环境设计

厨房的环境包括空间尺度、形状、色彩以及声、光、热、空气条件等。

1）厨房的采光，《住宅建筑规范》GB 50386要求窗地比不小于1/7，窗口宽度不小于600mm。但在工程实际中厨房常位于建筑凹槽部位，采光往往不足，因此应尽量增加窗的尺寸，建议不小于900mm×1400mm，以保证有效采光面积。

2）厨房的照明，厨房的整体照度为50～100lx。灯具一般设置在顶棚或墙壁高处，应选用扩散型灯具、白炽灯类暖光源的灯具。厨房局部精细照度为200～500lx。灯具常设在洗涤池、操作台及灶台的上方，局部照明光源宜采用荧光灯类冷光源，其发光量高而散发的热量小，可避免因近距离操作而产生的灼热感。直线形的白炽灯或者荧光灯应该安装在朝向橱柜的前面部分。这样，灯发出的部分光会射向后挡板，然后反射到操作台上，再射向整个厨房的中心。用紧凑型荧光灯照明光效高、照明效果好，安装使用方便。嵌入式荧光灯具造型美观大方，光色柔和怡人，突出显示了厨房的明净感。此外，灯具开关宜置于距地1400mm高处。见图5-21。

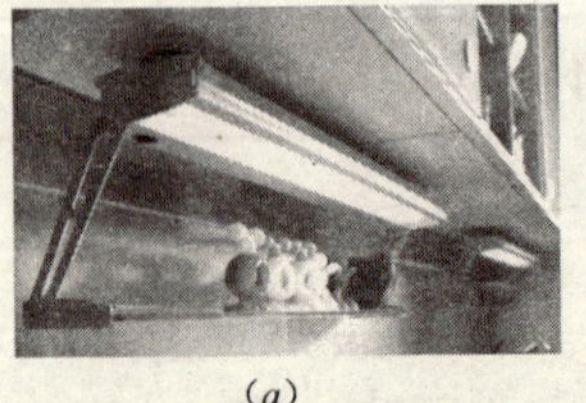

（a）

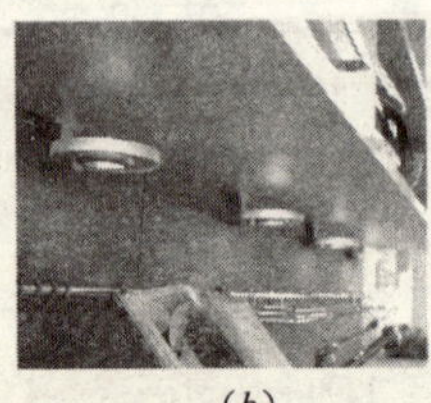

（b）

图5-21　厨房照明灯具的设置

（6）厨房无障碍设计

1）由于轮椅不能横向移动，厨房最好采用L形或U形的配置。

2）操作台的高度：立位与坐位合用

的操作台的高度应在750~850 mm之间，操作台的高度应可调节，或设置抽拉式操作台。

3）水池：水池底部应设计成可伸入双腿的浅水池，供轮椅使用者近台使用。

4）冰箱：较大门宽的冰箱轮椅不容易接近，应采用向两侧打开的双门冰箱。

5）烤箱：采用与操作台同高的组合式烤箱，可以为行走不便者和轮椅使用者提供方便。

6）灶台：对轮椅使用者灶台的高度应为750mm左右，灶台下部应设置轮椅可深入的空间，并沿灶台前面的边缘做一个挡板，以免被溢出流体烫伤。为避免漏气，在煤气阀处一定要安装安全装置。

7）柜体：轮椅使用者的厨房中吊柜、操作台的高度和深度，以及操作台下的空间尺寸。见图5-22。

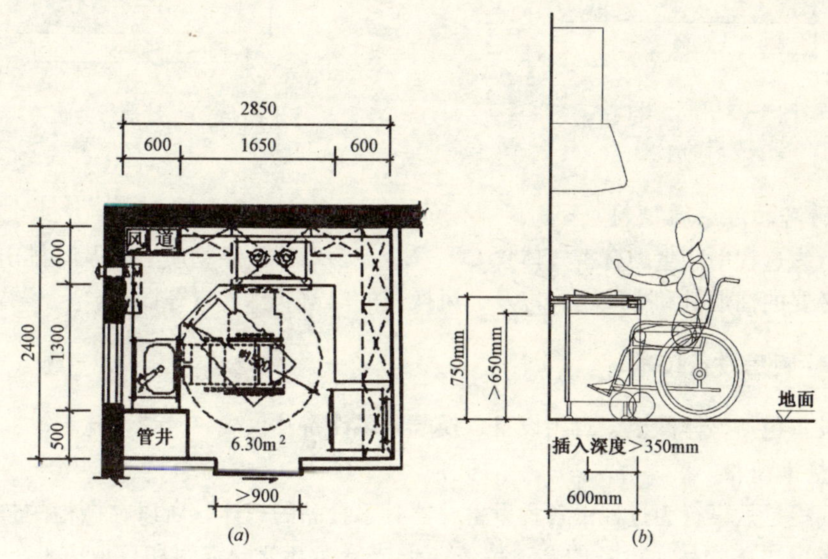

图5-22 轮椅使用者的厨房

（*a*）轮椅使用者的厨房平面图；（*b*）轮椅使用者的厨房中吊柜、操作台的高度和深度

（7）厨房应对突发事件的措施

1）火灾——众所周知，住宅火灾多起源于厨房的炉灶、厨房的别称就是“火房”。在设计厨房时一定要有排气、通风的条件，使用安全设备，安装燃气积聚时能报警并联动关闭燃气的装置等。

2）烫伤——热锅、沸水都集中在烹调中心的炉灶周围，故应注意在灶具左右留出足够的置放台面空间。还要注意炒锅溅油的范围，沸水、热锅放置的位置，应远离老人和儿童在厨房中的行为轨迹。见图5-23。

3）滑跤——厨房用水、用油，难免滴在地上，从事烹调行为来回于厨房之间的人们，又常常将注意力集中于加工食品上，容易滑跤，所以一定要采用易于清洁的防滑地面，如防滑地砖等。

4）碰伤——厨房因设备布置紧凑、炊事行为频繁、烹调注意力集中而常发生碰伤事故。因此，在厨房设计中尽可能避免阳角，改尖角为圆角，改平开门为推拉门，凸出式拉手改为内凹式等。同时考虑好油烟机的设置高度及打开烤箱所需要的空间等。见图5-24。

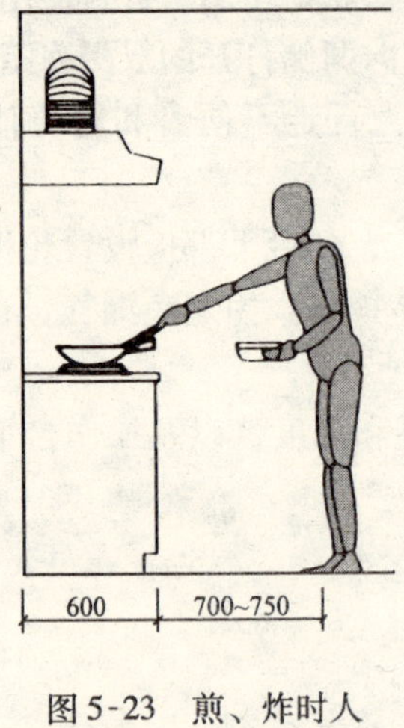

图5-23　煎、炸时人退后的距离

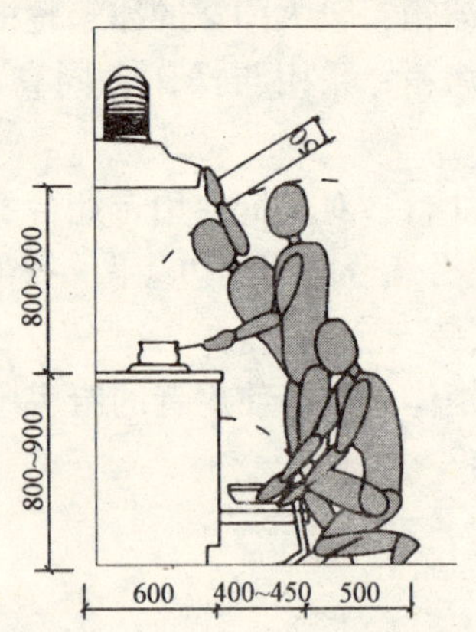

图5-24　灶前行为轨迹

(8) 厨房的污染源控制

炊事行为过程中产生的有害气体含CO、NO_x、SO_2等致癌物质必须及时排出，所以厨房应设置必要的油烟机和排风道，以及通风换气的门窗、排气口等设施。

5.2.2　厨房设备技术

厨房设备包括整体橱柜、厨用设备、换气通风设备及仪表、管线设施。

(1) 整体橱柜

整体橱柜是炊事行为过程中各种设备、器具、食品的载体，所以在橱柜的整体设计中必须全面考虑这些物品、设备的合适位置，形成恰如其分的空间和存取方便的结构（图5-25）。整体橱柜主要包括三部分，即：橱柜、台面、五金件等整体橱柜部件；厨柜配套的灶具、洗涤槽、油烟机、锅、勺等厨房用具和厨房白色家电；食物垃圾的处置设备等。

1) 橱柜

①橱柜构成分类，见表5-4。

橱柜构成分类表　　表5-4

分类方式	内　容
按功能位置分	低（地）柜（洗涤池柜、灶台柜、操作台柜）吊柜、高柜
按组合方式分	单件组合式、整体台面式
按布置方式分	单排、双排、L形、U形、岛形
按材料分	台面材料：不锈钢、饰面防火板、人造石材
	柜门材料：饰面防火板、不锈钢、三聚氰胺饰面板、玻璃、模压、烤漆、搪瓷
	柜体材料：柜体基材可选用三聚氰胺板、刨花板和中密度板

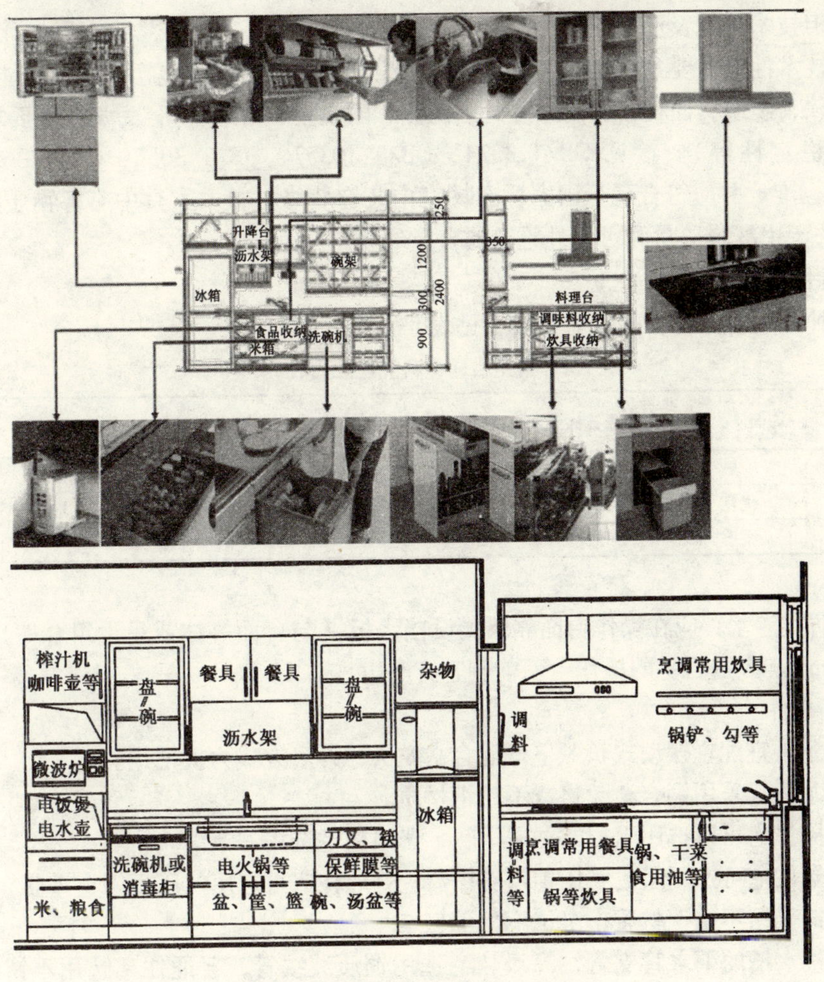

图5-25　橱柜功能空间构成示意图

②橱柜柜体的基本尺寸，见表5-5。

橱柜柜体基本尺寸汇总表（单位：mm）　**表5-5**

高　度	操作台（含台面）	700～730、800～850
	吊柜	400、500、600、660、700
	高柜	2100、2200、2250
	低柜踢脚	100
深　度	低柜、高柜、操作台	570～600、550（柜后留管道区）
	吊柜	320、350、380
宽　度	操作台柜	200～1000
	吊柜	300～1000
	洗涤池柜	600、800、900、1000
	灶台柜	800、900
	高柜	450、600、800
管道空间	深度	80～100
	高度	800～850

③厨柜技术性能及产品相关标准

厨柜技术性能主要参照家具类产品的标准生产和检测、性能包括：理化性能要求（漆膜涂层和软、硬质覆面材料剥离强度，耐湿热、耐温差、耐磨等），力学性能要求（强度、耐久性、稳定性等）。参见 GB/T 3324、GB/T 10357、QB/T 3655、QB/T 3656、QB/T 1951.1 等标准。并应符合现行国家标准《室内装饰装修材料木家具中有害物质限量》GB 18584 中关于甲醛释放量和可溶性重金属含量的规定。

2）操作台面

①几种常用台面材料的性能比较，见表 5-6。

常用台面材料的性能比较　　表 5-6

台面材料	饰面防火板	人造石材	不锈钢	台面材料	饰面防火板	人造石材	不锈钢
耐久性	一般	优良	优良	耐污染性	一般	稍差	优良
装饰性	优良	优良	稍差	耐冲击性	稍差	一般	一般
耐热性	稍差	一般	优良				

②为防止渗水，应在操作台面靠墙侧设挡水板（与台面一体或另设组合件），高度不宜小于 30mm。人造石材的操作台面前侧宜有凸边。

3）五金件

① 水龙头宜配置摆动式长颈下弯混合水龙头，开启方式为扳把式。

② 水龙头宜采用铜合金镀铬或不锈钢材质。

③ 高档住宅可以选用阻尼式抽屉滑轨，普通住宅选用三节滑轨。

④ 高档住宅可选用阻尼气压柜门支撑器，普通住宅可选用气压柜门支撑器。

⑤ 铰链采用不锈钢材质，卡位不少于三点。

⑥ 连接水槽的下水管支管，高级住宅选用铜质波纹管，普通住宅选用不锈钢波形管或塑胶管（自密封）。

⑦ 吊柜吊码采用不锈钢质隐藏式吊码。

⑧ 操作柜支脚采用不锈钢材质。

（2）厨房设备

1）厨房设备种类与空间宽度尺寸，见表 5-7。

厨房设备种类与空间宽度尺寸　　表 5-7

名　称	宽度空间尺寸（mm）	名　称	宽度空间尺寸（mm）
燃气灶	≥750	洗碗机	≥600
油烟机	≥900	电冰箱（单开门）	≥700
洗涤池	≥600（单池） ≥900（双池）	电冰箱（双开门）	≥1000
电烤箱	≥600	电冰箱（嵌入式）	≥600
微波炉（嵌入式）	≥600	燃气热水器	≥600
消毒柜（嵌入式）	≥600		

注：1. 当壁柜型厨房采用 3m 燃气灶具时，其宽度空间尺寸可适当减小。

2. 对于厨房设备空间的宽度，只允许有负偏差。

2）几种常用的厨房设备性能要求

①燃气灶具

目前国内常用燃气灶具，燃气灶的型号：家用燃气灶用 JZ 表示，烘烤器为 JH，烤箱为 JK。适用燃气种类：Y——液化石油气，T——天然气，R——人工煤气。灶具前的燃气额定压力应符合表 5-8 的规定。

灶具前的燃气额定压力 表 5-8

燃气类别	灶前燃气额定压力（kPa）	燃气类别	灶前燃气额定压力（kPa）
5R、6R、7R、4T、6T	1.0	19Y、20Y、22Y	2.8
10T、12T、13T	2.0		

两眼和两眼以上的灶具应有一个主火，其额定热流量不宜小于 2.91kW（2500kcal/h）。在高原地区使用的家用燃气灶具，应考虑海拔高度对热流量的影响。

家用燃气灶具的性能 表 5-9

<table>
<tr><th colspan="4">项目</th><th>性能</th></tr>
<tr><td colspan="3" rowspan="3">燃气通路气密性</td><td>从燃气口到燃烧器阀门</td><td>4.2kPa，漏气量应小于 0.07L/h</td></tr>
<tr><td>自动控制阀门</td><td>4.2kPa，漏气量应小于 0.55L/h</td></tr>
<tr><td>从燃气入口到火孔</td><td>1.5 $P_{额}$点燃，不泄漏</td></tr>
<tr><td colspan="3" rowspan="3">燃气消耗量（热流量）</td><td>总额定热流量精度</td><td>< ±10%</td></tr>
<tr><td>每个燃烧器额定热流量精度</td><td>< ±10%</td></tr>
<tr><td>总热流量与各燃烧器热流量总和比</td><td>85% 以上</td></tr>
<tr><td rowspan="17">燃烧状态</td><td rowspan="11">基本燃烧状态</td><td rowspan="11">（无风状态）</td><td>火焰传递</td><td>4s 着火，无爆燃</td></tr>
<tr><td>离焰</td><td>无</td></tr>
<tr><td>熄火</td><td>无</td></tr>
<tr><td>火焰均匀性</td><td>均匀</td></tr>
<tr><td>回火</td><td>无</td></tr>
<tr><td>燃烧噪声</td><td><65dB（A）（相当于……）</td></tr>
<tr><td>熄火噪声</td><td><85dB（A）（相当于……）</td></tr>
<tr><td>干烟气中 CO 浓度（$\alpha=1$，$V\%$）</td><td><0.05（基准气）</td></tr>
<tr><td>黑烟</td><td>无</td></tr>
<tr><td>黄焰</td><td>电极不应经常接触黄焰</td></tr>
<tr><td>点火燃烧器火焰稳定性</td><td>无熄火和回火现象</td></tr>
<tr><td colspan="2" rowspan="2">烤箱门开闭时</td><td>主火燃烧器燃烧稳定性</td><td>无熄火和回火现象</td></tr>
<tr><td>点火燃烧器燃烧稳定性</td><td>无熄火和回火现象</td></tr>
<tr><td colspan="2" rowspan="2">烤箱温度控制器工作时</td><td>燃烧稳定性</td><td>无熄火和回火现象</td></tr>
<tr><td>火焰传递</td><td>易于点燃，无爆燃</td></tr>
<tr><td colspan="2" rowspan="2">有风状态
（无熄火保护的器具）</td><td>主火燃烧器燃烧稳定性</td><td>无熄火和回火现象</td></tr>
<tr><td>点火燃烧器火焰稳定性</td><td>无熄火和回火现象</td></tr>
</table>

续表

项目			性能
温升	一般温升	操作时手触及部位（旋钮等）的表面温度	金属部位室温 +25℃以下
			非金属部位室温 +35℃以下
		操作时手触及部位（旋钮等）的周围部位的表面温度	室温 +105℃以下
		干电池外壳	室温 +20℃以下
		软管接头表面温度	室温 +20℃以下
		阀门外壳表面温度	室温 +50℃以下
		点火器外壳及导线表面温度	室温 +50℃以下
		燃气调压器外壳表面温度	室温 +35℃以下
		灶具侧面、后面的木壁，灶具下面的木台的表面温度	室温 +100℃以下
耐热冲击		烤箱门玻璃	无异常
电点火器		着火率及性能	点 10 次有 8 次以上点燃，不得连续 2 次失败，无爆燃

选择燃气灶具的注意事项：

燃气灶具按结构可分为嵌入式、台式和落地式。对整体台面橱柜宜配置嵌入式灶具，并选用上部进气的形式，保证充足的进气量和较高的热效率。落地式燃气灶具是灶与烤箱组合的烤箱灶，选用时要注意与橱柜的高度、宽度等模数尺寸相协调。

②洗涤槽

洗涤槽可选择子母式、双槽式和单槽式。可用不锈钢材质，表面为亚光或拉丝。洗涤槽外形尺寸常用规格见表 5-10。

洗涤槽外形尺寸（单位：mm） 表 5-10

水槽外形		规格尺寸
子母式	母盆	1000×500×200
	子盆	350×420×190
双槽式	大盆	550×500×200
	小盆	350×500×200
单槽式		600×500×200

③电磁灶

电磁灶是利用电磁感应原理进行加热，无烟，无明火，无废气，热效率高（80%以上），适合老年人居住建筑中使用。但价格较高，并限于用金属炊具，影响其使用范围。每个加热单元的功率 700～2000W。执行标准：《家用和类似用途电器的安全　电磁灶的特殊要求》GB 4706.29、《电磁灶》QB/T 1236。

④洗碗机

本章中洗碗机指以电为动力，对食具进行自动洗涤、烘干的设备。基本参数与尺寸，见表5-11。

洗碗机基本参数与尺寸　　表5-11

型式		台式	落地式
洗涤套数（套）		4	12
功率（W）	洗涤	110	110~150
	加热	900	1500~2000
外形尺寸（mm）	宽度	409~440	400~600
	深度	455~495	500~600
	高度	460~540	800、850（去顶板时：770、820）
净重（kg）		18~23	35~48

• 洗碗机应有固定位置。台式洗碗机放置在近洗涤池的操作台上，排水软管接到洗涤池中，落地式洗碗机可独立放置，也可拆去顶板，嵌入厨柜内安装，这种场合洗碗机应邻近洗涤池柜放置，给水管、排水支管及电源插座可相互借用。

• 应有专用的给水水嘴和排水管道。其给水、排水管道与接口随洗碗机型式而不同。

给水：给水压力0.03~0.6MPa，进水阀带过滤网。宜设专用水嘴。

排水：为防止污水逆流，洗碗机的排水泵出口均设置了止回阀；落地式洗碗机设置在地面上，排水软管插入排水支管（带S形或P形回水弯）的高度应大于300~400mm，放入洗涤槽高度小于800~1000mm。

• 执行标准：《家用和类似用途电器的安全　洗碟机的特殊要求》GB 4706.25、《家用电动洗碗机》QB 1520。

⑤消毒柜

• 消毒柜的作用是对食具进行高温消毒或臭氧消毒和保温。

• 规格以有效容积或可消毒食具重量表示，以40~80L（即5~8kg）为常用。

• 型式有台式、壁挂式、落地式三种。设计时预留平面位置，参考值为450mm×450mm；有的壁挂式产品，既可挂于墙上，也可吊挂在吊柜下方，与吊柜底板用螺栓连接，再固定在墙上。其尺寸为宽度600~900mm，深度325mm，高度400mm。

• 电源：功率300~1000W，电压220V，频率50Hz。应设独立插座。

• 执行标准：《家用和类似家用电器的安全通用要求》GB 4706.1、《食具消毒柜安全和卫生要求》GB 17988。

5.3 住宅卫生间成套技术

5.3.1 住宅卫生间关键技术

(1) 同层排水技术

同层排水系统，即指排水支管不穿越本层楼板到下层空间，与卫生器具同层敷设并接入排水立管的排水系统。其技术要求如下：

1）同层排水系统的分类与选用

同层排水系统按排水横管敷设方式可分为墙体敷设和地面敷设两种。地面敷设可采用结构降板或抬高地面两种形式，降板可分为整体降板和局部降板两种结构形式。根据管道井和卫生洁具布置，墙体和地面两种敷设方式可以在同一卫生间中结合使用。

2）同层排水系统的管道布置和敷设应遵循的原则

①排水立管宜敷设在管井内，在不结冰地区排水立管也可沿外墙敷设在室外。但排水管道不得穿越烟道、风道、沉降缝、伸缩缝和防震缝。

②排水管道穿越楼板和外墙时均应设置防水套管，套管内壁与管道外壁之间的空隙不应小于20mm，其间隙应用阻燃密实材料和防水油膏填实，端面光滑。

③卫生洁具排水管与排水横管连接时，应采用45°斜三通或90°顺水三通。排水横管需变径时用异径管件，管顶平接。排水横管与立管连接时，排水横管上的水封口与接口处管内底的高差不宜小于横管口径。

④当排水横管敷设于夹墙或架空层内时，需设置固定支架：硬聚氯乙烯和高密度聚乙烯排水管，按每2m设置一个固定支架，柔性接口铸铁管的横管在承接口连接部位必须设置固定支架，固定支架的支撑力应大于管道因温度变化引起的膨胀力。

3）同层排水系统对其他专业的要求

采用同层排水时，需要与建筑设计各相关专业共同确定同层排水的敷设方式、结构形式、降板区域、管道井位置、卫生器具的布置等。同层排水系统部位的楼板宜采用现浇钢筋混凝土并设防水层。在安装支架和敷设电线时不应破坏防水层。

4）同层排水系统的墙体敷设方式

设置壁挂式坐便器的管墙厚度，即净空宜为205～220mm，高度根据水箱冲洗按钮位置确定，顶按式为840～900mm，前按式为1140～1150mm。封墙材料应耐压、抗冲击、防水。卫生间的地坪厚度需要考虑地漏的设置要求，一般不宜小于70mm。

5）同层排水系统的地面敷设方式

宜采用卫生间整体降板形式，为便于检修、改造，宜采用架空方式，用粘结方式固定支架。降板高度260～300mm，用消声材料衬垫控制噪声，用器具通气管减少声源。

（2）节水洁具系统配套技术

1）6L水便器其功能需要实现四项冲洗效果：便器内表面被全面冲洗；置换水封水；将污物经5m长的横接管冲到排污立管；后续冲水量≥2.5L。

2）行业标准《6升水便器配套系统》JC/T 856，针对便器漏水问题的关键环节提出了如下技术要求：

①便器漏水的主要部位是拦水阀的密封件，其使用年限取决于用材，标准要求使用高强度硅橡胶制品，在常温条件可使用10年以上，需要售后服务。

②排污管道系统的设计与安装应符合排空原则，即均排入立管，达到管道自洁。排污管道横连接管，污水的流速＞0.7m/s，排污管道的充满度＞0.5。

③排污管道的设计在应选用标准规定的水力学参数的同时，还应与便器排水参数相协调。

（3）中水回用与排水系统中的污废分流

由于洗漱废水和便器排出的污水所含成分差异很大，其处理方式和投入也明显不同。

故采用两根立管分别将污水送达化粪池，将废水送到处理池，更节水节资。若设备内废水箱通过水泵与冲便水箱相接，回用洗澡水、洗脸水冲便器，也是一种简易的节水办法。

5.3.2 卫生间部品成套技术

(1) 卫生间洁具

1）便器

①便器分类，见表5-12。

便器的分类 表5-12

类 别	分 类		
	按外形分	按功能分	按排水口分
坐便器	挂箱式（分体式） 坐箱式 连体式 壁挂式	冲落式 虹吸式 喷射虹吸式 漩涡虹吸式	下排水 后排水
蹲便器	踏板式蹲便器（带水封） 普通蹲便器（不带水封）		

②便器基本尺寸

便器的外形尺寸由制造商确定。不同企业或同一企业的不同品种的产品，它的外形尺寸却不尽相同，但大多数都在一个范围内变动，见表5-13。

便器基本尺寸（单位：mm） 表5-13

便器种类	长	宽	高	便器种类	长	宽	高
坐箱式坐便器	662~750	345~381	346~395	壁挂式坐便器	530~560	350~365	340~395
连体式坐便器	641~740	375~537	360~381	蹲式便器	530~600	260~435	200~270

③便器接口尺寸

便器排出口尺寸：

• 坐便器下排水出口尺寸（外径），虹吸式坐便器一般为ϕ85mm；冲落式坐便器一般为ϕ90mm；坐便器后排水的排出口尺寸（外径）一般为ϕ110mm，具体详见企业产品样本。

• 蹲便器排出口尺寸，一般为ϕ110mm（外径）。

• 坐便器排水出口（中心线）距墙和距地面尺寸，见表5-14。

④便器冲洗功能技术指标与执行标准

• 坐便器冲洗用水量：

节水型坐便器每次冲洗用水量不大于6L；

一般虹吸式、冲落式坐便器每次冲洗用水量不大于9L；

坐便器排水出口（中心线）距墙或距地面尺寸　　表 5-14

便器种类	排出口距墙间距（mm）		便器种类	排出口距墙间距（mm）	
	一般	6L 水		一般	6L 水
挂箱式坐便器	400	300、400	蹲式便器	582~680	200、300、580
坐箱式坐便器	165~480	200、300、400	后排水坐箱式便器	距地面高度（mm）	
连体式坐便器	210~410	200、300		85~184	180

喷射虹吸式、漩涡虹吸式坐便器每次冲洗用水量不大于 13L。

• 坐便器排污功能：

节水型坐便器排污功能除满足国家标准要求外，同时要求后续冲洗水量大于 2.5L。

• 坐便器洗刷功能应满足国家标准要求。

• 便器污水排放功能应满足国家标准要求。

• 坐便器冲洗噪声不超过 55dB，峰值不超过 65dB。

• 坐便器污物冲出横管的排放距离：当横支管坡度为 2% 时，污物的排放距离应不小于 5m。

• 坐便器的水封深度不小于 50mm；存水弯内径必须能通过 ϕ38mm 的固体球。

⑤设计要点

• 在设计或选用坐便器时，便器陶瓷件与五金配件必须配套，特别是节水型坐便器。它的低水箱排水阀的排水流量与便器陶瓷件的排污功能是相匹配的，即不同类型节水型便器陶瓷件必须与之相匹配的五金配件相配套。若不同类型的节水陶瓷便器与不同类型的节水型五金配件配套，就不一定能组合成节水型便器。

• 便器排水管预留口的位置应按所选用便器的样本来确定。由于不同制造企业生产的便器排出口的位置是不同的，即使同一企业生产的不同便器的排出口位置也是不一样的，所以设计预留便器排水管的接管口位置时，必须根据企业的产品样本确定。

• 节水型坐便器必须与建筑物中的排水系统相配套。一般情况下，如采用塑料排水管时，在不改变现有排水管道系统的状况下，便器每次冲洗水量不得低于 2.5L。

⑥便器施工安装要点

• 水箱与配件的组装，按《6 升水便器配套系统》JC/T 856—2000 要求，水箱及配件（给水阀、连接管、进水阀、排水阀、操纵机构）应在工厂组装好，作为一个完整的产品部件供应市场。这样可保证产品的质量，避免二次采购和二次组装中的许多弊端。

• 便器排出口与排水管的连接：

应采用配套生产可适用于塑料管和铸铁管的塑料管件和橡胶圈相组合的专用连接件。

• 便器的固定安装。当前各企业都可配套提供固定配件，一般可采用 M8 膨胀螺栓、软垫片和螺母来固定便器。但在螺栓孔打好后，先灌入硅铜防水胶，再放入膨胀螺栓，这样可避免地面的渗漏。

2）陶瓷洗面器

①洗面器分类

洗面器分类见表 5-15。

洗面器分类 表5-15

按外形分	按水嘴孔数分	按外形分	按水嘴孔数分
立柱式洗面器 台式洗面器：台上式、台下式	无孔洗面器 单孔洗面器	托架式洗面器 背挂式洗面器	双孔洗面器 三孔洗面器

②基本尺寸

洗面器的外形尺寸由各制造企业自定。现列出一般情况下的尺寸，见表5-16。

基本尺寸（单位：mm） 表5-16

类　型	长度（左右）	宽度（前后）	池深（上下）	类　型	长度（左右）	宽度（前后）	池深（上下）
立柱式洗面器	560~710	430~560	185~230	普通洗涤槽	510~610	360~510	150~200
台式洗面器	450~560	310~470	190~260				

注：立柱式洗面器安装高度一般为780~680mm。

③接口尺寸

- 洗面器排出口尺寸：一般为ϕ70mm（上口）/ϕ50mm（内径）。
- 洗涤槽排出口尺寸：ϕ50mm（内径），ϕ65mm（内径）。
- 洗面器进水管孔尺寸和间距：

三孔的进水管孔ϕ25mm（内径）或2ϕ25mm/1ϕ15mm。

双孔的进水管孔ϕ25mm（内径）。

单孔的进水管孔ϕ38mm（内径）。

双孔的进水管孔的间距：100~110mm（混合型水嘴）；180~200mm（非混合型水嘴）。

④设计选用要点

- 洗面器水嘴选择：在混合型水嘴选用时，必须注意水嘴冷、热水管管孔的间距应与洗面器进水管孔的孔数间距相一致，否则安装不上。
- 洗面器排水管管材选择：在不连续（间歇）供应热水的建筑中，当建筑排水管采用塑料管时，洗面器和浴盆排水管段的管材宜采用耐热塑料管材（PP）或金属管材。
- 洗面器排水管的存水弯选择：在高层或超高层建筑物中，宜采用带呼吸（正负压）阀的存水弯，以便保持存水弯水封的高度，避免臭气外泄。
- 洗面器排水栓的选择，应与洗面器排出口的上下口径和深度相一致，宜选用洗面器生产企业提供的配套五金件。
- 水嘴选用时，宜在管道上设过滤阀。

⑤施工安装要点

- 洗面器进水管的安装：若采用软管连接时，软管的耐压等级与建筑物中的实际水压相匹配，软管耐温等级应与建筑物中热水供应温度相一致。
- 洗面器排水管与已埋建筑排水管管口连接：在完成初装修的建筑中，建筑排水管道系统均安装完毕，并已验收合格。在装修时，卫生设备的排水管与建筑排水管连接时，若口径不合适，在连接处一定要用硅酮密封胶做好密封，以免臭气外溢，影响室内卫生条件。

3）浴盆

①浴盆分类，见表5-17。

浴盆分类　　表5-17

按材质分	按功能分	按外形分
钢板搪瓷浴盆 铸铁搪瓷浴盆 玻璃钢浴盆 亚克力浴盆	普通浴盆 按摩浴盆	带裙边浴盆 不带裙边浴盆

②浴盆的尺寸

• 普通浴盆尺寸：

长度一般分为：1200、1300、1400、1500、1600、1700mm；

宽度一般为：700～900mm；

高度一般为：355～518mm。

• 坐泡式浴盆尺寸（一般）：

长度为1100mm，宽度为700mm，高度为470mm。

• 按摩浴盆尺寸（一般）：

长度≥1500mm，宽度为800～900mm，高度为470mm。

③接口尺寸

• 浴盆排出口尺寸，一般为 *DN*40 或 *DN*50。

• 浴盆溢流口尺寸，一般为 *DN*32 或 *DN*50。

④施工要点

• 浴盆底部铺设的处理：亚克力浴盆底部选用砖砌条形基底时，应用砂等材料填充底部空间，然后用水泥砂浆找平；铸铁浴盆底部砌条形砖基座时，用水泥吵浆找平；钢板浴盆底部可填充干砂。

• 浴盆裙边处理：不带裙边的浴盆，可用砖砌并贴瓷砖进行处理，但应预留排水管检修洞。

• 浴盆周边空隙处理：浴盆与墙之间的空隙（长度方向），宜用瓷砖填空补齐。

• 浴盆周边防水处理：可用硅酮防水胶填补浴盆与墙之间的缝隙，以作防水处理。

• 浴盆排水管，在建筑中预埋排水管与浴盆排水管的连接处，宜用环氧胶泥或防水胶嵌缝，以免渗水漏气。

（2）住宅整体卫浴间

1）技术要点

①住宅整体卫浴间系指将一体化（浴盆或淋浴盆）防水底盘，并配上洗面器、便器以及壁板、天花板和相关部品（换气扇、照明灯、防湿镜和配管等）组合一个具有洗浴、盥洗、排便功能的空间盒子结构体。

②住宅整体卫浴间的防水底盘、浴盆（淋浴盆）、洗面器、墙板、天花板（顶板）一般均用SMC（玻璃钢）材料制作而成。便器一般均为陶瓷制品。洗面器台面可选用SMC材料，也可选用天然大理石或人造大理石。

③住宅整体卫浴间的产品型号以卫浴间内壁间净尺寸为基数，是以建筑模数 $M=100mm$ 来表示。例如卫浴间平面内净尺寸为1600mm×2200mm，则表示为1622。

④住宅整体卫浴间的排水管道系统一般都布置在防水底盘的下侧，所以整体卫浴间的地面与卫生间楼层安装地面之间的间距一般在170～270mm之间，详见企业样本。

⑤卫浴间排水系统中，一般都采用多通道的特殊地漏。根据地漏排水方式的不同，可分为地漏横排异层排水和地漏横排同层排水两种安装方式。

⑥住宅整体卫浴间的冷、热水管和卫生器具排水管一般都采用明装暗藏方式布设。所以整体卫浴间与建筑墙体之间的一般间距，有管道侧为200～400mm，其他方向为75mm，详见企业样本。建筑卫生间管道井的宽度一般为200～400mm。

⑦整体卫生间有安装管道的侧面与墙面之间应不小于50mm，无安装管道的侧面与墙面之间应不小于30mm。整体卫生间的底部与楼地面之间应不小于150mm。整体卫生间的顶部与顶棚底部应不小于250mm。

⑧住宅整体卫浴间的换气扇，一般设在顶板上侧，所以顶板与建筑楼板下侧之间留有不小于400mm的安装空间，既可安装换气扇又可安装放风管，并与建筑卫生间通风道相连接。

⑨住宅整体卫浴间一般都带地脚螺栓，以便调整卫浴间地面的平整度。

⑩住宅整体卫浴间外侧非承重墙或隔墙以及门，均在卫浴间安装完毕后，再砌筑或同期一次性装饰完成。

2）住宅整体卫浴间性能指标和执行标准

①性能指标，见表5-18。

性能指标 表5-18

项目			性能要求
通电			电器设备工作正常、安全、无漏电现象
光照度（lx）	卫浴间内		≥70
	洗面器上方150mm处		≥150
耐湿热性			没有裂纹、气泡、剥落、明显变色
电绝缘	绝缘电（MΩ）		>5
	耐电压		1500V电压1min，无击穿、烧焦现象
强度	耐砂袋冲击	壁板	没有裂纹、剥落、破损等异常现象
	挠度（mm）	顶板	≤6.0
		壁板	≤5.0
		防水盘	≤3.0
连接部位密封性	壁板、壁板与顶板、壁板防水盘连接处		无渗漏现象
配管检漏	给水管、排水管、排污管		无渗漏现象

②执行标准：《整体浴室》GB/T 13095。

3）设计的要点

①卫生间的建筑设计空间必须与选用的卫浴间的最小安装尺寸相配套。

②卫浴间开门方向必须与建筑卫生间开门方向相一致。

③卫浴间布有管道的侧面应与建筑卫生间管道井相一致。

④建筑中为明卫生间时，应与产品供应商协调，做好开窗和配件位置的调整工作。

⑤卫浴间的采暖方式和热水供应方式应结合具体工程做好相应处理。

⑥各类电气系统应做好防水处理。

4）施工要点

①卫生间地面应做好防水处理。

②应做好卫生间地面与其他房间地面之间高差的处理。

③应做好各种管道接口的连接工作，以免渗漏。

④各类电器应做好接地处理。

⑤施工程序先安装卫浴间，再做内隔墙、外装饰和门（窗）。

⑥各部位连接处做好胶条密封处理，或填充硅铜胶密封处理。

（3）水嘴

1）水嘴的分类，见表5-19。

水嘴的分类　　**表5-19**

按密封材质分	按启闭结构形式分	其　他
陶瓷片密封水嘴 橡胶密封水嘴	单柄单控普通水嘴 双柄双控双孔面盆水嘴 单柄双控三孔面盆水嘴 单柄单控浴盆水嘴 双柄双控浴盆水嘴 单柄双控浴盆水嘴 墙式单柄双控水嘴	延时自闭式水嘴 红外感应式水嘴 单柄双控洗发花洒水嘴

2）水嘴的性能指标与执行标准

①陶瓷片密封水嘴

• 阀体强度性能，在2.5MPa，60s，不渗漏。

• 阀芯密封性能，在1.6MPa水压下，60s，不渗漏。

• 工作温度<90℃。

• 使用寿命20万次。

• 在0.02MPa水压下，浴盆混合水嘴的流量不小于0.1L/s，其他水嘴的流量不小于0.07L/s。

• 在0.03MPa水压下，水嘴噪声应≤20dB（A）。

②橡胶密封水嘴

• 阀芯密封性能，1.6MPa，60s，无渗漏。

• 阀芯气密性能，0.6MPa，20s，无释放气泡。

③执行标准：《陶瓷片密封水嘴》JC 663。

3）接口尺寸和连接方式

①水嘴连接管尺寸

• 普通水嘴，接口管径为 *DN*15，连接螺纹为 G1/2。

• 双柄双孔水嘴，接口管径为 *DN*15，连接螺纹为 G1/2。

• 单柄单孔水嘴，ϕ10mm（详见产品样本）。

②水嘴接管间距

• 单柄双控和双柄双孔面盆水嘴，冷、热水管接管间距一般为 102mm。

• 双柄浴盆水嘴，冷、热水管接管间距一般为 150mm。

4）设计选用要点

①选择水嘴时，冷、热水进水管的间距必须与所选用给水器具相一致，因不同企业产品的间距是有差异的，而且陶瓷卫生器具的安装孔距也是有差异的。

②选择水嘴时，应优先选用节水型加气水嘴（或泡沫水嘴），防止水外溅。

③选择水嘴时，应优先选用陶瓷密封水嘴和密封性能可靠的橡胶密封水嘴。普通铸铁的螺杆升降式水嘴属淘汰产品不应选用。

④为使加气水嘴正常运行，在进水管上宜安装过滤阀。

5）施工要点

①选择软管连接时，软管耐压等级必须与给水管道的实际水压相一致。

②软管连接时，软管连接两端的橡胶密封垫片的选择要合适，不要过硬、过薄、宽度过窄。

③安装时，宜购买水嘴生产企业的配套产品和附件，以免配套不合适。

④加气水嘴在整个供水管路系统调试合格后，交付使用之前，应拆下水嘴的加气头，清除砂、铁锈等脏物，以保证水嘴正常运行。

6　节能门窗技术

6.1　技术概述

我国是能源消耗大国，其中建筑能源消耗占25%以上，实现建筑节能，主要是通过提高建筑围护结构的水平来实现。在建筑围护结构总能耗当中，建筑门窗是建筑物保温性能最薄弱的部位，建筑门窗的能耗占其总能耗的49%。门窗作为建筑物的外围护部分，直接影响到建筑物的节能性能，提高门窗的保温性能是保证建筑物能耗降低的主要途径。

所谓节能门窗，不是单一的采用隔断桥铝型材或采用了Low-E中空玻璃节能材料，它是一个系统的技术集成，是各环节性能有机组合的结果。衡量建筑门窗是否节能主要考虑三个要素，即热量的流失（热量的交换）、热量的对流以及热量的传导和辐射。

- 对流是通过门窗的间隙使用热、冷空气的循环流动，通过气体对流使得热量交换导致热量流失；
- 热传导则是由门窗使用的材料本身分子运动而进行的热量传递，通过材料本身的一个面传递到另一个面，导致热量流失；
- 辐射主要是以射线形式直接传递，导致热量损失。

从以上三个要素，节能门窗选用应注意以下几个方面：

(1) 型材的设计与选择

首先，选择不同材料的型材，它们的材料性能不同，主要是热传导系数不同决定了门窗的能耗。当选用普通铝合金型材时，由于铝合金型材的导热系数非常大，热传导很快，北方寒冷地区在冬季室内出现结霜、露、冰以及淌水等现象。而在夏热冬暖地区对空调能量消耗非常大。目前开发的隔热冷桥多腔体铝合金型材，采用隔热冷桥的方式，阻止了铝合金型材的快速热传导，从而实现节能，但隔热断桥铝型材的设计，往往忽略细节，框、扇料上面的隔热条不在同一侧（靠室外或室内），使得五金配件安装之后，室内外型材通过金属五金配件绕过隔热条相互连接在一起，从而使得热量快速传导，影响门窗的节能性能。比如采用推拉形式的门窗，即使采用隔热断桥铝型材也不属于节能门窗，推拉门窗空气渗透所损耗的能量将更为严重。由于推拉窗自身结构所限制，其采用隔热断桥铝型材是毫无意义的。

(2) 玻璃的选择

建筑门窗使用玻璃，可根据各地区不同的节能指标，选择不同性能的玻璃来满足节能的要求。能源的损耗主要是由于对流、传导和辐射三方面的因素，而玻璃主要是热辐射损耗能量，所以在选择建筑门窗玻璃时，要保证整体建筑的节能，就必须要合理地选择玻璃。对于夏热冬暖地区，高温周期较长，在玻璃的选择上就不能像严寒地区选择采光性好的透明玻璃，应该选择热反射低的，如热反射镀膜中空玻璃以及Low-E中空玻璃等。

(3) 五金配件的选择

五金配件在节能门窗的系统中发挥重要的作用，与门窗的气密、水密抗风压以及安全等性能等有着直接的关系。选择材质好的五金配件是达到节能门窗要求的基本保证。在节能门窗的五金配件配置上，应选择锁闭良好的多点锁系统，而不能选择便宜、简易的单点锁五金配置，因单点锁五金配置时，在门窗受到正风压，或负风压时，门窗在没有锁闭点的位置就会发生变形，变形后无法恢复原位，从而导致扇、框之间产生缝隙，使得热冷空气通过门窗缝隙循环流动，形成对流，使门窗达不到节能效果。

(4) 合理的选择组件

真正的节能门窗，仅仅采用好的型材或玻璃以及配件是不够的，如何正确地把多种组件合理地组合成系统，将良好的材料和性能有机组合，才是真正意义上的节能门窗。

6.2 门窗分类与特点

门窗种类主要包括：钢门窗、铝合金门窗、塑料门窗和木门窗。各类门窗均有高、中、低不同档次，档次区分主要体现在型材和五金配件的品质、精密程度、物理性能等级、型材表面等级等。

6.2.1 钢门窗

(1) 钢门窗分类

钢门窗按材料可分为普通碳素钢门窗、彩板门窗、不锈钢门窗、高档断热钢门窗等。

(2) 钢门窗基本特点（表6-1）

各类钢门窗基本特点　　表6-1

门窗类型	基本特点
普通碳素钢门窗	强度高、型材断面小、焊接性能好、有良好的机械加工性能，利于进行防火防盗设计。需常进行防腐处理。有多种漆饰方法可选，价格、难度、差异很大
彩板门窗	有白、红、茶、蓝、绿多种颜色可以选择，保持了钢门窗的主要特征，因带漆加工不可焊接，采用组装工艺，与普通碳素钢门窗相比，组装强度下降，防腐性能好
不锈钢门窗	有极强的防腐性能且独具不锈钢的光泽，保温性能优于同结构普通钢门窗，有焊接和插接两种形式
高档断热钢门窗	采用1.5 mm厚镀锌钢板轧制型材，与专利断热条（有防火和不防火两种）复合而成，表面氟碳喷涂，窗框四角采用焊接工艺；充分保证钢门窗的高强度。高档断热钢门窗保温性能优良，$K\leq 2.0W/(m^2\cdot K)$，耐火时间≥2h

(3) 执行标准：

《平开、推拉彩色涂层钢板门窗》JG 3041、《钢天窗　上悬钢天窗》JG/T 3004、《推拉钢窗》JG 3014、《推拉不锈钢窗》JG/T 41、《单扇平开多功能户门》JG/T 3054。

6.2.2 铝合金门窗

采用铝合金挤压型材为框、梃、扇料制作的门窗，简称铝门窗。包括以铝合金作受力杆件（承受并传递自重和荷载的杆件）基材的，和木材、塑料复合的门窗，简称铝木复合门窗、铝塑复合门窗。

(1) 铝合金门窗的特点

1）轻质、高强

由于门窗框的断面是空腹薄壁组合断面，这种断面利于使用并因空腹而减轻了铝合金型材的质量，铝合金门窗较钢门窗轻50%左右。

2）密闭性能好

密闭性能为门窗的重要性能指标，铝合金门窗较之普通木门窗和钢门窗，其气密性、水密性和隔声性能均佳。

3）变形小

由于型材本身的刚度好，在制作过程中采用冷连接，这种冷连接同钢门窗的电焊连接相比，可以避免在焊接过程中因受热不均而产生的变形现象，从而确保制作精度。

4）立面美观

造型美观，门窗面积大；色调美观，其门窗框料经过氧化着色处理，可具各种色调，无需再涂漆或进行表面维修。

5）耐腐蚀，使用、维修方便

铝合金门窗不需要涂漆，不褪色、不脱落，表面不需要维修。铝合金门窗坚固耐用，开闭轻便灵活，无噪声。

6）使用价值高

在建筑装饰工程中，特别是对于高档次的装饰工程，铝合金门窗的使用价值优于其他种类门窗。

(2) 铝合金门窗的类型

根据结构与开闭方式的不同，铝合金门窗可分为推拉窗、平开窗、固定窗、悬挂窗、回转窗等几种。根据色泽的不同，铝合金门窗可分为银白色、金黄色、青铜色、古铜色、黄黑色等几种。根据生产系列（习惯上按门窗型材截面的宽度尺寸）的不同，铝合金门窗可分为38系列、42系列、50系列、54系列、60系列、64系列、70系列、78系列、80系列、90系列、100系列等。

(3) 执行标准

《铝合金窗》GB/T 8479。

6.2.3 塑料门窗

(1) 塑料门窗特点

塑料门窗是以聚氯乙烯树脂、改性聚氯乙烯或其他树脂为主要原料，添加适量助剂和改性剂，经挤压机挤出成各种截面的空腹门窗异型材，再根据不同的品种规格选用不同截面异型材组装而成。由于塑料的变形大、刚度差，所以一般在成型的塑料门窗型材的空腔内嵌装轻钢或铝合金型材加强，从而增加了塑料门窗的刚度，提高了塑料门窗的牢固性和抗风能力。因此，塑料门窗又称“塑钢门窗”。塑料门窗线条清晰、挺拔，造型美观，表面光洁细腻，颜色可任选，不仅具有良好的装饰性，而且具有良好的隔热性、密闭性和耐腐蚀性。塑料门窗具有以下特点：

1）塑料门窗材料属于热不良导体，导热系数低。具有良好的保温、隔热性能，同时塑料异型材截面均为中空多腔结构，由数个小空间组成密闭的空气隔层，充分利用空气优异的隔热性能，使其热传导率进一步降低。

2）塑料门窗结构密封性好。塑料门窗窗框扇的边缘设置有可供镶嵌密封胶条或毛条的凹槽，框扇是采用嵌入与搭接相结合的形式，即扇型材是阶梯式的，一部分嵌入框内压盖在框上，由密封条进行密封。框扇与玻璃之间装配通过一定的搭接量，采用橡胶条弹性密封，防雨水渗漏性强。在墙体与窗框之间要求采取柔性支撑，用发泡胶进行密封，在框扇的上部和下部设置有气压平衡孔与排水孔，使其气密和水密性能大幅度地提高。

3）塑料门窗隔声性能好。由于塑料门窗的上述特性，不仅具有优异的保温隔热性能、水气密封性能，还具有优异的隔声性能。

4）塑料门窗材质具有良好的耐潮湿、耐酸碱腐蚀性能，尤其适合于多雨、潮湿的沿海地区，及有盐雾和腐蚀性等场所使用。

5）塑料门窗具有优异的装饰性能。其材质细腻，表面光洁，色泽柔和，能满足人们美化环境、装修居室的要求。

6）塑料门窗具有耐候性能，可长期适用于温差较大的环境（-40～70℃），烈日暴晒和潮湿，都不会使其出现变质、老化、脆化等现象。

7）塑料门窗是绝缘材料，不导电，安全可靠；钢、铝合金门窗为优良导体，容易导电。

8）塑料门窗与塑料异型材废料，可经再加工，循环、重复使用，无环境污染，符合国家可持续发展政策的要求。

（2）执行标准

《未增塑聚氯乙烯（PVC-U塑料窗）》JG/T 140、《未增塑聚氯乙烯（PVC-U塑料门）》JG/T 180、《塑料门窗及型材功能功能结构尺寸》JG/T176。

6.2.4 木门窗

（1）木门窗分类及特点

木门窗是我国使用历史最长的门窗，木门窗具有装饰性、重量轻、强度高、使用寿命长、保温隔热性能好、加工制作容易等优点。但木门窗也有一些缺点，如易燃烧、腐朽虫蛀、湿胀干缩、变形开裂等。但以上缺点通过适当处理可以避免或得到改善。木窗按材质分类，以实木复合窗和木铝复合窗为主；按开启形式分类，以70系列或80系列的平开窗和平开下悬窗为主。

（2）执行标准

《建筑木门、木窗》JC/T 122。

6.3 窗用五金配件

窗用五金配件包括塑料、铝合金、木窗用五金件、特殊类型窗用五金件、建筑门窗用密封胶条、建筑门窗用密封毛条、建筑门窗用密封胶等。

6.3.1　窗用五金件分类

（1）高档窗用五金件包括内平开下悬窗五金系统、多点锁闭中悬窗五金系统、多点锁闭立悬窗五金系统。

（2）中档窗用五金件包括内平开下悬窗五金系统、多点锁闭平开窗五金件、多点锁闭推拉窗五金件、多点锁闭上悬窗五金件、多点锁闭下悬窗五金件等。

（3）低档窗用五金件包括单点锁闭的平开窗五金件、单点锁闭的推拉窗、单点锁闭的中悬窗五金件、单点锁闭的立悬窗五金件等。

6.3.2　窗用五金件配置、性能特点及适用范围

（1）高档窗用五金件配置、性能特点及适用范围见表6-2。

高档窗用五金件配置、性能特点及适用范围　　表6-2

分类	配　置	性能特点及选用要点	适用范围
内平开下悬窗	由传动系统、下悬部件、铰链、传动机构用执手等组成的内平开下悬五金系统	有平开、下悬（窗扇区最大可内倾斜30°）两种开启方式，具有特殊的防盗锁点结构，便于通风、换气和清洗。使用寿命能实现平开（下悬）—锁紧—下悬（平开）—锁紧1.5万个循环（共6万次）以上的要求。碳素钢镀层表面300h以上不出现红锈蚀点	适用于密封性能要求较高，且既有平开、又有下悬功能要求的外窗
中悬窗	由中悬（立悬）铰链，传动机构用执手或启闭操作系统，多点锁闭系统、限位撑等组成的中悬窗（立转窗）五金系统	能实现多点锁闭，具有狭缝通风功能。对安装在较高位置，有启闭要求时可采用导杆与窗扇和执手连接进行控制，或用遥控装置控制。碳素钢镀层表面以上不出现红锈蚀点	适用于对窗的物理性能要求较高的中悬窗。适用于公共建筑需要的有良好采光和合理的空气流通性的场所，可做大开启尺寸的窗扇
立悬窗			

（2）中档窗用五金件配置、性能特点及适用范围见表6-3。

中档窗用五金件配置、性能特点及适用范围　　表6-3

分类	配　置	性能特点及选用要点	适用范围
内平开下悬窗	由传动系统、下悬部件、铰链、传动机构用执手等组成的内平开下悬五金系统	有平开、下悬（窗扇最大可向内倾斜30°）两种开启方式，便于通风、换气和清洗。使用寿命能实现平开（下悬）—锁紧—下悬（平开）—锁紧1.5万个循环（共6万次）以上的要求。碳素钢镀锌层表面240h以上不出现红锈蚀点	适用于对密封性能要求较高，且既有平开、又有下悬功能要求的外窗。可做较大开启尺寸的窗扇
平开窗	合页、传动机构（传动机构用执手、传动锁闭器），撑挡等五金件	只能实现单一平开启闭、通风功能。开启扇的面积即为最大可通风面积。此配置具有多点锁闭的特点，合页承载能力较大，使用寿命2.5万次以上。碳素钢镀锌层表面240h以上不出现红锈蚀点	可实现多点锁闭，成窗后的密封性能较好。仅适用于内平开窗

续表

分类	配　置	性能特点及选用要点	适用范围
平开窗	滑撑、传动机构（传动锁闭器、传动机构用执手）等五金件	只能实现单一平开启闭、通风功能。此配置具有多点锁闭的特点，滑撑轴距离扇一侧有一定距离，限制窗扇开启角度。外开窗采用此种配置时，人在室内一侧可以擦窗，使用寿命2.5万次以上	可实现多点锁闭，适用于多层建筑或低风压的外开窗，且扇宽应小于750mm
推拉窗	传动机构（传动机构用执手、多点锁闭器），滑轮	能实现多点锁闭，完成左右推拉通风、开启功能。五金件（滑轮）使用寿命达到2.5万次以上。碳素钢镀锌层表面240h以上不出现红锈蚀点； 滑轮可为平滑轮和凹滑轮；按材料可分为金属滑轮、非金属滑轮。金属滑轮承载能力大，除不锈钢滑轮外不宜长期在潮湿环境下使用，窗扇在推动过程中有噪声； 非金属滑轮耐腐蚀性能高，窗扇在推动过程中噪声小，承受高、低温的能力较差，承载能力有限	可实现多点锁闭，是应用在开启频率较高的推拉窗中的一种配置
上悬窗	合页、定位支撑、传动机构用执手、传动锁闭器	是窗开启的另一种开启方式，窗扇开启时不占用室内空间	适用于公共建筑、卫生间或室内空间小，开启频率要求较低的场所、不对纱窗有要求的场所
	滑撑、定位支撑、传动机构用执手、传动锁闭器		
下悬窗	合页、定位支撑、传动机构用执手、传动锁闭器	是窗开启的又一种开启方式，安全性好、便于开启	适用于高窗、窗扇尺寸较大，与其他操作、控制系统相配合的场所，不适用住宅窗
	滑撑、定位支撑、传动机构用执手、传动锁闭器		

（3）低档窗用五金件配置、性能特点及适用范围见表6-4。

低档窗用五金件配置、性能特点及适用范围　　表6-4

分类	配　置	性能特点及选用要点	适用范围
平开窗	滑撑、旋压执手	此配置只能实现单点锁闭，完成单一平开启闭、通风功能。五金件（滑撑、旋压执手）使用寿命2.5万次以上。碳素钢镀锌层表面240h以上不出现红锈蚀点	仅能实现单点锁闭，适用于窗扇面积不大于0.24m²（扇对角线不超过0.7m）的小尺寸平开窗。且扇宽应小于750mm
推拉窗	单点锁闭器、滑轮	能实现锁闭，完成左右推拉通风、开启功能。五金件（单点锁闭器、滑轮）使用寿命达到2.5万次以上。碳素钢镀锌层表面240h以上不出现红锈蚀点； 滑轮可为平滑轮和凹滑轮；按材料可分为金属滑轮、非金属滑轮。金属滑轮承载能力大，除不锈钢滑轮外不宜长期在潮湿环境下使用，窗扇在推动过程中有噪声； 非金属滑轮耐腐蚀性能高，窗扇在推动过程中噪声小，承受温度高、低温恶劣变化的能力较差，承载能力有限	此两种配置只能实现单点锁闭，由于价格经济，是目前市场上普通推拉窗最常见的五金配置
	单点锁闭器、滑轮		

续表

分类	配　置	性能特点及选用要点	适用范围
中悬窗	合页或滑轮、定位支撑、限位装置、执手	五金件配置简单，能改变室外空气进入室内的流通方向。碳素钢镀锌层表面以上不出现红锈蚀点	适用于对窗的物理性能要求不高的中悬窗、立悬窗。适用于对采光和空气流通有要求的场所
立悬窗			

6.3.3　建筑门窗用密封胶条

建筑门窗密封胶条的分类、性能特点及适用范围见表6-5。

建筑门窗密封胶条的分类、性能特点及适用范围　　表6-5

分类		性能特点	适用范围
硫化橡胶类密封胶条	三元乙丙密封胶条	综合性能优异，具有突出的耐臭氧性，优良的耐候性，很好的耐高温、低温性能，突出的耐化学药品性，能耐多种极性溶质，相对密度小。缺点是在一般矿物油及润滑油中膨胀量大，一般为深色制品	适用温度范围－60～＋150℃。可适用于高温、寒冷、沿海、紫外线照射强烈地区以及中高层建筑。以其适用范围广，综合性能优异，得到国内外门窗行业的认可
	硅橡胶密封胶条	具有突出的耐高、低温特性，耐臭氧及耐候性能；有极好的疏水性和适当的透气性；具有无与伦比的绝缘性能；可达到食品卫生要求的卫生级别，可满足各种颜色的要求。缺点是机械强度在橡胶材料中最差，不耐油	适用温度范围－100～＋300℃。可适用于高温、寒冷、紫外线照射强烈地区及中高层建筑
	氯丁胶密封胶条（CR）	与其他的特种橡胶比较，个别性能差些，但总的性能平衡好。有优良的耐候性、耐臭氧性能、耐热老化性和耐油耐溶剂性，有好的耐化学性和优异的耐热性，有良好的粘合性。储存稳定性差，储存过程中会发生增硬现象，耐寒性不好。相对密度较大。一般为黑色制品	适用于有耐油、耐热、耐酸碱要求的环境。适用温度范围－30～＋120℃
	丁腈橡胶密封条	主要特点是耐油、耐溶剂、但不耐酮、酯及氯化烃等介质，弹性和力学性能都很好。缺点是在臭氧和氧化剂中易老化龟裂，耐寒性、耐低温性差	适用温度范围－30～＋120℃
热塑性弹性体类密封胶条	聚氨酯橡胶密封条（TPU）	具有较好的弹性和优异耐磨耗性，较好的耐油性，硬度可调范围宽（邵氏A硬度65～80度），力学性能（拉伸强度、拉断伸长率）优越，优良的耐寒性和耐化学药品交织腐蚀性能，原材料的价格较高。为可回收再利用的材料。可满足各种颜色的要求	适用温度范围－60～＋80℃。适用于地震多发区、铁路附近或带有大功率吊车的厂房等强烈振动的区域，以及紫外线照射强烈的地区
	热塑性硫化胶（TPV）密封胶条	具有橡胶的柔性和弹性，可用塑料加工方法进行生产，无需硫化，废料可回收，并再次利用。是性能范围较宽的材料，耐热性、耐寒性良好，相对密度小，耐油性、耐溶剂性能与氯丁橡胶相仿，耐压缩永久变形和耐磨等不太好。可满足各种颜色的要求	使用温度范围－40～＋150℃。可适用于寒冷、以及中高层建筑
	增塑聚氯乙烯（PPVC）密封胶条	材料便宜易得，具有耐腐蚀、耐磨、耐酸碱和各类化学介质，耐燃烧，机械性能强度高；缺点是配合体系内增塑剂易迁移，随着时间的延长变硬变脆，失去弹性，不耐老化，耐候性和耐低温性能差。一般为深色制品	适用于光照不强、温度变化不大、气候条件不恶劣的场合

续表

分类	性能特点	适用范围
表面涂层材料	是在密封条的表面涂布聚氨酯、有机硅、聚四氟乙烯等物质，以代替传统工艺的表面植绒。涂布后的密封条具有良好的耐磨、光滑性，尤其是涂布硅胶面层涂料后的密封条，表面摩擦系数小，有利于门窗扇的滑动	适用于带有滑动门、窗扇的门窗上。是传统硅化毛条的替代品

6.3.4 建筑门窗用密封毛条

建筑门窗用密封毛条的分类、性能特点及适用范围见表6-6。

建筑门窗用密封毛条的分类、性能特点及适用范围　　表6-6

分类		性能特点		适用范围
硅化密封毛条	平板型	毛条采用丙纶纤维异型长丝，纤维经过紫外线稳定性处理和硅化处理。耐老化、具有沥水性能	空气渗透 $q \leq 2.0m^3/(m \cdot h)$；进行2万次正压、挤压、扫刮试验后，毛条高度变化≤1.5mm	与相应的型材配合，适合于对气候要求不高的场合
	平板加片型		气密性能比平板型提高，空气渗透性 $q \leq 1.5m^3/(m \cdot h)$；进行2万次正压、挤压、扫刮试验后，毛条高度变化≤1.5mm	与相应的型材配合，适合于对气候要求较高的场合
	X型		气密性能比平板型提高，空气渗透性 $q \leq 1.0m^3/(m \cdot h)$；进行2万次摩擦试验后，毛条不许倒伏	与相应的型材配合，适合于对气候要求较高的场合

6.3.5 建筑门窗用密封胶

建筑门窗用密封胶可分为弹性和非弹性两种。弹性密封胶与非弹性密封胶相比，不仅起到固定（填充）的作用，固化后还具有很好的弹性和对基材良好的粘结性，可承受较高的环境应力的接缝形变位移，且具有优良的耐候、耐老化性能，起到柔性连接的作用，因而具有良好的粘结密封效果。

按基础聚合物的不同，密封胶可分为：硅酮密封胶、聚硫密封胶、聚氨酸酯密封胶、丁基密封胶、氯丁密封胶、沥青类嵌缝膏、油灰。现阶段门窗上常用的有：硅酮密封胶、聚硫密封胶、聚氨酯密封胶、丙烯酸酯密封胶、丁基密封胶。

6.4 各类门窗性能指标

建筑外门窗性能指标主要表现为抗风压、气密、水密、保温、隔声及采光六大性能指标。

建筑外门窗抗风压性能分级表（安全检测压力差 P_3）　　**表 6-7**

分级代号	1	2	3	4	5	6	7	8	9
P_3（kPa）	$1.0 \leqslant P_3 < 1.5$	$1.5 \leqslant P_3 < 2.0$	$2.0 \leqslant P_3 < 2.5$	$2.5 \leqslant P_3 < 3.0$	$3.0 \leqslant P_3 < 3.5$	$3.5 \leqslant P_3 < 4.0$	$4.0 \leqslant P_3 < 4.5$	$4.5 \leqslant P_3 < 5.0$	$P_3 \geqslant 5.0$

注：1. 第 9 级应在分级后同时注明具体检测压力差值；

2. 采用《建筑外门窗气密、水密、抗风压性能分级及检测方法》GB/T 7106—2008。

建筑外门窗气密性能分级表　　**表 6-8**

分　级	1	2	3	4	5	6	7	8
单位缝长分级指标值 q_1/[(m³/(m·h)]	$4.0 \geqslant q_1 > 3.5$	$3.5 \geqslant q_1 > 3.0$	$3.0 \geqslant q_1 > 2.5$	$2.5 \geqslant q_1 > 2.0$	$2.0 \geqslant q_1 > 1.5$	$1.5 \geqslant q_1 > 1.0$	$1.0 \geqslant q_1 > 0.5$	$q_1 \leqslant 0.5$
单位面积分级指标值 q_2/[(m³/(m²·h)]	$12 \geqslant q_2 > 10.5$	$10.5 \geqslant q_2 > 9.0$	$9.0 \geqslant q_2 > 7.5$	$7.5 \geqslant q_2 > 6.0$	$6.0 \geqslant q_2 > 4.5$	$4.5 \geqslant q_2 > 3.0$	$3.0 \geqslant q_2 > 1.5$	$q_2 \leqslant 1.5$

注：采用《建筑外门窗气密、水密、抗风压性能分级及检测方法》GB/T 7106—2008。

建筑外门窗水密性能分级表　　**表 6-9**

分级代号	1	2	3	4	5	6
ΔP（Pa）	$100 \leqslant \Delta P < 150$	$150 \leqslant \Delta P < 250$	$250 \leqslant \Delta P < 350$	$350 \leqslant \Delta P < 500$	$500 \leqslant \Delta P < 700$	$\Delta P \geqslant 700$

注：1. 第 6 级应在分级后同时注明具体检测压力差值；

2. 采用《建筑外窗抗风压性能分级及检测方法》GB/T 7106—2008；

3. 定级监测和工程所在地为非热带风暴和台风地区时，采用稳定加压法；如工程所在地为热带风暴和台风地区时，应采用波动加压法。

建筑外窗保温性能分级表　　**表 6-10**

分级代号	1	2	3	4	5	6	7	8	9	10
K 值 [W/(m²·K)]	$K \geqslant 5.5$	$5.5 > K \geqslant 5.0$	$5.0 > K \geqslant 4.5$	$4.5 > K \geqslant 4.0$	$4.0 > K \geqslant 3.5$	$3.5 > K \geqslant 3.0$	$3.0 > K \geqslant 2.5$	$2.5 > K \geqslant 2.0$	$2.0 > K \geqslant 1.5$	$K < 1.5$

注：采用《建筑外窗抗风压性能分级及检测方法》GB/T 7106—2002。

建筑外窗空气隔声性能分级表（计权隔声量）　　**表 6-11**

分级代号	1	2	3	4	5	6
R_w（dB）	$20 < R_w \leqslant 25$	$25 < R_w \leqslant 30$	$30 < R_w \leqslant 35$	$35 < R_w \leqslant 40$	$40 < R_w \leqslant 45$	$R_w > 45$

注：采用《建筑外窗抗风压性能分级及检测方法》GB/T 7106—2002。

建筑外窗采光性能分级表　　**表 6-12**

分级代号	1	2	3	4	5
Tr	$0.20 \leqslant Tr < 0.30$	$0.30 \leqslant Tr < 0.40$	$0.40 \leqslant Tr < 0.50$	$0.50 \leqslant Tr < 0.60$	$Tr \geqslant 0.60$*

注：1. Tr（透射光折减系数）值大于 0.60 时，应给出具体数值；

2. 采用《建筑外窗抗风压性能分级及检测方法》GB/T 7106—2002。

6.5 各类门窗性能要求

6.5.1 钢门窗性能参数

钢门窗性能参数表　　表6-13

项目		档次		备注
		高档	普通	
抗风压性能（Pa）≥		2500		抗风压强度应按建筑重要性、所在地区基础风压、周围环境、高度等计算确定，并符合当地要求
气密性[m^3/(h·m)]≤		0.5	0.5~1.5	
水密性（Pa）≥		500	250~350	
保温窗保温性能[W/(m^2·K)]≤		2.0~2.5	2.5~3.0	符合当地建筑设计节能要求
隔声性能（dB）≥		30~35	25~30	
型材材质及厚度（mm）		不锈钢：1.5 碳钢：1.5	碳钢：1.2 彩板：0.8~1.2	尚应满足抗风压强度计算及工艺要求
表面处理		氟碳喷涂，聚酯粉沫喷涂	聚酯粉沫喷涂	
连接方式		焊接	焊接、螺接	
开启方式		平开下悬、平开	平开、推拉	
反复启闭性能（万次）		≥3.0	≥2.0~2.5	启闭无异常，使用无障碍
玻璃种类及中空玻璃间距（mm）		离线 Low-E 中空玻璃 A≥12mm	普通中空玻璃 A≥12mm，在线 Low-E 中空玻璃 A≥12mm，离线 Low-E 中空玻璃 A≥9mm	断热型材
五金	材质	奥氏体不锈钢	奥氏体不锈钢或其他达标材料	
	结构	多点锁紧	二点以上锁紧	
	使用寿命（万次）	≥3.0	≥2.0	
密封胶条		三元乙丙密封胶条	三元乙丙密封胶条、优质橡胶条、平板硅化密封条	高档窗亦可选用性能更好的硅橡胶密封胶条；平板硅化密封条用于推拉窗
表面处理		氟碳喷涂，粉沫喷涂	普通涂漆、喷漆、浸漆工艺	彩板门窗、不锈钢门窗除外
窗外观		外观精美，整体视觉感好	外观一般或较好	

6.5.2 铝合金门窗参数

铝合金门窗参数表 表 6-14

项目	高档窗	中档窗	低档窗	备注
抗风压性能（Pa）≥	2500			抗风压强度应按建筑重要性、所在地区基础风压、周围环境、高度等计算确定，并符合当地要求
气密性[m^3/(h·m)]≤	0.5	0.5～1.5		
水密性（Pa）≥	500	350	250	
保温性能[W/(m^2·K)]	≤2.0～2.5	≤2.5～3.0	≤3.2	符合当地建筑设计节能要求
隔声性能（dB）≥	35	30	30	
反复启闭性能（万次）	≥3.0	≥2.5	≥2.0	启闭无异常，使用无障碍
色彩、色差、光亮度、造型制作	优等	良好	一般	
牢固、不腐蚀、不老化、不褪色、不失光	优等	良好	一般	

6.5.3 塑料门窗参数

塑料门窗参数表 表 6-15

项目	高档窗	中档窗	低档窗	备注
抗风压性能（Pa）≥	≥3500	≥3000	≥2500	抗风压强度应按建筑重要性、所在地区基础风压、周围环境、高度等计算确定，并符合当地要求
气密性[m^3/(h·m)]≤	≤0.5	≤0.5～1.5	≤1.5～2.5	六层以下≤2.5，七层（含）以上≤1.5
水密性（Pa）≥	≥500	≥350	≥250	
保温窗保温性能[W/(m^2·K)]≤	1.5～2.5	≤2.5 W/(m^2·K)	≤4.5 W/(m^2·K)	4.5W/(m^2·K)为单层玻璃
隔声性能（dB）≥	≥35	≥30	≥25	
主型材角连接强度（N）	≥3500	≥3000	平开窗框≥2000 平开窗扇≥2500 推拉窗框≥2500 推拉窗扇≥1400	PVC窗角强度为最小破坏力计算值，且实测值不低于计算值。实验方法按GB/T 8814—2004中焊接性能试验方法执行
玻璃安装安全深度（mm）	≥21	≥18	现无标准	
单层玻璃厚度（mm）		≥4	≥3	
中空玻璃空气层厚度（mm）	≥12	≥9	不规定	

续表

项 目	高档窗	中档窗	低档窗	备 注
型材表面处理	白色	白色	白色	
	双色共挤	双色共挤		
	表面覆膜	表面喷涂		
	外覆彩色铝合金型材			
开启方式	平开—下悬	平开—下悬 平开、推拉	平开、推拉	
五金件	进口高档五金件，可配智能化系统和换气装置	国产防腐材料五金件	国产普通五金件	
密封胶条	三元乙丙密封胶条或硅橡胶条	改性聚氯乙烯或橡胶密封胶条、三元乙丙密封胶条	橡胶密封胶条	
密封毛条	平板加片型硅化密封毛条	平板加片型硅化密封毛条	平板型硅化密封毛条	推拉窗用

注：1. PVC外门窗型材老化时间《未增塑料聚氯乙烯（PVC-U）型材》GB/T 8814—2004规定的人工加速老化试验，应不小于6000h；

2. 高档PVC窗主型材可视面壁厚应不小于2.8mm，中档窗不小于2.5mm，普通平开窗不小于2.5mm，普通推拉窗不小于2.2mm；PVC开门主型材可视面壁厚应不小于2.8mm，推拉门不小于2.2mm。玻璃钢门窗型材壁厚应不小于2.2mm；

3. 高档PVC门窗型材腔体数量为3个以上，中档窗2~3个，普通窗2个；

4. 高档PVC窗不应选用推拉窗，中档窗不宜选用推拉窗，普通窗选用三轨推拉窗时，不宜低于80系列；

5. 玻璃钢门窗型材涂层附着力不应大于GB/T 9286规定的1级；

6. 玻璃钢门窗型材横向弯曲强度不应小于50 MPa，其余应符合JC/T 941的要求；

7. 玻璃钢门窗型材表面应选择适用于玻璃钢材质的户外涂料进行涂装处理。涂层耐老化性能按GB/T 1865规定的试验方法做1000h老化试验后，涂层不得出现气泡、裂纹、斑点、条纹、分离等明显缺陷，颜色变化$\Delta E^{*} \leqslant 5$。

6.5.4 木门窗性能参数

（1）各种薄木贴面的人造板或局部单板贴皮，其表面胶合强度均不得低于0.4MPa。浸渍剥离试验，试件第一边不得超过25mm。

（2）所有胶拼件的胶缝（纵向）的顺纹抗剪强度，硬杂木不应低于6.9N/mm^2，软杂木不应低于4.9N/mm^2。

（3）各类木门应具有足够的整体强度。按规定进行沙袋撞击试验后，仍应保持良好的完整性。

（4）各类木窗承受的机械力应符合《建筑用窗承受机械力有检测方法》GB/T 9158的有关规定。

（5）用于建筑外窗的木窗开启形式及物理性能应符合表6-16的规定。

木窗开启形式及物理性能 表6-16

项目		高档窗	中档窗	低档窗
抗风压性能（Pa）		≥2500（抗风压强度应按建筑重要性、所在地区基础风压、周围环境、高度等计算确定，并符合当地要求。）		
气密性[$m^3/(h \cdot m)$]		≤0.5	≤0.5~1.5	≤1.5
水密性（Pa）		≥500	≥350	≥250
保温性能[$W/(m^2 \cdot K)$]		≤1.5~2.5	≤2.5	≤2.8
隔声性能（dB）		≥35	≥30	≥30
反复启闭性能（万次）		≥3	≥2.5	≥2.0
玻璃		离线Low-E中空玻璃 $A \geqslant 12mm$	离线Low-E中空玻璃 $A \geqslant 9mm$ 在线Low-E中空玻璃 $A \geqslant 12mm$， 普通 中空玻璃 $A \geqslant 12mm$	普通中空玻璃 A：9~12mm
五金	材质	奥氏体不锈钢	奥氏体不锈钢	达标的防腐五金件
	结构	多点锁紧	多点或二点以上锁紧	二点以上锁紧
	外观	精美	美观	较美
	使用寿命（万次）	≥3	≥2.5	≥2.5
密封件	密封条	硅橡胶条、三元乙丙胶条	三元乙丙胶条	三元乙丙橡胶条
开启方式		平开下悬	平开下悬、平开	平开

（6）外门的抗风压性能、气密性、水密性、保温性能可参考外窗选用，但空气隔声性能应不小于30dB。外门的反复启闭性能不少于10万次，主要五金件使用寿命不少于10万次，易更换的五金件不少于2.5万次。

6.6 门窗安装技术要求

6.6.1 钢门窗安装技术要求

（1）钢门窗及其附件的质量必须符合设计要求和有关标准的规定。

（2）钢门窗安装的位置、开启方向，必须符合设计要求。

（3）钢门窗安装须牢固，预埋铁件的数量、位置、埋设连接方法须符合设计要求。

（4）钢门窗扇安装应开关灵活，无阻滞、回弹和倒翘；关闭应严密。钢门窗附件应齐全，位置正确，安装牢固、端正。

（5）钢门窗框与墙体间的缝隙应嵌填密实，表面平整，嵌填材料符合要求。

（6）钢门窗安装的质量要求和检验方法，见表6-17。

钢门窗安装的质量要求和检验方法 表6-17

项次	项目	质量等级	质量要求	检验方法
1	门窗扇安装	合格	关闭严密，开关灵活，无倒翘	观察、开闭检查
		优良	关闭严密，开关灵活，无阻滞、回弹和倒翘	

续表

项次	项　目	质量等级	质 量 要 求	检验方法
2	门窗附件安装	合格	附件齐全，安装牢固，启闭灵活适用	观察、手扳检查
		优良	附件齐全，位置正确，安装牢固，端正，启闭灵活适用	
3	门窗框与墙体间缝隙填嵌	合格	填嵌基本饱满密实，嵌填材料、方法基本符合设计要求	观察检查
		优良	填嵌饱满密实，嵌填材料、方法符合设计要求	

（7）钢门窗安装质量的允许偏差和检验方法，应符合表6-18的规定。

钢门窗安装质量的允许偏差和检验方法　　**表6-18**

项次	项　目		允许偏差（mm）	检验方法
1	门窗框两对角线长度差	≤2000mm	5	用钢卷尺检查，量里角
		>2000mm	6	
2	窗框扇配合间隙的限值	铰链面	≤2	用2×50塞片检查，量铰链面
		执手面	≤1.5	用1.5×50塞片检查，量框大面
3	窗框扇搭接量的限值	实腹窗	≥2	用钢针划线和深度尺检查
		空腹窗	≥4	
4	门窗框（含拼樘料）正、侧面的垂直度		3	用1m托线板检查
5	门窗框（含拼樘料）的水平度		3	用1m水平尺和楔形塞尺检查
6	门无下槛时，内门扇与地面间留缝限值		4~8	用楔形塞尺检查
7	双层门窗、外框、梃（含拼樘料）的中心距		5	用钢板尺检查

6.6.2　铝合金门窗安装技术要求

（1）铝合金门窗及其附件质量必须符合设计要求和有关标准的规定。

（2）铝合金门窗安装的位置、开启方向，必须符合设计要求。

（3）铝合金门窗框安装必须牢固，预埋件数量、位置、埋设连接方法及防腐处理必须符合设计要求。

（4）窗扇关闭严密，间隙均匀，开关灵活，扇与框搭接量符合设计要求。

（5）门窗附件安装齐全，安装位置正确、牢固、灵活适用，达到各自的功能，端正美观。

（6）门窗框与墙体间缝隙填嵌饱满密实，表面平整、光滑、无裂缝，填塞材料、方法符合设计要求。

（7）门窗表面洁净，无划痕、碰伤，无锈蚀；涂胶表面光滑、平整，厚度均匀，无气孔。

（8）铝合金门窗安装尺寸的允许偏差及验收方法见表6-19。

铝合金门窗安装尺寸允许偏差及验收方法　表 6-19

项　目	允许偏差（mm）		验收方法
门、窗框槽口对角线之差	≤2000	±2.0	用钢卷尺测量，随机抽查不少于三处，取最大值
	>2000	±2.0	
门、窗框槽口对边之差	≤2000	±2.0	
	>2000	±2.0	
门窗框扇搭接宽度差	≤2m²	±2.0	
	>2m²	±2.0	
门窗框（含拼樘料）水平度	±1.5		用水平靠尺，随机选一扇进行测量
门窗开启力（N）	≤60		用100N拉力测试仪抽查不少二扇，取最大值
门窗横框标高	≤5		用钢卷尺任测二处，取最大值
门窗竖向偏离中心	≤5		用线锤和钢卷尺任测二处，取最大值
双层门窗内外框（含拼樘料）中心距	≤4		用钢卷尺任测二处，取最大值
双层门窗内外框（含拼樘料）中心距	≤4		用钢卷尺任测二处，取最大值

6.6.3　塑料门窗安装技术要求

（1）塑料门窗的品种、类型、规格、尺寸、开启方向、安装位置、连接方式及填嵌密封处理应符合设计要求，内衬增强型钢的壁厚及设置应符合国家现行产品标准的质量要求。

（2）塑料门窗框、副框和扇的安装必须牢固。固定片或膨胀螺栓的数量与位置应正确，连接方式应符合设计要求。固定点应距窗角、中横框、中竖框150～200mm，固定点间距应不大于600mm。

（3）塑料门窗拼樘料内衬增加型钢的规格、壁厚必须符合设计要求，型钢应与型材内腔紧密吻合，其两端必须与洞口固定牢固。窗框必须与拼樘料连接紧密，固定点间距应不大于600 mm。

（4）塑料门窗扇应开关灵活、关闭严密，无倒翘。

（5）塑料门窗配件的型号、规格、数量应符合设计要求，安装应牢固，位置应正确，功能应满足使用要求。

（6）塑料门窗框与墙体间缝隙应采用闭孔弹性材料填嵌饱满，表面应采用密封胶密封。密封胶应粘结牢固，表面应光滑、顺直、无裂纹。

（7）塑料门窗安装的允许偏差和验收方法见表6-20。

塑料门窗安装的允许偏差和验收方法 **表 6-20**

项 目	允许偏差（mm）		验收方法
门窗框两对角线长度差	≤2000	±3.0	用钢卷尺检查，量内角
	>2000	±5.0	
门窗框（拼樘料）正、侧面垂直度	≤2000	±2.0	用线坠，水平靠尺检查
	>2000	±3.0	
门窗框（含拼樘料）的水平度	≤2000	±2.0	用水平靠尺检查
		平开门（窗）及推拉窗 ±3.0	
		推拉门 ±2.5	
门窗下横框的标高	±5.0		用钢板尺检查，与基准线比较
双层门窗内外框中心距	±4.0		用钢板尺检查
门窗竖向偏离中心用线坠	±5.0		钢板尺检查
平开门窗	门扇与框搭接宽度		±2.5
同樘门窗相邻扇的横角高度差	±2.0		用拉线或钢板尺检查
门窗框铰链部位的配合间隔	+2.0 −1.0		用楔形塞尺检查
推拉门窗 门窗与框搭接宽度	+1.5 −3.5		用深度尺或钢板尺检查
门窗扇与框或相邻扇立边平行度	±2.0		用1m钢板尺检查

6.6.4 木门窗安装技术要求

（1）木门窗框安装位置必须符合设计要求，安装必须牢固，固定点符合设计要求和规范的规定。

（2）木门窗框与墙体间应嵌填严密。

（3）木门窗扇安装要求裁口顺直，刨面平整光滑，开关灵活、稳定、无回弹和倒翘。

（4）木门窗小五金安装要求位置适宜，槽边整齐，槽深一致，尺寸准确。小五金安装齐全，规格符合要求，木螺钉拧紧卧平，插销开启灵活。

（5）木门窗披水、盖口条、压缝条、密封条的安装要求尺寸一致、平直光滑，与门窗结合牢固严密，无缝隙。

（6）木门窗安装质量的允许偏差和留缝宽度，应符合相关的规定。

6.7 门窗安装常见问题与措施

门窗安装常见问题与措施见表 6-21。

门窗安装常见问题与措施　表6-21

问题	现象	原因	措施
门窗框整体刚度差	推拉或启闭门窗或遇到大风天气，门窗框晃动	(1) 型材选择不当，断面小，强度不够； (2) 塑钢门窗的内衬钢配置不符合标准，钢材壁薄、强度差； (3) 安装节点不满足规范规定	(1) 门窗框型材规格、数量符合国家标准。铝合金型材的外框壁厚不得小于2.4mm。塑钢窗料厚度不得小于2.5mm； (2) 检查塑料型材外观，合格的型材应为青白色或象牙白色，洁净、光滑。质量较好的应有保护膜； (3) 根据门窗洞口尺寸、安装高度选择型材截面，平开窗不小于55系列，推拉窗不小于75系列； (4) 严格按规范规定安装，确保牢固稳定
门窗渗漏	(1) 门窗框与四周的墙体连接处渗漏； (2) 推拉窗下滑槽内积水，并渗入窗内	(1) 门窗框与墙体用水泥砂浆嵌缝； (2) 门窗框与墙体间注胶不严，有缝隙； (3) 门窗工艺不合格，窗框与窗扇之间结合不严； (4) 窗扇密封条安装不合格，水从窗扇玻璃缝中渗入； (5) 窗外框无排水孔	(1) 门窗框与墙体应弹性连接，用密封胶嵌填密封，不能有缝隙； (2) 安装前检查门窗是否合格，窗框与窗扇之间结合是否严密，窗扇密封条安装是否合格； (3) 窗框与洞中留有50mm以上间隙，使窗台能做流水坡； (4) 外框下框和轨道根应钻排水孔
门窗色差明显	相邻门窗或窗框与扇颜色不一致	材料非同一工厂产品，或非同一批产品，或不同材质等级的产品	(1) 选购型材应使用同一厂家产品，并一次备足料； (2) 下料前注意配料颜色，避免色差

7 建筑外遮阳技术

7.1 技术概述

随着我国建筑节能工作的不断深入，建筑遮阳技术的发展已得到社会有关方面的高度重视，并逐步地认识到建筑遮阳技术对于建筑节能具有良好的作用，是建筑节能的重要技术措施，应积极推广和广泛应用。建筑遮阳技术是指附加在建筑外围护结构的透明部分（如玻璃幕墙、外门窗等）的构件和设施，对太阳光线的热辐射起到遮蔽效果，具有调节室内温度，降低建筑能耗，提高室内舒适性的作用。实践证明，如果建筑采取一定的遮阳措施，热量通过外围护结构进入室内将明显减少，大约只占原通过量的1/3左右，对减少太阳辐射的效果十分明显，同时遮阳设施还可以避免阳光直射所产生的眩光，改善室内光环境质量，提高室内舒适度。据有关资料表明，在通常条件下，安装室外遮阳系统可使室内温度降低7~8℃，节省空调能耗40%~60%，具有显著的建筑节能效果，是一种经济适用、构造简单、效果明显的建筑节能技术。目前，建筑遮阳技术的类型很多，形式多样，其作用和效果也有所不同。从建筑的总体上分，建筑外遮阳的类型主要有：外门窗遮阳、屋面遮阳、墙面遮阳、绿化遮阳等。本章主要针对目前在工程应用中比较成熟的外门窗遮阳的类型与相关技术内容进行系统归纳总结，以供有关方面参考借鉴。

7.2 外门窗遮阳技术的类型与特点

外门窗遮阳的基本形式按照构造做法主要分为外遮阳、内遮阳、中间遮阳、玻璃自遮阳四种形式，其主要特点见表7-1。

外门窗遮阳技术的特点　　表7-1

技术类型	安装部位	优　点	缺　点
外遮阳	设置在外门窗外侧	将太阳辐射直接阻挡在室外，遮阳、节能效果好	由于直接暴露在室外，对材料和构造的耐久性有较高的要求，操作维护不方便
内遮阳	设置在外门窗内侧	将入射室内的直射光漫反射，降低了太阳光辐射强度，能够有效改善室内环境质量，避免眩光。 不直接暴露在室外，对材料及构造的耐久性要求较低，造价低，便于操作、维护	只能遮挡部分太阳辐射，遮挡效果不直接，降低室内温度的效果与外遮阳相比较差
中间遮阳	设置在玻璃系统内部或两层门窗之间	易于调节，不易被污染、损坏	造价高、维护成本较高，遮阳效果不如外遮阳

续表

技术类型	安装部位	优　点	缺　点
玻璃自遮阳	利用窗户玻璃自身的遮阳性能，阻断部分阳光进入室内	构造简单，遮阳效果明显	利用玻璃进行遮阳必须要关闭窗户，影响室内自然通风，滞留在室内的部分热量无法消散

7.2.1 外遮阳技术

外遮阳形式主要分为固定外遮阳和活动外遮阳。

(1) 固定外遮阳

固定外遮阳主要有水平式遮阳、垂直式遮阳、挡板式遮阳、综合式遮阳四种基本形式，在实际应用中可以单独选用或者进行组合，常见的还有：固定百叶遮阳、花格遮阳等。主要技术要点及适用范围见表7-2。

固定外遮阳技术特点　　表7-2

遮阳形式	图　示	遮阳作用	适用范围
水平遮阳		能够遮挡从窗口上方射来的阳光	北回归线以北地区南向及北向外窗
垂直遮阳		能够遮挡从窗口两侧射来的阳光	北向、东北向、西北向外窗
挡板遮阳		能够遮挡正前方平射到窗口的阳光	东、西向外窗
综合遮阳		能够遮挡窗口侧向斜射的阳光	东南向、西南向外窗

(2) 活动外遮阳

由于固定遮阳不可避免地会带来与采光、自然通风、冬季采暖、视野等方面的矛盾。活动遮阳可以根据使用者对于环境变化和个人喜欢，自由地控制遮阳系统的工作状况。主要形式有：遮阳卷帘、活动百叶遮阳、遮阳篷等。

活动外遮阳技术类型与特点 表 7-3

类 型	技 术 特 点	适用范围
遮阳卷帘	窗外遮阳卷帘是一种有效的遮阳措施，以垂直式为主，当卷帘完全放下的时候，能够遮挡住几乎所有的太阳辐射，进入外窗的热量只有卷帘吸收的太阳辐射能量向内传递的部分。如果采用导热系数小的玻璃，则进入窗户的太阳热量非常少。此外，也可以适当打开遮阳卷帘，利用自然通风带走卷帘上的热量，减少卷帘上的热量向室内传递。 另外，外遮阳卷帘还具有显著的保温特性［使窗系统的综合热传导系数达到 1.6W/(m·K)］；优良的降噪特性（降低室内噪声达 10dB）；优良的防盗性能等	适用于各个朝向的窗户，适合于多种建筑
遮阳篷	遮阳篷是常见的一种遮阳形式，分为曲臂式遮阳篷、摆臂式遮阳篷、遮阳伞三种形式，兼有水平遮阳和挡板遮阳的效果。采用时应注意统一安装，避免杂乱，而影响到建筑立面	适用于小型窗口和商店建筑的橱窗，以及较低的建筑
活动百叶	有手动或电动升降式百叶帘和百叶护窗等形式。百叶帘既可以升降，也可以调节角度，在遮阳和采光、通风之间达到了平衡。根据材料的不同，分为铝百叶帘、木百叶帘和塑料百叶帘。百叶护窗的功能类似于外卷帘，在构造上更为简单，一般为推拉的形式或者外开的形式，在国外得到大量的应用	在办公楼宇及民用住宅上得到了很大的应用。由于抗风性不适合用于较高的建筑

7.2.2 内遮阳

内遮阳的形式主要有：百叶窗帘、百叶窗、拉帘、卷帘等。材料主要有布料、塑料、金属、竹、木等。采用内遮阳的主要问题是，当太阳辐射穿过玻璃，使内遮阳帘自身受热升温，这部分热量实际上已经进入室内，有很大一部分将通过对流和辐射的方式，使室内的温度升高，不利于建筑节能。

7.2.3 中置式遮阳

中置式遮阳的遮阳设施通常位于双层玻璃的中间，与窗框及玻璃组合成为整扇窗户，有着较强的整体性，一般是由工厂一体生产成型。主要形式有格栅玻璃、夹层玻璃、可调节百叶中空玻璃。格栅玻璃是在中空玻璃之间固定表面镀铝的塑料格栅，起到反射太阳光的作用。夹层玻璃是通过夹层中的金属箔材或其他对太阳能有反射作用的材料起到阻止阳光作用。

可调节百叶中空玻璃是将百叶窗帘与中空玻璃有机地合为一体，通过调节百叶片角度使百叶中空玻璃具有遮阳性能，并可提高中空玻璃的保温、隔热、隔声性能，改善光环境。但与百叶帘和中空玻璃单一产品比较，由于百叶帘及操纵机构被封到中空玻璃内部，与外置百叶相比增加了维修的难度，故要求内置百叶反复升降 2 万次无故障。通常百叶中空玻璃传热系数为：百叶垂直状态时 $K=1.1\mathrm{W/(m^2 \cdot K)}$左右，百叶平行状态时 $K=2.7\mathrm{W/(m^2 \cdot K)}$左右，百叶收起状态时 $K=2.9\mathrm{W/(m^2 \cdot K)}$左右。透光折减系数：百叶垂直状

态时 $Tr=0.12$ 左右，百叶平行状态时 $Tr=0.43$ 左右，百叶收起状态时 $Tr=0.66$ 左右。遮阳系数：百叶垂直状态时 $Sc=0.18$ 左右，百叶平行状态时 $Sc=0.83$ 左右，百叶收起状态时 $Sc=0.90$ 左右。百叶中空玻璃主要技术指标应符合现行国家标准《中空玻璃》GB/T 11944。百叶中空玻璃的分类、性能特点、适用范围见表7-4。

百叶中空玻璃的分类、性能特点、适用范围　表7-4

分类	性能特点	适用范围	参考价格
绳控百叶中空玻璃	通过安装在中空玻璃内的机械转动装置、绳索等与玻璃外的操作装置连接，控制中空玻璃内的百叶片，进行升降和叶片角度调节	适用于一般民用建筑	
电动百叶中空玻璃	电动百叶操纵装置（包括电动机、转轴和滚筒），安装在中空玻璃隔条框上部的盒子内，滚筒子通过梯线联系百叶片，实现叶片升降和角度调节。如果配备群控控制器，可实现一次操作对多个单元起作用	适用于公共建筑或不易操纵的高窗	900~1500元/m^2
磁控百叶中空玻璃	通过磁力感应传动系统（密封在中空玻璃内的磁力装置与外磁力装置的配合），控制中空玻璃内的百叶片，进行升降和叶片角度调节	适用于住宅及玻璃板块不太大的场合	500元/m^2

7.2.4 玻璃自遮阳

玻璃自身的遮阳性能对节能的影响很大，应该选择遮阳系数小、性能好的玻璃。遮阳性能好的玻璃常见的有：吸热玻璃、热反射玻璃、低辐射玻璃。这几种玻璃的遮阳系数低，具有良好的遮阳效果。其主要工艺有镀膜玻璃、贴膜玻璃，镀膜玻璃和贴膜玻璃由专用聚酯薄膜、丙烯酸粘结剂或超薄金属涂层组成，具有隔热或防爆功能。值得注意的是，吸热玻璃、热反射玻璃对采光有不同程度的影响，而低辐射玻璃的透光性能良好。所以，尽管玻璃自身的遮阳性能是值得肯定的，但是还必须配合百叶遮阳等措施，才能更好地发挥其特性。

7.3 外门窗遮阳常用材料选用

外门窗遮阳常用的材料及执行标准见表7-5。

建筑遮阳常用材料与执行标准　表7-5

类别	标准编号	标准名称	厚度（mm）	说明
玻璃类	GB/T 18701—2002	着色玻璃	5~12	吸热浮法玻璃 2000mm×500mm
	GB 18915.2—2002	镀膜玻璃	5~12	即Low-E玻璃
	待编制	釉面钢化玻璃	6、7、10	
	GB 9962—1999	夹层玻璃	$6\leqslant D<11$、$11\leqslant D<17$、$17\leqslant D<24$	干法加工采用聚乙烯醇缩丁醛胶片，属安全玻璃
	GB 11944—2002	中空玻璃	单片3、4、5、6、10	空气层厚度6~12mm

续表

类别	标准编号	标准名称	厚度(mm)	说明
金属类	GB/T 12754—91	彩色涂层钢板及钢带	0.3~2.0	建筑外用(JW) 1550mm×4000mm
	GB 4239—91	不锈钢和耐热钢冷轧带	1.5、2.0、2.5、3.0	不锈钢牌号:OCr18Ni9、OCr17Ni12Mo2、1Cr18Ni9Ti
		搪瓷板		钢板经表面处理而成
	GB/T 5237.1—2004	铝合金建筑型材		6061-T4、T6 6063-T5、T6 6063A-T5、T6
	YS/T429.2—2000	铝幕墙板氟碳喷涂铝单板	氟碳涂层	
	GB 8013—87	铝及铝合金阳板氧化-阳极氧化膜的总规范		阳板氧化
	YS/T 431—2000	铝及铝合金彩色层板、带材		彩色涂层
	GB/T 13912—92	金属履盖层、钢铁制件、热浸镀锌层技术要求及试验方法	>45μm	热镀锌
	GB/T 9799—1997	金属履盖层、钢铁件上的锌电镀层	>12μm	电镀锌

7.4 外门窗遮阳技术要求

7.4.1 建筑遮阳的一般要求

建筑遮阳主要应用于建筑外围护结构中透明部分，对太阳光线有控制要求的部位，所以进行建筑遮阳设计时，应与外门窗、遮阳设施等同时考虑，进行一体化设计，在技术与构造接口上要事先做好预留，各工种要分工协作。

7.4.2 建筑遮阳的设计条件

(1) 当建筑有较高标准要求时，满足以下1) ~2) 项条件时应采取遮阳措施。

1) 室内(外)气温达到或超过29℃。

2) 太阳辐射强度大于240kcal/(m^2·h) [1004.6kJ/(m^2·h)]。

3) 阳光照射室内深度大于0.5m。

4) 阳光照射室内时间超过1h。

(2) 夏季遮阳的设计原则

1) 使遮阳装置和室内空间的热阻最大化。例如，在遮阳装置和室内空间之间使用高质量的玻璃。

2) 使遮阳装置和室外空间的热阻最小化，室外空间是指遮阳装置外侧的室外空间。例如，在建筑外皮布置遮阳装置，利用室外空气进行遮阳装置的通风；建筑物外侧有植物或其他建筑物遮挡时，可不设遮阳装置。

3）综合上述方法进行组合。

7.4.3　建筑遮阳的技术措施

（1）建筑物的向阳面，特别是东、南、西向窗户，应采取有效的遮阳措施。在建筑设计中，宜结合外廊、阳台、挑檐等处理方法达到遮阳目的。

（2）应根据建筑物所在地的地域、气候条件、建筑物的体形、高度、周围环境以及日照数、太阳辐射率等因素确定遮阳部位。

（3）南向和北向（在北回归线以南的地区），宜采用水平式遮阳；东北、北和西北向宜采用垂直式遮阳；东南和西南向宜采用综合式遮阳；东、西向宜采用挡板式遮阳。

（4）遮阳系数确定：水平、垂直外遮阳板，挡板（包括花格等）夏季建筑外遮阳系数的简化计算方法可照《公共建筑节能设计标准》GB 50189—2005 附录 A。

（5）在建筑设计时可参考国家建筑标准设计图集《建筑外遮阳》06J908—5。

7.5　外遮阳卷帘窗技术要求

外遮阳卷帘窗是住宅建筑应用较多的外遮阳形式，卷帘窗是一种卷动式（手动或电动）闭合装置，通常它被作为一个窗洞口的附加启闭装置，安装于窗的外侧。卷帘窗主要由卷帘束（卷帘挡板）、轴、导轨和驱动部分组成。具体技术要求如下：

7.5.1　卷帘窗的技术要求

（1）各种材料的组合以及在抗风化方面不允许出现腐蚀或者其他不良的影响。

（2）卷帘窗必须在结构设计时确保组成卷帘板的叶片、型材之间不能相互串动，从而保证卷帘装置的正常功能。

（3）卷帘窗在完全闭合的状态下，每根叶片必须很好地密闭，不能有漏光现象；在没有完全闭合的状态下，必须显露出叶片间的小孔，起到透光的作用。

（4）手动操作卷帘窗的座条在 750mm 宽度以内的，需安装一个限位头，在此宽度以上的需安装两个限位头。

（5）如果对保温和防盗没有特殊的要求，则卷帘窗的导轨和卷帘板之间需要满足以下的条件：

卷帘板插入导轨的深度至少为卷帘板宽度的 1%，即不少于 20mm。塑料或金属材质的卷帘窗，其导轨宽度要比叶片公称厚度大约 15%。同样，这也适用于在建筑物中内置的导轨。如果安装在建筑物内的导轨与卷帘窗间无整体关系，则其材质必须是铝合金或者是带有型腔的塑料。采用铝合金导轨时其壁厚不能小于 1.2mm。

（6）保证所有部件如轴、连接件的构成，叶片和型材的设置能够满足设计和持久性的要求，如在抗风载和保温方面。卷动式闭合装置卷轴的弯曲变形必须控制在其跨度的 1/500 内。

（7）采用拉带驱动时，要保证拉带盘和拉带的导出方向处于同一平面。拉带引导装置中不允许有尖角。拉带需是平的织造物，边缘加强，带宽不小于 13mm。

（8）采用不含曲柄装置的手动驱动装置时，拉带上的拉力不能超过 150N。

7.5.2 具有保温性能要求的卷帘窗

(1) 安装在窗外侧的卷帘窗通常能使该窗的 K 值至少提高 45%。在卷帘窗安装时保证卷帘面板与窗框的间距不小于 40mm。

(2) 保证卷帘窗在关闭时的密封性。座条必须与接触面（窗台）密闭。通常可以在其下端设置一条弹性密封型材。

(3) 导轨上必须有密封装置，有弹性的橡胶条或者硅化毛条。加有密封装置的导轨的宽度须与叶片的厚度相适应。

(4) 为了减少从卷帘包箱口产生的热量损失，必须使处于关闭状态的卷帘板压住卷帘包箱的外侧面，必要时在相应缝隙处加装密封条。

(5) 为了符合减少构件热损失的要求，需要在暗装卷帘包箱朝里一面加上厚度在 20mm 以上的保温材料，缝隙处可用如密封条等密封。

7.5.3 具有防盗功能要求的卷帘窗

(1) 卷帘板必须由具有高抗弯性能的硬质叶片构成，应该采用填充超高密度聚氨酯的铝合金滚压成型叶片，或者采用钢质叶片，或者采用材料壁厚至少为 1mm 的铝合金挤出型材。

(2) 座条要保证不能被拉出，卷帘板在关闭状态不能从外部往上推开。

(3) 要保证导轨不能被从外部拆卸或者撬开。卷帘面板插入导轨的深度必须大于卷帘板宽度的 2%，绝对值不小于 40mm。

7.5.4 卷帘窗的驱动

(1) 当采用手动驱动时，必须保证卷帘面板在操作时能够停留在任意位置。

(2) 当采用电动驱动时，必须配置终位开关装置，该装置能在卷帘窗到达终位时自动关闭电机，并配有自动制动装置。

应根据卷帘窗面板的重量确定相应的驱动方式（表 7-6）。

驱动方式的选择　　表 7-6

面板重量	技术要求	驱动方式	面板重量	技术要求	驱动方式
<15kg	标准尼龙拉带	手动	>20kg	220V、50Hz 管状电机	电动
<20kg	配增力摇把尼龙拉带	手动			

7.5.5 卷帘窗的安装方式

卷帘窗安装方式分为明装和暗装两种方式，一般当建筑物已经建造完成，需要在门窗外侧安装卷帘窗时，则选择明装方式。明装是把卷轴及外罩固定在外墙上，其特点是操作方便，施工周期短，但维修操作难度大；当建筑物在设计阶段将卷帘窗与玻璃窗同时设计时，则应选择暗装的形式，暗装是将卷轴完全嵌入墙体之内，其特点是操作工序较多，受主体工程进度影响大，但造价低，效果好，维修方便。

卷帘窗明装构造图见图 7-1。

卷帘窗暗装构造图见图 7-2。

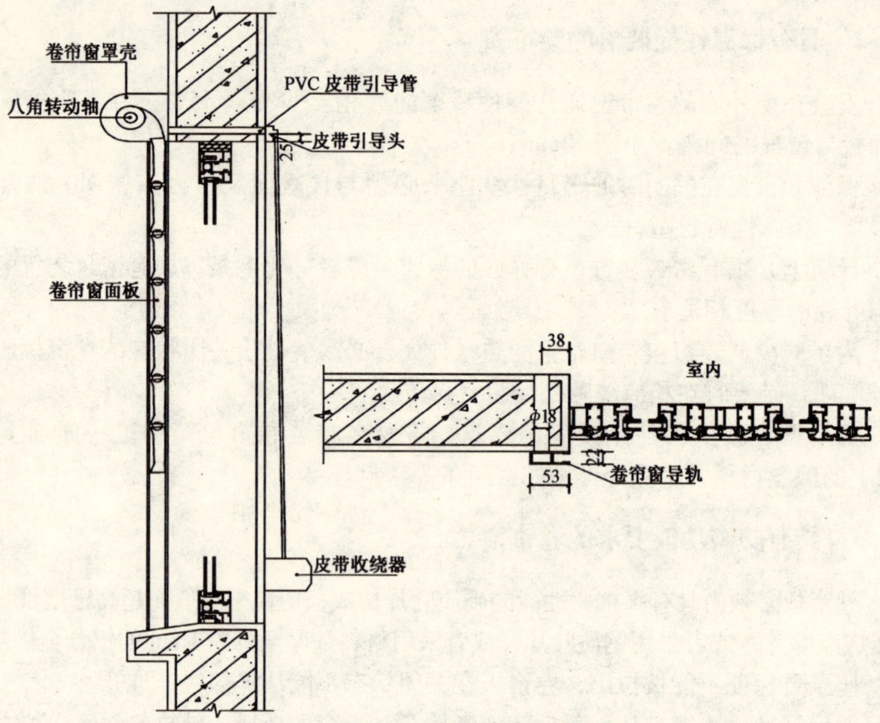

图 7-1　卷帘窗明装构造图

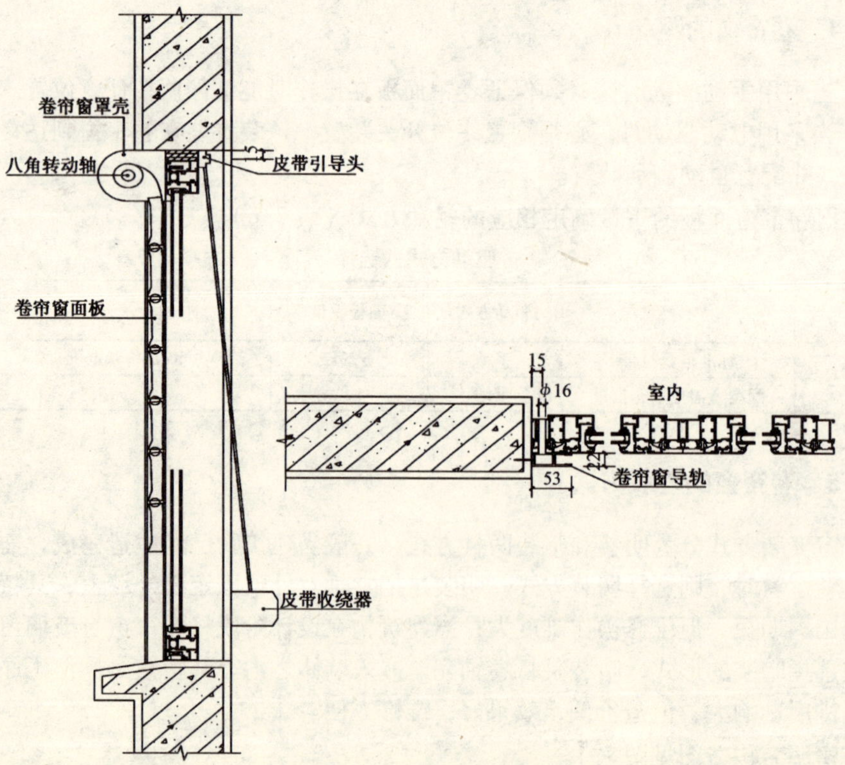

图 7-2　卷帘窗暗装构造图

8 住宅采暖供热技术

8.1 技术概述

随着科学技术的进步和建筑节能要求的提高，以及供热体制改革的促进，住宅建筑的采暖供热方式日趋多元化，除传统的集中供热采暖方式外，出现了分户燃气炉采暖、燃气热风采暖、低温辐射电热膜采暖、分户热水地板辐射采暖等多种形式。住宅建筑的采暖供热方式不仅与住宅的舒适性、经济性、安全性有关，还直接影响到住宅室内外空气环境质量。只有根据当地气候条件，在了解住宅建筑特点和掌握各类采暖供热方式的基础上，通过舒适性、经济性、安全性和环境质量等特性值的比较后，才能正确选择合理的采暖供热方式，满足高效节能、经济效益、环境效益等综合指标要求。该技术部分主要针对目前常用的采暖供热方式的特点以及相关的技术性能指标进行系统的归纳总结，供各有关方面在住宅建设中参考借鉴。

8.2 采暖供热方式的类型

随着城市能源结构的改变，住宅采暖的热源从单一的燃煤向燃气（油）和电的方向发展；采暖供热方式从集中供热到与分散燃气（油）锅炉房供热，以及分户的燃气两用炉供热与电驱动热泵采暖方式并存的发展趋势。即住宅的主要采暖方式有集中锅炉房或热电厂的集中供热方式、分散燃气锅炉房供热方式、分户燃气两用炉采暖方式、电采暖和热泵采暖方式等，见表8-1。

住宅建筑采暖供热方式　　表8-1

序号	供热方式	采暖系统	系统流程
1	热电厂供热系统	散热器采暖、低温地板辐射采暖	煤炭→热电厂→高温热网→换热站→低温热网→室内
2	区域供热厂供热系统	同上	煤炭→区域供热厂→高温热网→换热站→低温热网→室内
3	燃煤集中锅炉房供热系统	同上	煤炭→集中锅炉房→高温热网→换热站→低温热网→室内
4	燃气分散锅炉房供热系统	同上	燃气→分散锅炉房→低温热网→室内
5	燃油分散锅炉房供热系统	同上	油料→分散锅炉房→低温热网→室内
6	燃气楼栋式锅炉房供热系统	同上	燃气→楼栋式锅炉房→低温热网→室内
7	燃油楼栋式锅炉房供热系统	同上	油料→楼栋式锅炉房→室内
8	燃气壁挂式采暖炉供热系统	同上	燃气→壁挂炉→室内
9	燃气热风炉供热系统	热风风道	燃气→热风炉→室内
10	电热膜供热系统	电热膜	电力→电热膜→室内
11	热电缆供热系统	热电缆	电力→热电缆→室内

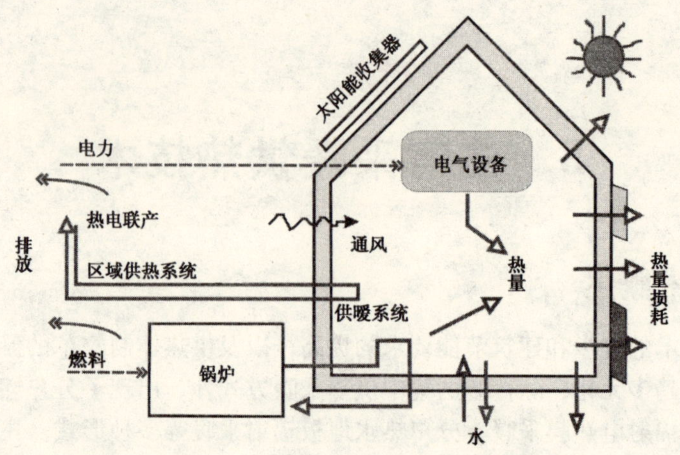

图 8-1　采暖供热方式示意图

8.3　不同采暖供热方式的比较

8.3.1　采暖用能方式的比较

不同采暖供热方式的总体评价及能源利用的比较见表 8-2。

采暖用能方式的比较　　表 8-2

序号	供热方式	总体评价	系统能源利用率（%）
1	燃煤热电厂供热	供热设施建设周期长，投资高。受环境制约选址困难，占地大。热效率高，运行成本低，但运行调节复杂	69.9
2	燃煤区域供热厂供热	供热设施投资省（与热电厂比），运行成本低，占地大，热效率一般，对环境污染较大。且运行调节复杂	61.1
3	燃煤集中锅炉房供热	同上	48.8
4	燃气分散锅炉房供热	此种供热方式与燃煤集中锅炉房相比投资省，运行成本较高。但占地小，热效率高，对环境污染较小，运行调节方便	77.4
5	燃油分散锅炉房供热	同上	77.4
6	燃气楼栋式锅炉房供热	此种供热方式与分散锅炉房相比投资省，运行成本高。但占地小，热效率高，运行调节方便	81.2
7	燃油楼栋式锅炉房供热	同上	81.2
8	燃气壁挂式采暖炉供热	设备投资高，热效率较高。运行费较燃煤锅炉房多，比分散燃气锅炉房少。运行调节方便，对环境污染较小	80.0
9	燃气热风炉供热	同上	80.0
10	电热膜供热	设备先进，运行灵活，自控水平高，热效率较高。不占用土地，安装方便，不对环境造成污染	28.2
11	热电缆供热	同上	28.2

注：资料摘自《关于北京市民用建筑采暖用能方式研究纲要》。

8.3.2 采暖供热方式的经济性比较

(1) 比较条件

由于各种采暖方式的寿命周期不同，且初投资与运行费也不一定成正比。所以，为客观、合理地反映各方式的经济性差异，采用以下几种经济指标：能源转换效率、建筑能耗指标、能源价格、初投资指标等。

1）各种采暖方式的能源转换效率（年平均效率）见表8-3。

供热系统能源转换效率　　表8-3

分类	能源转化效率（%）	分类	能源转化效率（%）
燃煤热电厂	90.0	高温热网	95.0
燃煤区域供热厂	72.0	低温热网	92.0
燃煤集中锅炉房	65.0	蒸汽热网	90.0
燃气分散锅炉房	85.0	热交换站	98.0
燃油分散锅炉房	85.0		

2）建筑能耗指标，采用北京地区居住区综合采暖热指标58W/m²。

3）能源价格的确定。

能源价格是影响各用能方案经济性的关键因素之一。合理的能源价格应该是能够维持该种能源生产及再生产的价格。目前，我国能源价格体系较为混乱，带有计划经济的痕迹，市场售价不能完全反映能源的价值。因此，在确定能源价格时，根据市场价格情况及所选用计算方法的要求，取各种能源的经营成本为经济评价计算的价格，见表8-4。

能源价格及特性　　表8-4

能源种类	能源热值	能源计算价格	能源种类	能源热值	能源计算价格
电力	860kcal/(kW·h)	0.5元/(kW·h)	轻柴油	10320 kcal /kg	5000元/t
煤炭	5500 kcal /kg	400元/t	天然气	8500 kcal /kg	2.0元/m³

4）各种采暖方式初投资指标的确定

采暖用能系统可分为城市能源供应系统和用户能源供应系统。

影响能源系统初投资指标的主要因素有：系统的工程投资、拆迁费用和占地费。通过对这些因素的研究，将其综合反映在初投资指标中。

(2) 经济性计算结果见表8-5。

采暖方式经济性比较　　表8-5

<table>
<tr><th>内容
方案名称</th><th colspan="3">初投资（元/m²）</th><th>运行费用（元/m²）</th></tr>
<tr><td>热电厂</td><td colspan="3">306.7</td><td>37.4</td></tr>
<tr><td rowspan="2">大型供热厂</td><td>热力</td><td>267.3</td><td rowspan="2">273.2</td><td rowspan="2">37.2</td></tr>
<tr><td>电力</td><td>5.9</td></tr>
</table>

续表

内容 方案名称	初投资（元/m^2）			运行费用（元/m^2）
燃煤集中锅炉房	热力	221.7	226.7	35.6
	电力	5.0		
燃气分散锅炉房	热力	115.6	171.9	47.6
	电力	2.5		
	燃气	53.8		
燃油分散锅炉房	热力	127.0	129.5	78.9
	电力	2.5		
燃气楼栋锅炉房	热力	90.5	141.4	43.5
	电力	2.5		
	燃气	48.4		
燃油楼栋锅炉房	热力	100.8	103.3	73.5
	电力	2.5		
燃气壁挂炉	热力	108.9	159.4	45.5
	电力	1.2		
	燃气	49.3		
电热膜供热	热力	104.4		78.8
	电力	267.8		

注：资料部分摘自《关于北京市民用建筑采暖用能方式研究纲要》。

显然，在各种采暖方式中，燃煤采暖方式经济性优于燃气（油）和直接用电采暖方式。

8.3.3　各种采暖方式对环境的影响

（1）采暖污染排放

采暖用能向大气排放的主要污染物有二氧化硫、氮氧化物和烟尘。这些有害物质的排放对大气环境所产生的影响，除气候条件外，还主要取决于燃料种类、排气筒高度和用能方式。

各种采暖方式的污染排放情况见表8-6、表8-7。

各种采暖方式污染物排放情况　　表8-6

序号	用能系统简称	氮氧化物	二氧化硫	烟　尘	备　注
1	燃煤热电厂供热	3.1（2）	3.6（2）	0.7（2）	烟囱高度240m
2	燃煤区域供热厂供热	39.4（6）	34.3（4）	7.8（6）	烟囱高度120m
3	燃煤集中锅炉房供热	67.9（7）	59.2（5）	13.4（7）	烟囱高度80m
4	燃气分散锅炉房供热	14.1（4）	/（1）	1.5（3）	烟囱高度20m
5	燃油分散锅炉房供热	10.7（3）	6.6（3）	2.7（5）	烟囱高度20m
6	燃气楼栋锅炉房供热	14.1（4）	/（1）	1.5（3）	烟囱高度20m

续表

序号	用能系统简称	氮氧化物	二氧化硫	烟 尘	备 注
7	燃油楼栋锅炉房供热	10.7（3）	6.6（3）	2.7（5）	烟囱高度20m
8	燃气壁挂式采暖炉供热	19.4（5）	/（1）	2.1（4）	烟囱高度10m
9	电热膜	/（1）	/（1）	/（1）	

注：1.（1）~（7）表示污染物排放量从低至高；

2. 资料摘自《关于北京市民用建筑采暖用能方式研究纲要》。

不同燃料在燃烧过程中的污染物排放量不同，其数值不仅与燃料的种类、成分有关，而且与锅炉种类、脱硫、除尘状况有关，为便于说明问题，现只就一个典型的1000MW火电站年污染物的排放量举例如下：

1000MW火电站年污染物排放量（单位：t/a） **表8-7**

污染物名称	燃料种类		
	煤	油	天然气
总悬浮颗粒物TSP	3×10^3	1.2×10^3	0.5×10^3
硫化物（SO_2、SO_3）	11×10^4	3.7×10^4	20.4
氮氧化物NO_X	2.7×10^4	2.5×10^4	2.0×10^4

注：1. 该资料摘自《环境保护实用数据手册》（1990年机械工业出版社）；

2. 煤含硫量2%，年煤耗300万t；渣油硫量1%，年油耗量200万t；天然气耗量22亿m^3。

从表中数据可知，对比常用燃料的各种污染物年排放量，煤最为严重，油其次，天然气好得多，特别是总悬浮颗粒物和硫化物，有明显的减少。

（2）环境空气质量分析见表8-8。

各项污染物的浓度限值 **表8-8**

污染物名称	取值时间	浓度限值			浓度单位
		一级标准	二级标准	三级标准	
总悬浮颗粒物TSP	年平均	80	200	300	微克/立方米（$\mu g/m^3$）（标准状态）
	日平均	120	300	500	
可吸入颗粒物PM_{10}	年平均	40	100	150	
	日平均	50	150	250	
二氧化硫SO_2	年平均	20	60	100	
	日平均	50	150	250	
	1h平均	150	500	700	
氮氧化物NO_X	年平均	50	50	100	
	日平均	100	100	150	
	1h平均	150	150	300	
二氧化氮NO_2	年平均	40	40	80	
	日平均	80	80	120	
	1h平均	120	120	240	

注：总悬浮颗粒物（TSP）：指能悬浮空气中，空气动力学当量直径不大于100μm颗粒物；

可吸入颗粒物（PM10）：指悬浮空气中，空气动力学当量直径不大于10μm的颗粒物；

氮氧化物：指空气中主要以NO和NO_2形式存在的氮氧化物。自2000年3月起采用NO_2；

年平均：指任何一年的日平均浓度的算术平均值；

日平均：指任何一日的平均浓度；

1h平均：指任何一小时的平均浓度。

(3) 环境影响分析

以大气环境质量要求较高的北京市有关情况作为参照，加以比较、分析和借鉴。北京市燃煤供热的环境影响见表8-9。

1998年北京市区空气质量（单位：$\mu g/m^3$） 表8-9

污染物名称	采暖期	非采暖期	全年平均
总悬浮颗粒物 TSP	431	348	378
硫化物 SO_X	252	42	120
氮氧化物 NO_X	201	122	152

北京市执行国家环境空气质量二级标准，从表8-9中看出：按全年平均，总悬浮颗粒物超标1.89倍，硫化物超标2倍，氮氧化物超标3.04倍；对于采暖期，三项污染物超标更加严重，总悬浮颗粒物、硫化物和氮氧化物分别超标2.16倍、4.2倍和4.02倍。说明冬季燃煤供热是影响北京市空气质量最主要的原因之一。为此，经大气环境模拟计算，北京市由燃煤供热改为燃气供热（每年需40～50亿m^3天然气），其空气质量全年才能达到二级标准。

8.4 几种主要类型的采暖供热技术

8.4.1 集中供热技术

(1) 技术概述

集中供热系统是指在一个集中的场所供热，然后把热能分配到周边地区，满足住宅与商业采暖需求。热源主要来自热电厂以及采暖锅炉与分散小型锅炉等专用设施。与分散锅炉相比，集中供热厂的效率更高，污染控制更好。

热电联产就是发电厂同时生产电能与热能。与常规电厂不同的是，热电厂能够将副产品热能收集起来，用于民用或工业供热用途。

采暖锅炉与分散小型锅炉产生热能，通过热水的方式供区域采暖使用。与生产热能作为发电副产品的热电联产机组不同，采暖锅炉只能够用于生产热能。采暖锅炉与分散小型锅炉的主要区别就是前者供热区域更广。不同方式生产的热能成本也不相同，具体成本指标见表8-10。

不同热源的生产成本与价格比较（单位：元/m^3） 表8-10

热　源	最高生产成本	最低生产成本	平均生产成本	供热单位热价
热电厂	36.21	16.43	25.6	17.5～28.5
采暖锅炉	32.3	16.95	25.4	18.9～27.2

从成本与价格比较上可以看出，大部分供热单位的热价均低于生产成本。集中供热的投资主要包括：热力站、热力管网、锅炉房，其投资预算可参考以下表格数据（表8-11～表8-13）。

管网热力站投预算　　**表 8-11**

一级管网	300RMB/kW	41USD/kW	二级管网	375 RMB/kW	51 USD/kW
热交换站	125 RMB/kW	17 USD/kW			

注：管网投资水平预计为 800 元/ kW。

管道投资预算　　**表 8-12**

管径（mm）	明开（万元/m）	直埋（万元/m）	管径（mm）	明开（万元/m）	直埋（万元/m）
600	1.8 ~ 1.9	1.3 ~ 1.4	200	0.5 ~ 0.7	0.5 ~ 0.6
500	1.4 ~ 1.5	1 ~ 1.1	150	0.3 ~ 0.4	0.25 ~ 0.4
400	1.3 ~ 1.4	0.8 ~ 0.9	125	0.2 ~ 0.3	0.18 ~ 0.2
300	0.8 ~ 0.9	0.7 ~ 0.8			

燃煤锅炉房投资预算（参考示例）　　**表 8-13**

名　称	锅炉房容量（MW）	投资（万元）	万元/MW	万元/（t·h）
北区锅炉房	4 × 29	12720	109	76.3
南区锅炉房	3 × 29	10020	115	80.5

（2）集中供热技术

1）热源系统概况

据 2005 年数据统计，81% 的集中供热由热电厂提供，相应的供热效率为 150%，与市政及工业热负荷连接的热电联产是使用燃料最有效的方法。除了热电联产之外，没有任何燃料能够使得发电厂能源利用率达到 90% 以上；大型燃煤集中采暖锅炉容量在 50MW 以上，年生产效率约 75% ~ 80%，而大型燃气采暖锅炉年生产效率约 89% ~ 93%。对于 10 ~ 49 MW 的区域燃煤锅炉房而言，规模不同，效率相差很大，单位面积每年的采暖热耗折合 18.0 ~ 21.3kg 标准煤。实测的燃煤锅炉房效率为 55% ~ 75%，一般设定区域燃煤锅炉房效率为 65%；区域燃气锅炉房的效率在 75% ~ 92% 之间。一般区域燃气锅炉房的平均效率设定为 85%。

最常见的供热燃煤锅炉房，容量一般为 2 ~ 3.5MW（3 ~ 5t/h）、7MW（约 10t/h）与 14MW（约 20t/h）。区域锅炉房最初设计的目的是满足城镇某个区域的供热。因此，我国典型的集中供热系统由多个独立的区域燃煤锅炉房供热的小区集中供热系统组成，并且目前在许多城市仍然如此。区域锅炉房仍然占我国集中供热系统生产能力的 60%。

2）输配热系统技术

大型集中供热管网传热系统包括一级输热与二级配热。如果系统非常大，某些输热管网就可以组成一部分一级配热管网。输热管网由热电厂/采暖锅炉房的主管道组成。一般输热管通过各级分站，逐步输热到一级配热管网。随机决定输热管网结束与配热管网开始的地方。

集中供热管网主要由供热钢管与回水钢管组成，进行热水循环，钢管可以埋在地下或露出地面。一般使用矿棉作为管网的保温材料。混凝土、钢板、玻璃纤维、聚乙烯等不同材料用作套管。

一级配热管网向小区热力站供热。一级输热管网与一级配热管网构成一级管网。大型一级配热管网一般技术条件（如北京）功能完善，并且集中供热管网的运行和维护效率更高，组织更好。显然，不同城市与不同管网之间还是存在着比较大的差异。由于我国多个一级管网技术条件落后，导致可靠供热的损耗与风险都比较高。

小区热力站管道连接许多建筑，构成二级配热管网。（采暖供热）小区热力站设备可以设计为带换热器的独立小区热力站——通过水力划分一级管网与二级管网，与/或不带换热器的从属小区热力站。

8.4.2　低温辐射采暖技术

辐射采暖技术是通过室内的一个或多个辐射面向供暖空间中的人和物传递热能的一种方式，是一种卫生条件和热舒适性都比较好的采暖方式。与传统的对流供暖技术不同的是，对流供暖方式的热能是散热器以空气为媒介将热能传递到供暖空间而通过人和物的表面吸收。而辐射供暖无需媒介，直接由辐射面将能量以 8 ~ 13μm 的远红外线形式传递给供暖空间中的人和物。辐射采暖可分为低温、中温和高温辐射三种类型，其中表面温度低于 80℃的称为低温辐射。

低温辐射供暖技术从发热体的不同可分为：水加热发热体（如塑料管材、金属管材等）低温辐射供热技术；电加热发热体（如发热电缆、电加热膜等）低温辐射供热技术。以下重点介绍上述技术中的常用技术。

（1）低温热水地面辐射采暖技术（水加热发热体）

低温热水地面辐射采暖技术是 20 世纪末从欧洲传入我国，目前欧美国家 50% 以上居住建筑采用该技术，在我国应用也已经有 20 多年的历史，是最近 20 年来发展最快的一种供暖方式。低温热水地板辐射采暖是以低于 80℃的热水做热媒，将加热元件敷设于地板中的采暖方式。

1）低温热水地面辐射采暖技术的特点

与散热器采暖方式比较，地面辐射采暖具有如下优点：

①室内温度分布均匀。

②采暖效率较高，运行费用较低。

③环保、卫生。

④不占用使用面积。

⑤使用寿命长、免维护、安全性能好。

⑥可按户计量收费。

⑦减少楼层噪声。

地面辐射采暖具有如下缺点：

①集中供热用户一般要通过换热降低供水温度以满足塑料管对温度的限制，增加了投资和运行管理的工作量，属于不合理的用能方式。

②增加了楼板厚度，室内净高减小，结构负荷增加。

③地板采暖施工要求高，需要由专业队伍施工。

④室内地面装饰材料、家具摆放位置对采暖效果都有一定影响。

2）低温热水地面辐射采暖技术的构造做法

低温热水地面辐射采暖技术的构造一般由地面层、填充层、热绝缘层、防水层、找平层以及加热管、固定卡子组成，其构造做法参见图8-2。

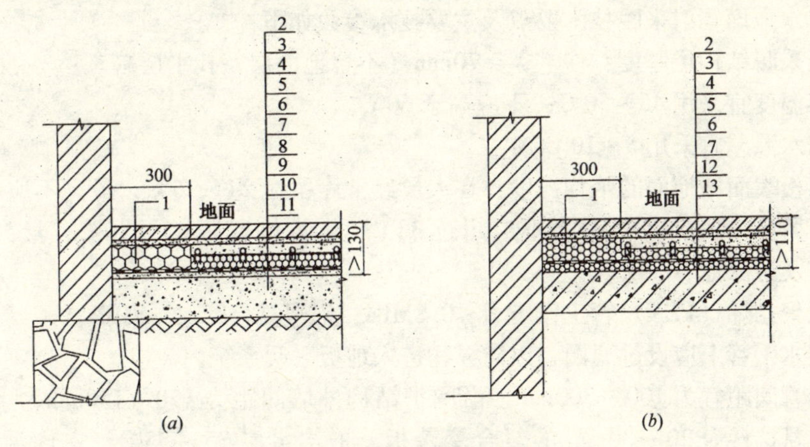

图8-2 地板采暖构造图

（*a*）首层地面剖面；（*b*）楼层地面剖面

1—聚苯乙烯板厚300mm（密度25kg/m³）；2—面层（地面胶，瓷砖，地毯）；
3—水泥砂浆找平层厚20mm；4—细石混凝土1:4厚40mm；5—管卡；6—加热盘管；
7—防水层一层薄油纸；8—聚苯乙烯板厚50mm（密度25kg/m³）；
9—防水层（一毡两油）；10—找平层厚20mm；11—垫层100~150mm；
12—聚苯乙烯板厚30mm（密度25kg/m³）；13—楼板

辐射采暖地板的构造做法较多，不同国家其经济发展水平不同，其做法也不同，所选用的材料也不尽相同。欧洲国家较流行的做法有干式铺砌和湿式铺砌两种，见图8-3和图8-4。

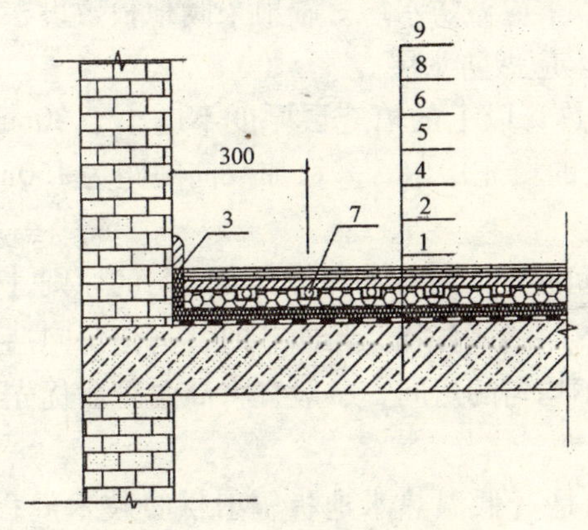

图8-3 干式铺砌地板采暖做法

1—混凝土地基；2—沥青纸或塑料箔；
3—边缘隔热带；4—隔热板10mm；
5—异型隔热板约40mm；6—金属铝导板；
7—塑料管；8—干砌块约20mm；9—地板覆层

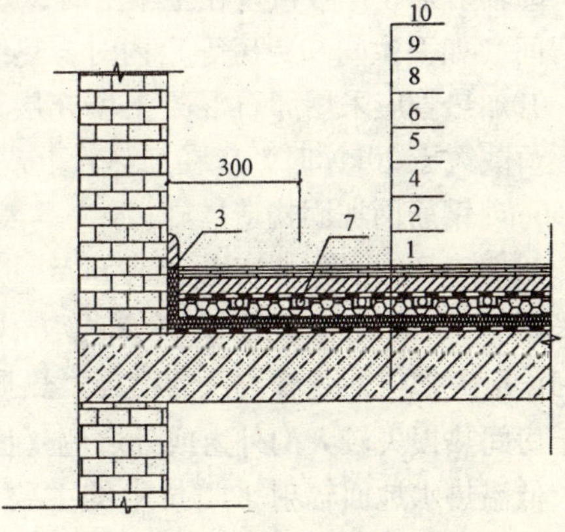

图8-4 湿式铺砌地板采暖做法

1—混凝土地基；2—沥青纸或塑料箔；
3—边缘隔热带；4—隔热板10mm；
5—异型隔热板约40mm；6—金属铝导板；
7—塑料管；8—塑料覆盖箔；
9—可浮动的浇块至少35mm；10—地板覆盖层

欧洲的做法更为规范，不论干式还是湿式做法，加热管下均敷设铝导热板，更有利于地表面温度的均匀，提高地面的舒适度。隔热层一般也为异型材料，加热管镶嵌在隔热板内。

3）低温热水地面辐射采暖技术要点和主要技术参数

低温热水地面辐射采暖技术要点及主要技术参数如下：

①地板采暖结构层厚度：住宅，≥70mm（不含地面层及找平层）。

②热媒温度宜采用45~50℃，不应高于60℃。

③供回水温差宜采用5~10℃。

④辐射板表面即地面的平均温度：在人员经常停留区24~26℃，最高不应超过28℃；人员短期停留区28~30℃，最高不应超过32℃；无人停留区35~40℃，最高不应超过42℃；浴室及游泳池30~35℃。

⑤高联聚乙烯（PEX）管工作压力≤0.8MPa；铝塑复合管≤2.5MPa。

⑥在供水干管上应设过滤网，以防异物进入地板采暖系统内。

⑦加热管间距宜为100~300mm，沿围护结构外墙间距为120~150mm，中间地带为300mm，保温材料为20~30mm的复合聚苯板，平均水温35~55℃，室内温度为15~28℃。每平方米散热量：瓷砖类地面60~240W/m^2；塑料类地面45~200W/m^2；木地板45~170 W/m^2；地毯类35~140 W/m^2。

⑧同一热媒集配装置系统各分支路的加热管长度宜尽量一致，并不宜超过120m。不同房间和住宅的各主要房间宜分别设置分支路。

⑨土壤上部、不采暖房间和住宅楼板上部的地板加热管之下，以及地板加热管沿外墙周边，应敷设热绝缘层。热绝缘层采用聚苯乙烯泡沫塑料板时，厚度不应小于下列要求：楼板上部30mm；土壤上部40mm；沿外墙周边20mm。当采用其他热绝缘材料时，宜按等效热阻确定其厚度。

⑩辐射采暖地板敷设在土壤上时，热绝缘层以下应做防水层。辐射采暖地板敷设在潮湿房间（如卫生间和厨房等）内时，热绝缘层以上应做防水层。

⑪加热管应采用卵石混凝土填充层覆盖，加热管以上的填充层厚度不应小于30mm。地板荷载大于20kN时，应在加热管上皮10mm处的填充层内，采取加双向间距为150mm的ϕ6mm钢筋网加固构造措施。

⑫加热管的间距不宜大于300mm。应根据房间的热工特性和保证温度均匀的原则，分别采用“S”形或双“回”字的布管方式（图8-5）。采用“S”形布管时，为使房间温度均匀，应考虑供回水管倒换的措施。热损失明显不均匀的房间，一般宜将高温管段优先布置于房间热损失较大的外窗或外墙侧（图8-6）。

低温热水地面辐射采暖技术的主要执行标准是《低温热水地板辐射供暖技术规程》DBJ/T01-49—2000以及《全国民用建筑工程设计技术措施（节能篇）》。

4）配套管材技术选用

由于地板采暖散热管一次性埋在地板内（混凝土层），维修困难，因此对管材质量要求特别严格，选择性能优良的管材是非常重要的一个环节，要求管材必须保证在55~70℃热环境中50年的使用期内不出现故障，选择的管材应满足以下条件：

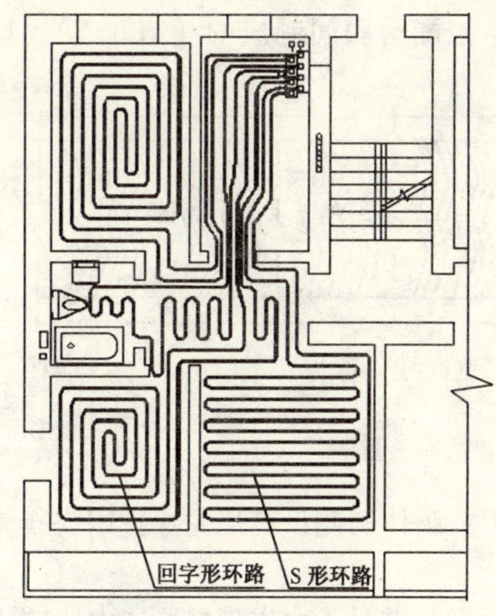

图 8-5 地板采暖布管示意图

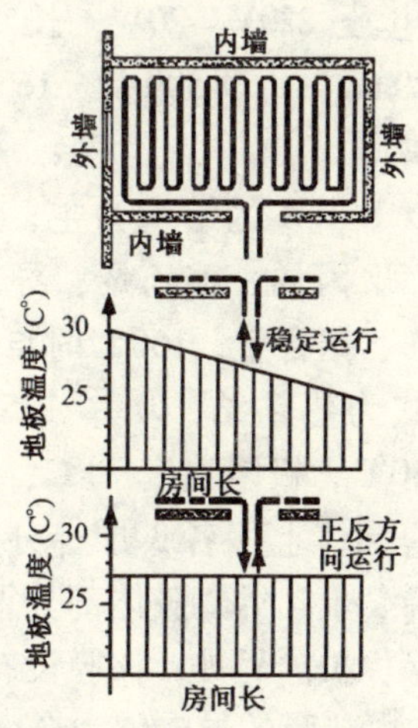

图 8-6 正反方向运行的热水地板采暖装置

①力学性能优良，耐热、耐低温、抗蠕变，耐压（工作压力 0.6MPa）；

②耐老化，保证使用寿命 50 年，与建筑物同步；

③耐环境应力高，弯曲半径小，施工中既容易弯曲又不破坏管子的强度，布管灵活，安装方便；

④导热性能好［水：0.536W/(m·K)、砂石：1.257W/(m·K)、PEX：0.35W/(m·K)］；

⑤良好的传输性能，内壁摩擦系数小、不结垢、防腐、防霉变；

⑥整体性好，埋管部分无接口，杜绝泄漏；

⑦价格低，市场供应充足。

综合以上条件及国内外应用情况，PEX、PP、PB、铝塑复合管均可适应地板辐射采暖工程要求。纯塑料管材由于巨大的分子结构，有渗氧性，不如铝塑复合管，但铝塑复合管市场价格较高。地板辐射散热管的布管方式采用双回字形，弯头较多，又要求无接头，因此要求管材柔韧性好，而 PP、PB 管材柔韧性远不如 PEX 管，弯管时需借助于热风机。PEX 管材与 PE 管材相比，PEX 管不含增塑剂，不会霉变和滋生细菌。从以上比较可知，PEX 管材综合性能价格比优异，因此 PEX 为地板辐射首选管材。

（2）低温辐射电热膜采暖技术（电加热发热体）

低温辐射电热膜采暖是以电力为热源，以电热膜为发热体，将热量以辐射的方式传入房间，加热人体、地面、墙壁，通过它们将热量均匀地传至整个房间，并以独立的温控装置控制室内温度。

1）电热膜分类

根据电热膜导电体材料，可分为化学膜、金属膜和稀土膜等；按金属膜的导线材质又可分为由锡、锑、铝合金材质组成的和由铁铬丝或镍铬丝组成的两类。

①化学膜

该膜工作时表面温度 40~60℃，是一种通电后能发热的半透明聚酯薄膜。它是由可导电的特制油墨、金属载流条经印刷、热压在两层绝缘聚酯薄膜间制成的（图8-7），规格HBN40P，电压220V，20W，长×宽为450mm×320mm，每卷500片，160m长。

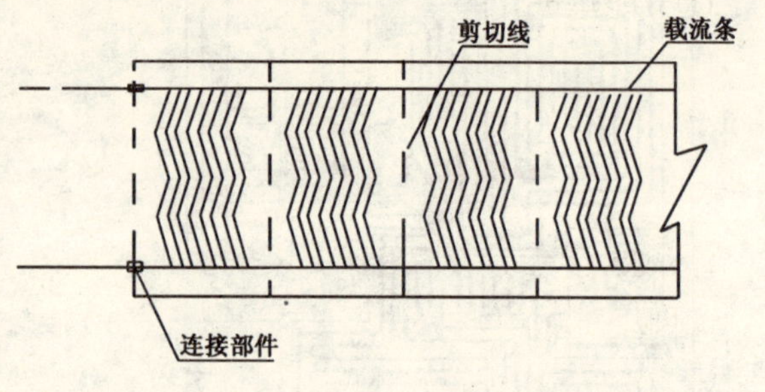

图8-7　电热膜

②金属膜

主要以ESWA的结构为主，膜体成分为聚酯、聚丙烯、聚乙烯；导线材质为由锡、锑、铝合金，160℃时自熔；膜体成型方式为热粘结；功率175W/m²，工作温度40℃，极限温度70℃；保护方式：电热膜导体上下各3层，分别是聚酯、聚丙烯、聚乙烯，膜体部分承受温度可达180℃，膜体两侧设有尼龙保护网，膜体两端设有绝缘保护。另外，该膜没有电磁辐射。

ESWA电热膜的导电体为合金，性能比化学膜稳定，并且不会出现并联式电路的化学膜可能会产生磁场的现象。这种电热膜导电部分在160℃时能自熔，安全系数高；自成回路，防电磁，为整体结构无需拼接，无隐患。

③稀土电热膜

该膜采用新型的电热转换材料，导体材料是由13种化学原料经过物理化学处理后，制成无色透明的。电热膜载体材料有硼硅耐热玻璃管、搪瓷管、石英玻璃管；电热元件分为单层、双层和三层管，管长规格为：160mm、200mm、230mm或180mm、210mm、240mm，管直径规格为：11mm、22mm、50mm、70mm，管的连接方式包括串联、并联或串并联等。

2）低温辐射电热膜采暖的主要性能

①能实现分室控制和利用室内发热与太阳辐射热。由于每个房间安装一个温控器，不仅可实现按需调节，而且还能跟踪室外温度变化。

②不占用空间，无需对流传热的管道和散热器的占地空间，也无需热电缆的敷设地面层高度。

③热舒适性好，辐射采暖四周表面温度比空气温度约高3℃，对流采暖空气温度高于表面温度，人体可能会被“冷”辐射。对流采暖时，室内温度梯度较大，人体四肢温度与躯干之差约为4~6℃，比辐射采暖高得多。在辐射和对流的双重作用下，人体可达到最佳的舒适感。

④洁净卫生，辐射采暖室内空气干净，不会出现对流传热时的灰尘扬起和散热器积尘问题。

⑤无需锅炉和管网，也不存在燃煤、燃气给环境大气带来的污染。

⑥无需维护。

⑦实现了分户供热和计算收费。

⑧节能。一些工程实例测定数据说明，它的节能率约为10%~20%。

3）电热膜采暖的适用条件

电是一种高品位的清洁能源，用电采暖具有无环境污染，便于控制温度，提高舒适感，有效利用自由热等优点。但是，由于这种方式能源费用较高，因此，限制了电采暖使用范围，主要适用条件如下：

①节能建筑

节能建筑指的是建筑物耗热量指标、围护结构传热系数等达到了《民用建筑节能设计标准（采暖居住建筑部分）》JGJ 26—95 规定要求的建筑。

②对已有建筑进行节能改造，提高围护结构的保温性能，见表 8-14。

围护结构的保温性能 表 8-14

项目	方法	性能指标
外窗	双层玻璃，窗框为发泡 PVC	$K\leqslant 3W/(m^2\cdot K)$
外门	保温门	
外墙	加 70mm 厚聚苯板	$K\leqslant 0.82W/(m^2\cdot K)$
底层	加 50mm 厚聚苯板	
屋顶	加 80~100mm 厚聚苯板	

上述①、②条件加强了建筑保温，减少了建筑的热损失，降低了采暖运行费用。

③在供电不足的地区不宜推广。

④对电热膜供热用户实施用电优惠政策的地区，如在实行免增容费和享受优惠电价等措施的地区，可发展电采暖供热方式。

(3) 低温热电缆地板辐射采暖技术

低温热电缆地板辐射采暖是以电力为热源，通过敷设于地板下的柔性热电缆以及温度感应器，由房间温控器控制，向房间进行辐射采暖的方式。

1) 采暖技术分类

发热电缆由实芯电阻线、绝缘层、接地导线、金属屏蔽层及保护套构成。根据热导线材质分为以下几大类：

①KEVLAR 外缠镀锡铜合金多股发热缆线，其结构见图 8-8。该热电缆是自成回路的热电缆，每延长米功率为 17W，表面工作温度为 40℃，极限温度 70℃；工作电压 230V，最高可承受 4000V；热导线中的零线为多股铜合金，火线为多股铜合金缠绕凯伏拉（即 Kevler，是一种人工合成物，极为坚固）；热电缆有 4 层保护，零线和火线的直接保护层为特氟龙（即 TEFLON，被称为塑料王，耐腐蚀，耐温高达 230℃），承受温度 160℃，外层保护为 PVC，承受温度 105℃，再外面一层为合金线网（同时为地线），最外面一层 PVC；热电缆分为热线和冷线，以其表面红色和黄色标志区分，冷线和热线一体，中间无接口。

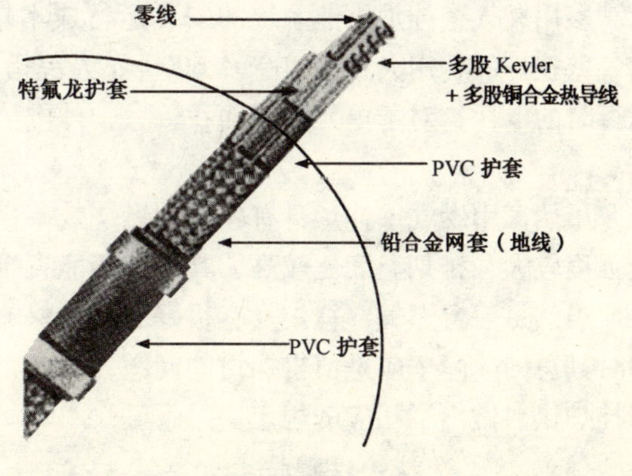

图 8-8 热电缆结构

②加热电缆 DTIP

电缆种类为双导线，具有屏蔽。DTIP-18 的性能指标为：供电功率 18W/m，230V 电压时 18W/m，220V 电压时 17.2W/m；

直径7.4mm。冷线规格：3.0m，3×1.5mm²。导热绝缘材料PEX；鞘皮PVC90°；最高温度65℃；电阻欧姆值范围+10%～-5%；长度范围；+2%+10cm～-2%-10cm。DTIP-10的性能指标为：供电功率10W/m，230V电压时10W/m，220V电压时9.6W/m；直径7.0mm；冷线规格2.5m，3×1.5mm²。导热绝缘材料PEX；鞘皮PVC90°；最高温度65℃；电阻欧姆值范围+10%～-5%；长度范围：+2%+10cm～-2%-10cm。

③碳素纤维发热电缆

它是以碳素纤维为发热体，放热量的94%以上为远红外线辐射的能量。发热电缆的发热部分是以聚丙烯氢类碳元素为主原料经耐火化处理、炭化处理、表面工程处理而制造出来的碳丝，再将一千根到数十万的碳素丝集束起来，然后进行绝缘处理后，制成各种规格的发热导线。应用于住宅中的采暖热电缆，型号6KP，发热线直径5.5mm，电阻71Ω/m，碳素纤维根数6000根，耐热70℃，发热温度50℃，功率10.7W/m。

2）主要性能特点

低温电缆地板辐射采暖具有低温热水地板辐射采暖方式中卫生条件高、舒适性好、温度梯度均匀等优点。除此之外，以电为热源，转换效率高，节能明显；清洁能源，环保效益好；热电缆安装在混凝土中、木地板下，地面混凝土层蓄热量大，热稳定性好，即使在间歇供暖的条件下，室内温度变化幅度也不大；使用寿命长、安全可靠、无需维护；适用于任何材质，如大理石、木地板和瓷砖等。

3）热电缆采暖的使用条件

《采暖通风与空气调节设计规范》GB 50019—2003第4.7.1条：符合下列条件之一，经技术经济比较合理时，可采用电采暖：环保有特殊要求的区域；远离集中热源的独立建筑；有丰富的水电资源可供利用时。

8.4.3　燃气壁挂炉采暖技术

家用燃气壁挂炉供暖是一种以户为单位的独立供热系统，可同时满足户内的供暖及生活热水，并具有单户热计量、独立调节的优点。家用壁挂炉供热系统由于不用设置集中的供热锅炉房、室外供热管网、二次换热设备、楼内的供热干管，从而没有大型的供热管网造成的水力失调问题，具有一定的节能效果。

家用燃气壁挂炉供热系统的安装运行成本较高，建筑面积为80m²的住宅，安装一套燃气壁挂炉的费用大约为4000～6000元人民币。由于燃料的费用较高，加上水泵、风机运行时的电耗，对于单元建筑面积较大，外围护结构保温性能较差的住宅，运行费用相对较高。

虽然家用燃气壁挂炉具有较高的燃烧效率，但仍存在低空排放污染问题。壁挂炉的燃烧强度较大，排烟温度比较高，其排烟不能直接接入建筑的排风道。

虽然每一台燃气壁挂炉具有很好的安全保障措施，具有很低的故障率，但当大规模采用时其总的故障率应是值得探讨的问题，为此，有些地方政府对在多层和高层住宅内使用壁挂炉供热做出了相应的规定。

（1）燃气壁挂炉供暖技术分类

燃气壁挂炉按进排气方式可分为：烟道式、平衡式。

烟道式（半封闭炉膛）：燃烧所需空气取自室内，烟气靠温差产生的自然压力差排出室外；

平衡式（封闭炉膛）：燃烧所需空气来自室外，烟气由风机排至室外，排烟的同时吸入燃烧所需空气。

按出水方式可分为：直流式、蓄热式。

直流式（直热式）：低温水经泵送至热交换器直接用于供热的加热方式；

蓄热式（附带水箱式）经热交换器加热的热水有6L左右储存在热水炉内部的附带的水箱中，缩短了卫生热水的出水时间。

直流式和蓄热式燃气壁挂炉按其内部采暖和卫生热水两个热交换器不同的构成形式，又可分为集成式热交换器和二次热交换器两种形式。集成式热交换器是指采暖和卫生热水的热交换器合成在一起，形成一个整体，采暖管道内包容卫生热水管，构成一个直流气体的热交换器，位于燃烧器的上方，加热后实现采暖水与卫生热水的热交换。二次热交换器是指采暖热交换器与卫生热水热交换器分开而形成相互独立的两个部件，采暖热交换器位于燃烧器的上方，卫生热水热交换器则位于壁挂炉的下部，采暖水进入此热交换器后，实现与卫生热水的热交换。

按加热方式可分为：普通式、冷凝式。

普通式的燃烧室在下方，热交换器在上方，烟气从上方排出，排烟温度较高（150～200℃）；冷凝式的燃烧室在上方，热交换器在下方，烟气从下方排出，排烟温度较低（70℃以下）。

按燃烧方式可分为：连续式（燃气连续喷出）、脉冲式（空气与燃气以一定比例混合，在密闭燃烧室内燃烧，燃烧频率达60～70次/s）。

此外，按进排气管连接方式有同轴式（进排气管以不同直径的两根管嵌套在一起的进排气方式）、分离式（进排气管从不同方向接出室外的进排气方式）。

（2）燃烧壁挂炉具有以下特点

1）使用简便，运行操作靠两三个旋钮控制，并不比普通的燃气热水器操作复杂。

2）舒适，污染物排放量低，并可配备温控器，设定一天乃至一周各时间段所需室温，可随时调节室内温度，可同时供应卫生热水。

3）带有各种安全保护装置，以确保使用者的安全：

①熄火保护：当火焰意外熄灭时，燃气炉将自动切断燃气通路。

②限温保护：限定卫生热水温度不超过65℃，以避免水系统温度过高对人员的烫伤。

③过热保护：暖气温度限制器的第二层保护装置，如果暖气温度限制器失效，可以防止水温超高引起的意外危险。

④过压保护：防止系统内压力过高而损坏主机及其他设备。采暖系统压力超过300kPa时，泄压阀自动开启。

⑤防倒风保护：燃烧室密封与室内隔绝，机器内设防倒风保护装置，防倒风时引起的意外。微差压力开关保证废气安全排出。

⑥缺水保护：防止系统水压过低或缺水而损坏主机及其设备，差压开关保证缺水或泵停时停机。

⑦防冻保护：防止炉内水系统在无人使用时因气温过低而导致冻裂主机。

⑧防过载保护：防止电流过大而损坏主机的中枢神经系统。

⑨防抱死：水泵每隔24h启动一次以防泵卡住。

8.4.4　燃气热风采暖技术

燃气热风采暖技术以燃气为燃料加热空气，热空气通过风道送入房间，达到给房间供暖的目的。该技术以美国的G24M系列燃气热风机组最具代表性。该机组采用新型高效脉冲燃烧方式，可使用各种燃气，热效率高达97%，而且排烟温度只有37～54℃，供热量为10.5～32.8kW。该机组可以附加直接蒸发盘管和空调室外机组，实现夏季空调，制冷量为5.0～15.9kW，可配备的室外制冷机组为HS29系列，制冷时COP为2.8～3.2，因此又称为风道式家用空调机组。

8.5　分户热计量技术

几种常见的热量计量方式见表8-15。

热量计量方式　　**表8-15**

方式	内容
A	楼栋热量表：整个楼栋的热耗由安装在热力入口的一块热量表计量，每户耗热按面积分摊
B	热分配表及楼栋热量表：整个楼栋的热耗由安装在热力入口的一块热量表计量，户内每个散热器的散热量由蒸发式或电子式热分配表计量
C	热水流量表及楼栋热量表：整个楼栋的热耗由安装在热力入口的一块热量表计量，每个住户的耗热量通过热水表计量再依此进行分摊
D	户用热量表及楼栋热量表：整个楼栋的热耗由安装在热力入口的一块热量表计量，每个住户的热耗通过一块热量表计量

虽然每种方案都能计算用户耗热，但准确性、易用性和经济性却存在差异。计量准确度由高到低排序应是：方案D、方案B（电子式）、方案B（蒸发式）、方案C、方案A，而所需费用由高到低排序却恰恰相反。

8.5.1　既有住宅采暖系统的分户热计量改造技术

改造的途径有两个：一是结合室内管道更新，拆除原系统，按满足分户热计量的要求重新设计；二是尽量利用原系统，进行适度改造，满足控温、计量的要求。

（1）双管系统改造方案（见表8-16）

双管系统改造方案　　**表8-16**

序号	改造内容	图示	特点
1	恒温阀、热分配表	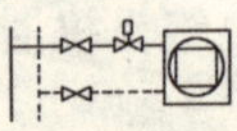	（1）热量计量准确； （2）收费管理方便
2	热分配表	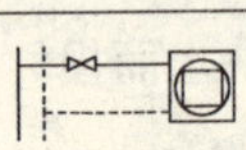	（1）收费管理方便； （2）造价低

(2) 单管系统改造（见表8-17）

单管顺流式系统改造方案 表8-17

序号	改造内容	图 示	特 点
1	增设跨越管、恒温阀和热分配表		(1) 满足计量，温控要求； (2) 收费管理方便
2	热分配表、供热入口设热表		适用于要求分户计量收费的住宅

8.5.2 新建集中采暖住宅分户热计量技术

新建集中采暖住宅应根据采用的热量计量方式选用不同的采暖系统形式。当采用热分配表加楼用总热量表计量方式时宜采用垂直式采暖系统；当采用户用热量表计量方式时应采用共用立管分户独立采暖系统。

适于热计量垂直式室内采暖系统为垂直单管跨越式系统、垂直双管系统，应满足温控、计量的要求。从克服垂直失调的角度，垂直双管系统宜采用下供下回异程式系统。

共用立管分户独立采暖系统，即集中设置各户共用的供回水立管，从共用立管上引出各户独立成环的采暖支管，支管上设置热计量装置。该系统由进户总阀门、热量表和较长的户内管道、散热器及恒温阀等组成（图8-9、图8-10）

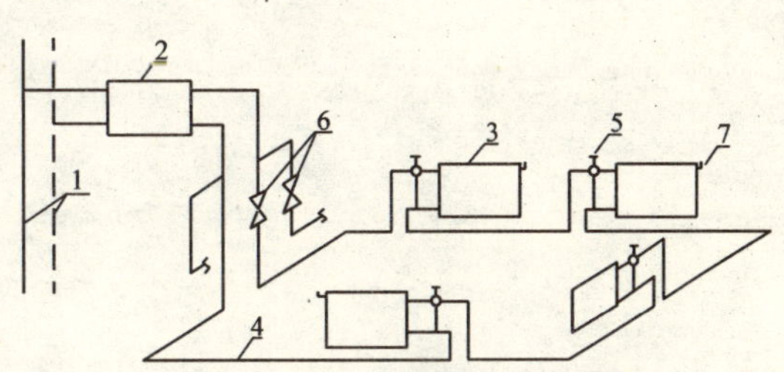

图8-9 水平串联单管跨越式户内系统

1—共用立管；2—入户装置；3—散热器；4—户内供暖管；5—三通调节阀；6—环路调节阀；7—放风阀

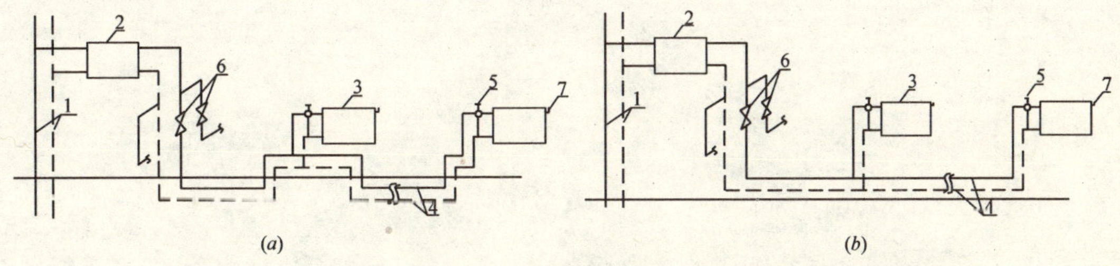

图8-10 下分双管式户内系统

(a) 主要管段埋设；(b) 全部明装

1—共用立管；2—入户装置；3—散热器；4—户内供暖管；5—调节阀；6—环路调节阀；7—放风阀

8.6 各种采暖方式发展的评述

燃煤热电厂、区域供热锅炉房是我国政府法规支持的节能和减排项目。燃煤热电厂锅炉效率达到88%～91%，供热标准煤耗约为28～40kg/GJ，发电煤耗低于300g/(kW·h)，具有能源效率高和减少环境影响的作用，因此，热电联产集中供热面积将从2005年的25亿m^2发展至2010年的32亿m^2，至2020年将达到75亿m^2，约占总供热面积的50%。

燃煤区域供热锅炉房和燃煤集中供热锅炉房将采用清洁燃料和配备技术更高的脱硫、脱硝装置和烟气净化系统，减少了污染物的排放量和对环境的影响。

燃气（油）采暖方式在改善环境质量和能源利用率上具有明显优势，但运行成本较高。在煤炭占全国能源总需求量66%，天然气占6%～10%的条件下，直接燃用天然气采暖不是首选方式。

直接电热采暖方式在改善环境质量和二次能源利用率上居各种采暖方式之首。除此之外，从用户来看，操作十分简单，便于实施智能化控制，安全性好，在建筑平面、立面设计时，也比其他方式简单。但在相关规范中规定：除电力充足和供电政策支持、或者建筑所在地无法利用其他形式的能源外，严寒地区和寒冷地区的住宅不应采用直接电热采暖。对于夏热冬暖地区，以空调为主、采暖负荷小，且采暖时间很短，可采用直接电热采暖。

9 太阳能热利用技术

9.1 技术概述

太阳能热利用技术的推广使用符合我国资源短缺的基本国情，符合能源产业政策和发展省地节能环保型住宅的要求，是当前建设领域实现节能减排目标的重要工作内容。目前太阳能热利用技术发展迅速，在建筑中应用的范围和规模不断扩大，发展前景也十分广阔。如何实现太阳能在建筑中应用与建筑有机结合，并促进太阳能应用技术的集成和整合，是大规模推广使用太阳能热利用技术，并保证其健康发展的重要问题。目前，我国建筑领域的太阳能应用技术最成熟、最广泛。产业化发展最快的是家用太阳能热水系统，其次是被动式采暖太阳房，太阳能采暖、太阳能空调已经开始起步，而用于供电的太阳能光伏技术与建筑的结合则处于起步阶段。但总的来说，不管哪种方式，使太阳能应用部件与建筑达到有机结合，一直是我国建筑领域在太阳能应用方面没有很好解决的问题。实现太阳能应用与建筑一体化，是我国建筑领域今后在太阳能应用方面，需要着力解决的问题，也是太阳能应用技术发展的方向。本章主要针对目前太阳能热水系统与建筑有机结合所采用的成套技术进行系统归纳和总结。

9.2 太阳能与建筑一体化技术要求

太阳能与建筑一体化技术，就是把太阳能热水系统作为建筑的构件，形成标准产品和完整的建筑安装技术，使其与建筑有机结合。主要体现在以下四个方面内容：

（1）在外观方面。实现太阳能热水器与建筑的完美结合，合理摆放太阳能集热器，无论在屋顶或立面墙上都要使太阳能集热器成为建筑的一部分，实现两者的协调与统一。

（2）在结构方面。妥善解决太阳能集热器的安装问题，确保建筑物的承重、防水等功能不受影响，还要充分考虑太阳能集热器抵御强风、暴雪、冰雹等的能力。

（3）在管路布局方面。合理布置太阳能循环管路及冷热水供应管路，尽量减小热水管路长度，在主体建筑施工中预留所有管路通口。

（4）在系统运行与管理方面。要求系统运行可靠、稳定、安全，易于安装、检修、维护，合理解决太阳能与辅助能源的匹配，尽可能实现系统的智能化全自动控制。在后期管理方面，应方便物业管理部门的计费与收费。

9.3 技术方式与特点

9.3.1 主要技术方式

太阳能热水系统与建筑一体化主要包括以下三种方式：

（1）集中集热—集中储水—分户使用系统；

（2）集中集热—分户储水—分户使用系统；

（3）分户集热—分户储水—分户使用系统。

9.3.2 各类技术方式的内容与特点

（1）集中集热—集中储水—分户使用系统

系统组成：以一个单元全部住户的用热水量做成一个统一系统，共用集热系统，计量每户用热水量。系统由集热单元、储热单元、控制系统、循环系统等组成。

技术特点：系统对太阳能的利用效率高。

（2）集中集热—分户储水—分户使用系统

系统组成：集热系统作为一个公用系统集中集热，储热水箱按照配置要求，每户一个换热系统和控制系统。

技术特点：对太阳能的利用最充分，计量管理方便。

（3）分户集热—分户储水—分户使用系统

系统组成：每户一组独立系统，包含太阳能集热器、储热水箱和控制系统等。

技术特点：根据用户的常规用热水量设计配置，独立使用，独立计量，易于管理。但每户独立系统的设计施工较为繁琐，而且室内管路需做好预留预埋。

9.3.3 各类技术方式适用范围

太阳能热水系统各类技术方式的适用范围见表9-1。

各类技术方式的适用范围 **表9-1**

项目	技术方式分类	低密度住宅	多层住宅	高层住宅	公共建筑
屋顶安装	集中集热—集中储水—分户使用	一般	适合	适合	适合
	集中集热—分户储水—分户使用	一般	适合	适合	不宜
	分户集热—分户储水—分户使用	适合	适合	不宜	不宜
墙面安装	集中集热—集中储水—分户使用	一般	一般	适合	适合
	集中集热—分户储水—分户使用	不宜	适合	一般	不宜
	分户集热—分户储水—分户使用	适合	适合	适合	不宜

9.3.4 各类技术方式的优缺点比较

太阳能热水系统各类技术方式的优缺点比较见表9-2。

各类技术方式的优缺点比较 **表9-2**

项目	集中集热—集中储水	集中集热—分户储水	分户集热—分户储水
优点	技术成熟，成本最低	便于与各类建筑结合，后期管理方便	技术成熟，产品多样
缺点	需要解决好热水定价和热水收费问题	成本较高	不能实现太阳能产热水资源共享
适应范围	适宜在多层、小高层、高层、公建上选用	适宜在多层、小高层和高层建筑上选用	适宜在低密度住宅和多层建筑上选用

9.4 系统关键部件选用

9.4.1 太阳能集热器种类、特点与选型

太阳能集热器种类、特点与选型见表9-3。

太阳能集热器种类、特点与选型 **表9-3**

集热器种类	结构特点	适用选型
平板型太阳能集热器	由吸热板、盖板、保温层和外壳四部分组成。吸热板型式多样，其表面基本为平板形状的。集热效率在春、夏、秋季高，但冬季低。集热器外观整齐，不易漏水，易于与建筑结合	一般用于制取中、低温热水的场合，在最低温度为0℃以上的地区使用较多
全玻璃真空管太阳能集热器	全玻璃真空太阳集热管由内、外两层玻璃管构成，内管外表面具有高吸收比和低发射率的选择性吸收涂膜，两层玻璃管之间抽成高真空夹层。集热效率相对较高，热损失较小。但直接走水存在容易漏水的危险	适用范围较广，在做好管路保温的前提下，能够在最低温度为0℃以下的地区使用
金属U形管—玻璃真空管太阳能集热器	在全玻璃真空管太阳能集热器内插入U形金属管而构成。太阳能先由全玻璃真空集热管的选择性吸收涂层转化为热能，再通过导热翼片将热能传导至U形金属管加热其内部的导热介质	除具有全玻璃真空管集热器效率较高的特点外，能够制取温度更高的热水，应用更广泛。一般为间接系统，可做成承压型系统
金属热管—玻璃真空管太阳能集热器	在全玻璃真空管太阳能集热器内插入金属热管而构成。太阳能先由全玻璃真空集热管的选择性吸收涂层转化为热能，再通过导热翼片将热能传导至金属热管内的工质。工质通过相变方式将热量不断传递到导热介质	集热器本身防冻性能得到进一步改善。在间接系统中，一般为承压型系统
热管式真空管太阳能集热器	带有热管的金属吸热板与玻璃管直接进行封接，玻璃管内抽成高真空，减少热损失。太阳能由吸热板上选择性吸收涂层转化为热能，再将热能传导到热管内的工质。工质通过相变方式将热量不断传递到导热介质	集热器的集热效率高、抗冻性能好、耐压能力强，不仅适用于太阳能热水，还适用于太阳能采暖和太阳能空调
直流式真空管太阳能集热器	带有同心套管的金属吸热板与玻璃管直接进行封接，玻璃管内抽成高真空，减少热损失。太阳能由吸热板上选择性吸收涂层转化为热能，加热同心套管内的导热介质，再通过循环管路将热量带到储热水箱	除具有热管式真空管太阳能集热器的特点外，还安装灵活，可水平安装在平屋顶和墙面上

9.4.2 适合太阳能使用的常用管路的种类、特点与选择

适合太阳能使用的常用管路的种类、特点与选择见表9-4。

太阳能常用管路种类、特点与选择　　表 9-4

常用管路种类	特　点	适用范围
镀锌焊接钢管（GB3091）	试验水压不小于 2MPa，常用公称直径 15～50mm。单根长度规格通常为 4～9m	热水输送。一般用于压力不高的流体
不锈钢无缝钢管（GB2270）	承压性能较好。随管径及壁厚不同，通常管长度规格不定	一般用于对管路防腐要求较高的场合
拉制铜管（GB1527）	一般以硬态管材为主。外径约 8～35mm 不等	一般用于间接系统的闭式系统集热循环管路，以及一些要求较高的热水输送场合。集热器内置金属管和储热水箱内换热盘管一般以铜管为主
聚丙烯管（PP-R）（GB/T 18742）	公称外径约 20～160mm，耐压及耐腐性较好，热水公称压力 1MPa，热水长期使用温度不宜高于 70℃。导热系数 0.24W/（m·℃）	一般应用于室内冷、热水较多，也可用于采暖空调及直饮水
交联聚乙烯管（PE-X）（GB/T 18992）	公称外径约 20～160mm，耐压及耐腐性较好，热水公称压力 1MPa，热水长期使用温度不宜高于 90℃。导热系数 0.38W/（m·℃）	室内冷、热水，尤其是热水系统
铝塑复合管（XPAP）（GB/T 18997）	公称外径约 14～75mm，耐压及耐腐性较好，热水公称压力可达 1.25MPa，部分产品的热水长期使用温度不宜高于 95℃。导热系数 0.45W/（m·℃）	一般适用于系统工作压力不大于 0.6MPa 的室内冷、热水管道，尤其是热水系统；也可用于热媒介质循环管道

9.4.3　常用辅助热源设备的种类与选型

由于一天内太阳辐照不稳定性的影响，一般太阳能热水系统均应配套常规能源设备系统进行补充。辅助热源应根据具体工程实际及当地常规能源情况进行灵活选择。常用的辅助能源设备有电加热器、燃气炉、燃煤（油）炉、热泵等。

对于太阳能提供的能量基本满足使用要求、需要补充的能量较少时，一般可采用电辅助加热的方式，减少初投资，也方便控制；若用户已经配备了燃气壁挂炉等其他加热设备时，可以采用太阳能与之结合的应用方式。

对集中供应热水系统或采暖系统等，一般可以与常规能源锅炉或热泵等进行结合供应，也可以采用电辅助加热的方式。

9.4.4　常用电气自动控制系统的种类与选型

太阳能控制器一般根据具体的太阳能应用系统类型配套选用，一般分为普通家用太阳能热水器控制器、承压式太阳能家庭热水中心控制器及用于集中供应热水系统的集中控制器。

普通家用太阳能热水器控制器功能相对较少，一般以显示温度、控制水位、状态显示、自动报警等功能为主，可通过微电脑控制，显示屏一般为数码或液晶。

家庭热水中心控制器功能相对较多，一般增设了太阳能集热循环控制、安全防护、功能设定调整等，控制更智能，显示屏以液晶或触摸屏居多。

集中控制器一般是根据具体的太阳能系统工作模式，通过温度传感器、电磁阀、泵以及压力传感器等信号进行集中控制，完成各种功能设定。现在逐步向PLC等更加智能与集中控制的方向发展，与住宅智能控制系统逐步集成，更加方便控制与管理。

9.4.5 系统计量与收费管理方式与选择

太阳能热水系统计量与收费管理方式与选择见表9-5。

系统计量与收费管理比较表 表9-5

系统分类	计量与收费比较
集中集热—集中水箱	方式一：每户设置热量表，按表收费。但热量表成本较高，由于入住率的因素，热损耗较高。 方式二：每户设置水量表，按水量收费。但无法准确度量热量的分配，容易引起纠纷
集中集热—分户水箱	一般可采用按户计量辅助加热电耗的方式，只需考虑少量的循环泵运行费用，按总电耗分摊收取
分户集热—分户水箱	计量与收费无需单独考虑

9.5 工程设计与施工技术要求

9.5.1 产品技术要求

（1）太阳能热水系统的热性能应满足相关太阳能产品国家标准和设计要求，系统中集热器、储水箱、支架等主要部件的正常使用寿命不应少于10年。

（2）太阳能热水系统安全可靠，内置加热系统必须带有保证使用安全的装置，产品应有过热保护、防冻、耐热冲击、安全泄压、防结露、防雷、抗雹、抗风、抗震等安全技术措施。

（3）太阳能热水系统如包含电器设备，则电器安全应符合现行国家标准《家用和类似用途电器的安全通用要求》GB 4706.1、《家用和类似用途电器的安全 储水式热水器的特殊要求》GB 4706.12、《家电器安装、使用、检修安全要求》GB 8877和现行行业标准《家用太阳热水器电辅助热源》NY/T 513规定的要求，电器设备应有漏电保护，接地与断电等安全措施。

（4）全玻璃真空太阳集热管应符合现行国家标准《全玻璃真空太阳集热管》GB/T 17049的要求。

（5）真空管太阳能集热器应符合现行国家标准《真空管型太阳能集热器》GB/T 17581的要求；对于单个储水箱有效容积小于0.6m^3的太阳能热水系统应符合现行国家标准《家用太阳能热水系统技术条件》GB/T 19141的要求；对于单个储水箱有效容积大于或等于0.6m^3的太阳能热水系统应符合现行国家标准《太阳热水系统性能评定规范》GB/T 20095的要求。

（6）太阳能热水系统的支架应有足够的强度和刚度，并符合现行国家标准《家用太阳能热水系统技术条件》GB/T 19141 的要求，其防腐性能满足安全要求。

（7）太阳能热水系统应保证管路中不会因出现结渣或沉淀而严重影响系统的性能。管路的直径和连接件宜采用标准件。管路的保温层应具有合理的厚度，管路的保温制作应符合现行国家标准《设备及管道绝热技术通则》GB/T 4272 的要求。

（8）储水箱的容水量应与太阳能集热器的轮廓采光面积及使用地方的太阳辐射与气象条件相适应。储水箱应设有排污口，对于开口的太阳能热水系统，应设有溢流口。储水箱的保温设计应按现行国家标准《设备及管道绝热设计通则》GB/T 8175 规定执行。

（9）有控制器时，控制器应符合 GB/T 14536 规定的要求。

（10）封闭式太阳能热水系统应安装安全泄压阀。

9.5.2　建筑设计要求

（1）建筑设计应与太阳能热水系统设计统一规则、同步设计、同步施工。

（2）太阳能集热器安装在建筑屋面、阳台、墙面或建筑其他部位，不得影响该部位的建筑功能，并应与建筑协调一致，保持建筑统一和谐的外观。

（3）安装太阳能热水系统的建筑单体或建筑群体，主要朝向宜为南向。

（4）建筑物上安装太阳能热水系统，不得降低相邻建筑的日照标准。

（5）建筑设计中应合理确定太阳能热水系统各组成部分在建筑中的位置，并应满足所在部位的防水、排水和系统的检修要求。

（6）在安装太阳能集热器的建筑部位，应设置防止太阳能集热器损坏后部件坠落伤人的安全防护设施。

（7）直接以太阳能集热器构成围护结构时，太阳能集热器除与建筑整体结合，并与建筑周围环境相协调外，还应满足所在部位的建筑防护功能要求。

（8）集热器组中集热器的连接尽可能采用并联，串联的集热器数目应尽量减少。

（9）太阳能集热器不应跨越建筑变形缝设置。

（10）设置太阳能集热器的平屋面应符合下列要求：

1）太阳能集热器支架应与屋面预埋件固定牢固，并应在地脚螺栓周围做密封处理；

2）在屋面防水层上放置集热器时，屋面防水层应包到基座上部，并在基座下部加设附加防水层；

3）集热器周围屋面、检修通道、屋面出入口和集热器之间的人行通道上部应铺设保护层；

4）太阳能集热器与储水箱相连的管线需穿屋面时，应在屋面预埋防水套管，并对其与屋面相连接处进行防水密封处理。防水套管应在屋面防水层施工前埋设完毕；

5）集热器与遮光物或集热器前后排间的最小距离可按下式计算：

$$D = H \times \mathrm{ctan}\alpha_s$$

式中　D——集热器与遮光物或集热器前后排间的最小距离（m）；

H——集热器与遮光物或集热器最低点的垂直距离（m）；

α_s——太阳高度角（°）。对季节性使用的系统，宜取当地春、秋分正午 12 时的太阳高度角；对全年使用的系统，宜取当地冬至日正午 12 时的太阳高度角。

（11）设置太阳能集热器的坡屋面应符合下列要求：

1）屋面的坡度宜结合太阳能集热器接收阳光的最佳倾角即当地纬度 ±10°来确定；

2）坡屋面上的集热器宜采用顺坡镶嵌设置或顺坡架空设置；

3）设置在坡屋面的太阳能集热器的支架应与埋设在屋面板上的预埋件牢固连接，并采取防水构造措施；

4）太阳能集热器与坡屋面结合处雨水的排放应通畅；

5）顺坡镶嵌在坡屋面上的太阳能集热器与周围屋面材料连接部位应做好防水构造处理；

6）太阳能集热器顺坡镶嵌在坡屋面上，不得降低屋面整体的保温、隔热、防水等功能；

7）顺坡架空在坡屋面上的太阳能集热器与屋面空隙不宜大于100mm；

8）坡屋面上太阳能集热器与储水箱相连的管线需穿过坡屋面时，应预埋相应的防水套管，并在屋面防水层施工前埋设完毕。

（12）设置太阳能集热器的墙面应符合下列要求：

1）设置在墙面上的太阳能集热器宜有适当的倾角；

2）设置太阳能集热器的外墙除应承受集热器荷载外，还应对安装部位可能造成的墙体变形、裂缝等不利因素采取必要的技术措施；

3）设置在墙面的集热器支架应与墙面上的预埋件连接牢固，必要时在预埋件处增设混凝土构件或构造柱，并应满足防腐要求；

4）设置在墙面的集热器与储水箱相连的管线需穿过墙面时，应在墙面预埋防水套管，穿墙管线不宜设在结构柱处；

5）太阳能集热器镶嵌在墙面时，墙面装饰材料的色彩、风格宜考虑与集热器协调。

（13）设置太阳能集热器的阳台应符合下列要求：

1）设置在阳台栏板上的太阳能集热器支架应与阳台栏板上的预埋件牢固连接；

2）由太阳能集热器构成的阳台栏板，应满足其刚度、强度及防护功能要求。

（14）建筑结构设计应为太阳能热水系统安装埋设预留件或其他连接件。连接件与主体结构的锚固承载力设计值应大于连接件本身的承载力设计值。

（15）轻质填充墙不应作为太阳能集热器的支承结构。

（16）太阳能热水系统基座应与建筑主体结构连接牢固。

（17）预埋件与基座之间的空隙，应采用细石混凝土振捣密实。

（18）太阳能热水系统的管线应有组织布置，做到安全、隐蔽、易于检修。

（19）设置储水箱的室内地面应做防水，并设置地漏等排水措施。

（20）太阳能热水系统的电气设计应满足太阳能热水系统用电负荷和运行安全要求。

（21）太阳能热水系统中所使用的电气设备应有剩余电流保护、接地和断电等安全措施。

（22）太阳能热水系统电器控制线路应穿管暗敷，或在管道井中敷设。

（23）安装太阳能热水系统的建筑部位应考虑避雷设计。

9.6 现行国家标准

（1）《民用建筑太阳能热水系统应用技术规范》GB 50364

（2）《太阳热水系统性能评定规范》GB/T 20095

（3）《太阳热水系统设计、安装及工程验收技术规范》GB/T 18713

（4）《真空管型太阳能集热器》GB/T 17581

（5）《平板型太阳能集热器》GB/T 6424

9.7 工程应用实例

（1）上海松江新城某住宅小区，总建筑面积约52万m^2，其中有四十余幢14~18层住宅楼。其中三期包括9幢14层住宅楼，总面积86825 m^2，总户数868户，太阳能热水系统全部应用分户集热—分户水箱技术方式，采用南阳台壁挂式安装的方式。四期包括11幢18层住宅楼，总面积93415 m^2，总户数756户，目前已经将太阳能热水系统整合设计，仍采用阳台壁挂式安装太阳能（图9-1）。

（2）宁波市余姚江边某住宅小区。总建筑面积162948 m^2，由多层、小高层、高层、复式住宅多种类型的单体建筑组成，总户数865户。

该小区23栋楼（高层、小高层、多层），集热面积3350m^2，日储热水210t，共41个太阳能集中供热水系统。控制系统采用PLC可编程控制，在每栋楼大厅电梯一侧装有液晶显示屏，时刻显示太阳能水箱温度、水位信息。

该项目采用了太阳能集中集热—分户水箱的技术方式，将集热系统统一安装在建筑顶部。采用这种方案，可以充分利用项目整体建筑错落有致的特点，将太阳能集热系统与建筑一体设计，形成独特的集热系统景观。另外，该方案在考虑到入住率较低情况，以及住户每天同时用水的可能性较小时，还可充分发挥集热系统共用的特点，适当减少集热面积，进一步降低初投资。在确定了太阳能热利用形式后，包括建筑设计单位、太阳能系统供应单位等共同就系统的应用进行了详细深入的探讨，不仅对建筑外观造型加以考虑，也充分论证了具体实施各个环节，尤其是对置于建筑顶部的集热系统的布置进行更为具体的研究，形成了与建筑施工同步实施的整体解决方案（图9-2）。

图9-1 小区实景图（一）

图9-2 小区实景图（二）

10 水源热泵技术

10.1 技术概述

水源热泵技术是一种利用岩土体、地下水、浅层水源（如地下水、河流和湖泊）或者是人工再生水源（工业废水、地热尾水等）作为低温热源，实现建筑物供热和空调的技术。水源热泵技术利用热泵机组实现低位热能向高位热能转移，将水体蓄能分别在冬、夏季作为供暖的热源和空调的冷源，即在冬季，把水体中的热量“取”出来，提高温度后，供给室内采暖；夏季，把室内的热量取出来，释放到水体中去。

水源热泵系统由水源热泵机组、水源或地热交换系统、建筑物内系统三部分组成，随着水源热泵技术的应用越来越广泛，水源热泵系统的形式也趋于多样化，按照不同依据分类也不同。

10.2 水源热泵技术分类

10.2.1 依据热源形式分类

按照系统热源形式的不同，总体可分为土壤源热泵系统、地下水源热泵系统、地表水源热泵系统和再生水源热泵系统。其中地表水又包括河水源、湖水源、海水源，再生水源包括生活污水、工业废水。见图10-1。

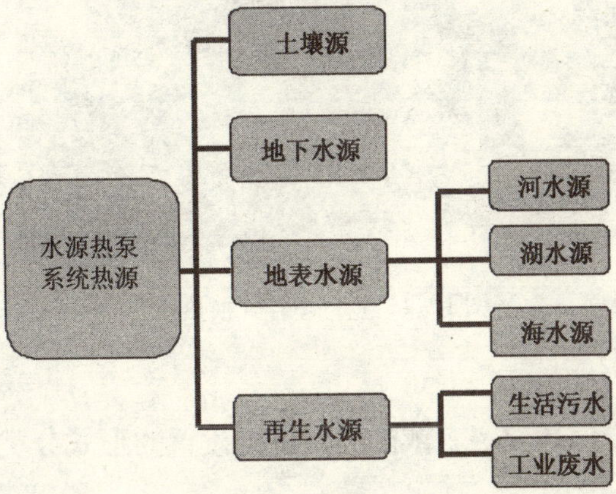

水源热泵系统热源
土壤源
地下水源
地表水源
河水源
湖水源
海水源
再生水源
生活污水
工业废水

图10-1 热源形式分类

10.2.2 依据水源热泵机组的形式分类

对于地下水源热泵系统、地表水源热泵系统和再生水源热泵系统，依据水源水与机组的换热器连接的方式不同，可以分为直接式和间接式两类。直接式是指水源水直接与热泵机组换热器进行热交换，有时也称开式系统，见图10-2。这种方式要求水源水质较好，且需要经过一定的阻污装置，常用于地下水源热泵系统；间接式（闭式系统）是指水源水不直接进入热泵机组，而是先通过设置在系统内的板式换热器与二次循环水进行热量交换后回到水源，由二次循环水进热泵机组换热器进行热量交换，有时也称闭式系统，示意图见图10-3。海水源热泵系统、污水源热泵系统常采用间接式系统。对于土壤源热泵系统，采用地下埋管换热器，一般均为闭式系统。

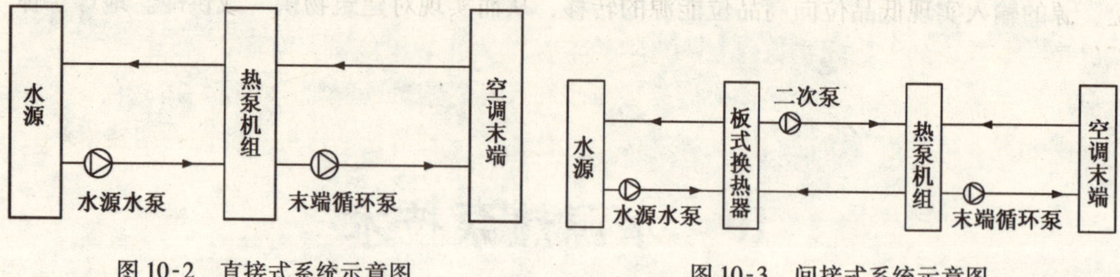

图 10-2　直接式系统示意图

图 10-3　间接式系统示意图

10.2.3　依据地下换热器的形式分类

对于土壤源热泵系统来说，地下换热器包括水平埋管式换热器和竖直埋管式换热器。换热管路埋置在竖直钻孔内的地埋管换热器成为竖直埋管式换热器（图 10-4）；水平埋管式换热器是指换热管路埋置在水平管沟内的地埋管换热器（图 10-5）。

图 10-4　竖直埋管式换热器

图 10-5　水平埋管式换热器

10.2.4　依据热泵机组设置的形式分类

依据热泵机组设置的形式，水源热泵系统可以分为集中式水源热泵系统和分散式水源热泵系统，集中式水源热泵空调系统是指将水源热泵机组集中设置在一个机房内，制备的冷（热）水通过外网输送到各个机组用户或小区。分散式水源热泵空调系统是指将水源水（或经换热器转换的水）输送到用户或小区，并在用户或小区配置水/水源热泵或水/空气热泵，以满足用户或小区供热与供冷的需要。

10.3　水源热泵技术的特点

与常规空调系统相比，水源热泵空调系统主要有以下一些特点：

10.3.1　可再生能源

水源热泵技术利用地球水体和岩土中所储藏的太阳能资源作为冷热源，通过少量高品位能源的输入实现低品位向高品位能源的转移，从而实现对建筑物供暖或供冷。地球水体不仅是一个巨大的太阳能集热器，收集了约47%的太阳辐射能量，而且是一个巨大的动态能量平衡系统，地表水体自然地保持能量接收和发散的相对平衡，这使得利用储存于其中的太阳能或者地能成为可能，因此，水源热泵技术是一种清洁的可再生能源利用技术。

10.3.2 高效节能

水源热泵机组可利用的水体温度冬季为12~22℃，水体温度比环境空气温度高，所以热泵循环的蒸发温度提高，能效比也提高。而夏季水体为18~35℃，水体温度比环境空气温度低，所以制冷的冷凝温度降低，使得冷却效果好于风冷式和冷却塔式，机组效率提高。据美国环保署EPA估计，设计安装良好的水源热泵，平均来说可以节约用户30%~40%的供热制冷空调的运行费用。

10.3.3 清洁能源

水源热泵使用电能，电能本身是一种清洁的能源，但电能的产生需要消耗一次能源，一次能源燃烧发电的过程会导致污染气体和二氧化碳的温室气体的排放。而采用水源热泵系统相对于常规空调供暖系统具有高效节能的特点，节能本身就是减少污染气体的排放。另外，水源热泵系统运行的过程中不产生污染气体，供暖时不需要燃烧煤炭和其他燃料，没有排烟，也没有废弃物。供冷时省去了冷却塔，避免了冷却塔的噪声、霉菌污染及水耗，并且即使大面积使用也不会产生“热岛效应”。

10.3.4 一机多用

水源热泵系统可供暖、空调，还可以供生活热水，一机多用，一套系统可以替换传统的锅炉加空调两套系统。特别是对于同时有供热和供冷要求的建筑物，水源热泵更加具有明显的优点，不仅节省了大量的能源，而且用一套设备可以同时满足供冷和供热的需求，减少了设备的初投资。

10.3.5 运行稳定

地表水体和土壤温度一年四季相对稳定，在同一个季节中温度波动范围远远小于空气的温度波动，抗扰动能力强，确保热泵系统稳定可靠运行。

10.3.6 便于管理

对于分散式水源热泵系统，可以根据需要设定使用区域的温度和运行时间，应用灵活。特别是与大型中央空调系统或集中供暖系统相比，分散式水源热泵系统，通过电表计量，可估算出系统供给的热量或冷量，装置简单，便于计量管理。

10.4 水源热泵技术适用范围

水源热泵技术利用浅层地表水或者岩土体作为冷热源，不同形式的热泵系统应用条件也不同。

10.4.1　土壤源热泵系统

土壤源热泵系统是利用埋在土壤中的换热器实现与土壤的换热，各个换热井或者换热管路之间要求有一定的间距，才能实现持续换热。因此，要求建筑物周围地质条件允许，适合于形成地下埋管换热器，并且有足够的面积布置换热井和换热器，同时要求有足够的空间满足施工要求。它比较适合建筑物不太密集的场合。目前很多别墅区采用土壤源热泵空调系统。

10.4.2　地下水源热泵系统

地下水源热泵系统是将建筑物附近的井内的地下水抽出，并通过水源热泵机组换热器换热后，回灌到地下。因此，水源的丰富程度，水位的稳定性、流向、水温、水质都是影响水源热泵系统应用的关键因素。地下水源热泵系统适合于地下水资源丰富、水质好、抽水井和回灌井成井容易、地下水位不深且容易回灌的场合。水量不足、流动性差或者水质较差等原因都可能直接影响系统的效果。另外，地下水源热泵系统比较适合于夏热冬冷的地区，且最好冬、夏季冷热负荷较为平衡。

10.4.3　地表水源热泵系统

地表水源热泵系统是将建筑物附近的湖泊、河流、海域中的水作为冷热源的热泵系统。地表水源热泵系统受地表水体资源限制较大，冬季地表水的平均温度会显著下降，将会影响热泵机组的性能。因此，地表水的水质、水温、水体深度、水面面积都是影响地表水源热泵系统应用的因素。这种系统适合于建筑物靠近地表水域（海水、湖水），且水体面积足够大，能够满足水源热泵系统冷热负荷要求的地区。

10.4.4　再生水源热泵系统

再生水源热泵系统适合于有充足的生活污水或者工业废水源的地区。

10.5　水源热泵技术施工工艺和方法

水源热泵系统的施工主要指热源侧换热系统的施工，机房和末端设备的施工与传统空调系统的施工基本相同，因此，这里着重介绍热源侧换热系统的施工工艺和方法。对于地表水及再生水水源热泵，由于情况比较复杂，施工工艺也不尽相同，这里不做讨论，而主要对地下水源热泵系统和土壤源热泵系统热源侧的施工工艺和方法进行介绍。

10.5.1　地下水源热泵系统

(1) 工程勘察

地下水水源热泵在设计施工前必须对当地水文地质条件进行勘察，了解是否满足水源热泵系统的应用条件。通过勘察，对地下水资源做出可靠评价，提出地下水合理利用方案，并预测地下水的动态及其对环境的影响，作为热源井设计的依据。试验井施工方式与取水井相同，测试包括地层分布、地下水水位、水量、水温及水质等内容。勘察可参照现行国家标准《供水水文地质勘察规范》GB 50027 及《供水管井技术规范》GB 50296 进行。

(2) 凿井施工

水井的建造应由具有专业施工资质的工程单位完成，施工工艺可参照相关规范。根据地层岩性、水文地质条件和井深结构等因素选择合适的钻井设备和工艺。松散地层最好采用冲击式钻机，清水水压逐级扩孔法施工工艺；基岩含水层最好采用回转式岩心钻进施工工艺。钻孔完成验收后应马上下入井管，井管一般包括井壁管、过滤管及沉淀管，下管前应对钻孔孔壁、孔径、孔深等进行校核。设置填砾过滤器的管井，在井管安装完成后要及时进行填砾，防止井壁坍塌，一般采用人工加工的滤料进行填充。封井材料使用能永久性隔水的材料，多使用黏土或水泥。钻孔施工完成后需要对水井进行清洗，并进行抽水、回灌试验和含砂量的检测，为热源侧的深化设计提供依据。施工工艺流程如下：

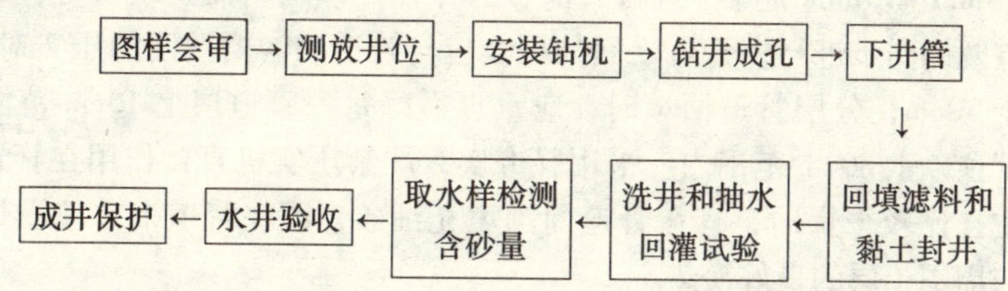

(3) 管路连接

地下水供水管和回灌管路不能与市政供水或排水管网连接。全部或部分热源井应同时具有抽水和回灌两种功能，可以交替使用、相互冲洗，以延长水井的使用寿命。根据水质的检测结果选用耐酸、耐碱、耐腐蚀材料制作的管道，水平管路埋深应在冻土层以下。

(4) 辅助设备安装

如果地下水质较差，对热泵设备有较大的腐蚀作用，应采用闭式系统，设置中间换热器，换热器使用耐腐蚀材料制成；防止地下水对设备的损坏，进入换热设备前，应设置旋流除砂器；在取水管路和回灌管路安装计量水表，对取水量和回灌量进行监测。

(5) 地下水换热系统的检验与验收

1）热源井应单独进行验收，应符合现行国家标准《供水管井技术规范》GB 50296 以及现行行业标准《供水水文地质钻探与凿井操作规程》CJJ 13 的规定。

2）抽水试验应稳定延续 12h，出水量不小于设计水量，降深不大于 5m，回灌试验应稳定延续 36h 以上，回灌量应大于设计值。

3）抽水试验结束前应采集水样，进行水质及含砂量检测。经处理后的水质应满足设备使用要求。

4）验收后，施工单位应提交热源井成井报告。报告中包括管井综合柱状图，洗井、抽水和回灌试验、水质检验和验收资料等。

10.5.2 土壤源热泵系统

(1) 岩土勘测和土壤热物理特性测试

土壤源热泵系统是利用地埋管换热器实现热量传递，因此，在项目启动前应该获取可靠的当地土壤的热物理特性。岩土体地质条件的勘察可参照现行国家标准《岩土工程勘察规范》GB 50021 进行。岩土热物理特性参数可从有关资料查询，对于没有可靠数据的需要进行岩土体的土壤热物理特性测试。

（2）水平地埋管换热器系统安装

1）工艺流程

按平面图开挖地沟→按热交换器配置安装塑料管道→按标准对管道焊接→对所有管道进行试压→地沟回填→在所有埋管地点做出明显标记。

2）安装方法

可使用挖掘机或人工方法挖沟，然后进行管道安装。首先清理沟中石块，在沟底铺设100～150mm 厚的砂；管道连接完成并试压后仔细放入沟内；回填料不应含有尖利石块，采用网孔不大于 15mm×15mm 的筛子进行过滤；为保证回填均匀而且填料与管道紧密接触，回填应在管道两侧同步进行，管道之间的压实应与管道和沟槽壁间的压实对称进行，压实高度差不大于 30cm；分层管道回填时，应重点做好每一管道层上 15cm 范围内的回填；管道两侧及管顶以上 50cm 范围内应采用轻夯实，严禁压实机直接作用在管道上；倘若土壤以黏土为主且比较干燥时，宜在管道周围填充细砂，或在管道上方埋设地下滴水管，以确保管道与周围土层的良好换热。

（3）垂直埋管换热器安装

1）放线与钻孔

首先按照设计图纸进行钻孔定位，如遇特殊情况，及时与设计沟通进行修改。单 U 形管钻孔孔径约 110～130mm，双 U 形管钻孔孔径约 130～150mm。

根据不同的地质条件一般使用三种钻孔设备：泥浆旋转钻、空气潜孔锤和冲击钻。第一种方法多用于地层比较软的情况，比如黏土层、砂土层；第二种方法用于致密岩石层，比如花岗岩；第三种方法多用于鹅卵石层。一般钻孔不需要下护壁套管，但如果孔壁周围土壤不牢固或有空洞，造成下管困难或回填料大量流失时，需要下套管或者对孔壁进行固化。

2）U 形管制作

U 形管一般由厂家生产组装，通常使用一次成型的弯头，不宜使用管道煨制弯头。现场使用前进行压力试验和冲洗。

3）下管与冲洗

U 形管道每隔 3m 设置弹簧卡，目的是将两个支管分开，降低热量回流影响。下管前，应将 U 形管换热器灌满水，增加重力，方便下管。下管方法有人工下管和机械下管。当钻孔较浅或泥浆密度较低时可采用人工下管，反之则需要使用机械下管。先用钻杆顶住 U 形管弯头处，然后利用钻孔机将 U 形管送入孔内，采用此方法需要对 U 形弯头进行特殊保护，而且下管速度不宜过快。下管完成后进行冲洗及水压试验。

4）回填与封孔

利用泥浆泵将回填材料自下而上注入封孔，确保密实无空腔。有时根据现场情况，也可以使用人工回填，但需要分期多次操作，以保证填实。回填料一般为膨润土（4%～6%）和细砂（或水泥）的混合浆。岩石层使用水泥基料灌浆。最终是要保证回填材料的导热系数小于埋管处岩土的导热系数。当埋管深度超过40m时，回填在周围临近钻孔完成后进行。

5）环路集管连接

为防止其他管线敷设对集管的影响或破坏及降低气温变化的影响，水平管埋设深度一般控制在1.5~2.0m之间。管沟完成后，沟底应夯实，填一层细砂或细土，并留有不小于0.002的坡度，回填应分层用木夯夯实。埋地管道应采用热熔或电熔连接，应符合现行行业标准《埋地聚乙烯给水管道工程技术规程》CJJ 101的有关规定。在集分水器最高端应设排气装置，最低端设置排水装置，集分水器一般置于地下检查井或机房内。

6）换热器水压试验

地埋管换热器在安装过程中需要进行四次水压测试，以确保地埋管的质量。当工作压力小于等于1.0MPa时，试验压力应为工作压力的1.5倍，且不小于0.6MPa；当工作压力大于1.0MPa时，试验压力为工作压力加上0.5MPa。下管前进行第一次水压测试，试验压力下，稳压至少15min，压力降不大于3%，无泄漏现象。下管后、回填前进行第二次水压试验，稳压至少30min，压力降不大于3%，无泄漏现象。环路集管完成、回填前进行第三次水压试验，至少稳压2h，且无泄漏现象。地埋管换热器全部安装完毕进行第四次水压试验。至少稳压12h，压力降不大于3%。

10.6 水源热泵技术应用中常见问题

10.6.1 应用地下水地源热泵受条件限制

对于应用地下水源热泵系统来说，可靠充足的水源是最关键的，可靠的水源是应用这项技术的前提。而我国目前大部分地区水资源量不足，水源的保证率受降雨量和回灌量的影响较大。另外，很多建筑周围场地面积狭小，布井抽水和回灌受到限制。因此，采用水源热泵技术前期的可行性研究是非常必要的。

10.6.2 水源热泵系统的匹配问题

水源热泵系统一般被分为三个部分，即末端输送系统、制冷或制热主机与冷热源输送系统，三个系统有机结合在一起并相互影响。设计时应根据负荷认真计算系统的各项技术参数，对三个部分的匹配进行优化设计，并选择适合的设备。在实际工程测试总结中发现有些项目循环水泵选型过大，很多项目水泵耗电量能占总用电量的30%，甚至到50%，从而大大降低了系统能效比，有些项目主机选型过大，机组频繁启停，不但增加初投资，而且降低了设备的使用寿命。

10.6.3 回灌效果

为了保护地下水资源，避免水资源的流失，应用地下水源热泵系统时，一定要保证取出的地下水全部回灌。目前有些水源热泵系统存在不同程度的回灌问题，大部分地下水源热泵系统没有回灌水量、水位和回灌水质的监测装置，这样会对地下水资源造成不可预知的影响。

10.6.4　地下水质处理

地下水的水质情况可以在前期工程勘察中得到，包括水的温度、化学成分、浑浊度、硬度、矿化度和腐蚀性等。大部分工程采用了地下水经过处理后直接进入主机的方式，这样减少了中间换热过程，提高机组的运行效率。而这种方式关键问题在于地下水的水质情况，若水源中含砂量较高，而矿化度较低（小于350mg/L），可以使用旋流除砂器降低含砂量，防止换热器的阻塞。如果地下水矿化度为350～500mg/L时，为防止腐蚀换热器，地下水不能直接通入机组换热器，需要安装不锈钢板式中间换热器。当水源水矿化度>500mg/L时，中间换热器应使用钛合金板式换热器。弄清地下水的水质并采用相应的处理办法对系统的安全运行有着至关重要的作用。

10.6.5　布井不合理造成水源热泵系统运行效率下降

地下水源热泵系统用水井之间的相互干扰主要是抽水井之间的水位降升相互间干扰和回灌井回水温差对抽水井的影响。水源热泵系统是利用相对恒温地下水作为能量传导介质，如果地下水温发生变化，将影响系统的正常运行，严重的话将造成系统短路。这就要求系统用水井按照合理的方向和井间距布置。目前对于水源热泵用水井的布井方向和井间距国内外还没有明确的规定，各地区根据经验结合区域含水层情况自行设定。现有水源热泵用水井多围绕建筑物布置在空调机房附近，井间距一般在40～50m，有些项目由于占地范围有限，井间距在30m左右。按照40～50m间距布设抽水井和回灌井，水源热泵系统运行基本正常。对于井间距较小的项目，在含水层单一、渗透性强的地区，在夏季使用一段时间后，抽取水温度会不断升高，而要继续提取能量，只能通过消耗更多电能。周而复始，抽水与回灌水形成短路，致使系统运行效率下降，严重的会造成系统瘫痪。为消除上述负面影响，应根据地下水资源情况，选择合理的布井方向和布井间距。

10.6.6　对水体的污染问题

水源热泵是系统通过抽取相对恒温的低品味浅层地表水体作为热源，浅层地表水体作为储存热量的介质使用，它通过封闭的管道在被吸收或者释放热量后回灌到水体，回灌水的温度会升高或降低，而其组成成分基本不变。因此，地下水源热泵系统的运行会造成对水体的热污染。目前，国内外还没有明确的关于热污染的地下水温度排放标准，对这一方面的研究成果也较少。在美国，根据立法机关的要求，已把热排放标准订入法律，对于地下水，排放的温度容许相差5℃。温度的变化对地下水中的物理、化学和生物过程会有影响，从而对水质产生影响。而这种影响是一个缓慢的过程，其影响程度和范围与回灌水的温差有很大的关系。在没有完全查明回灌水温差对地下水环境影响的情况下，需要加强监测，不断总结和研究，促进这项技术的健康发展。

10.6.7　忽视设计基础资料的收集工作

无论土壤源热泵系统或者地下水源热泵系统，其应用条件和应用效果都与当地的气候条件、水文地质情况等有密切的关系，目前我国水源热泵技术虽然广泛应用，但还是在摸索总结阶段，没有形成水源热泵技术应用各个环节所涉及要素的资料库。因此，要注重基础资料的收集和项目的可行性研究工作，有针对性地使用该项技术，促进其有效推广和可持续发展。

10.6.8 产品的性能和质量有待提高，水源热泵系列产品有待开发

目前国内地源热泵产品生产厂家有数百家，各个厂家的技术水平及实力参差不齐，因此，产品的性能和质量差别较大，影响了该技术的应用和发展。另外，随着可再生能源利用越来越受到人们的重视，可利用的能源形式及应用范围都在逐步地递增，现有的产品已经不能满足技术应用，新的产品有待开发。

10.7 有关水源热泵系统的现行国家标准

10.7.1 现行国家标准《水源热泵机组》GB/T 19409

中华人民共和国国家标准《水源热泵机组》GB/T 19409—2003 由中华人民共和国国家质量监督检验检疫局于2003年11月25日发布，于2004年6月1日正式实施。该标准由全国冷冻设备标准化技术委员会提出并归口，并会同合肥通用机械研究所以及相关的四家生产单位共同起草编制而成。

该标准主要分为8个部分和2个附录：（1）机组定义的范围；（2）规范性引用的文件；（3）术语和定义；（4）形式和基本参数；（5）技术要求；（6）实验方法；（7）检验规则；（8）标志、安装、运输和贮存；附录A水源热泵机组型号编制方法；附录B水源热泵机组噪声试验方法。

10.7.2 现行国家标准《地源热泵系统工程技术规范》GB 50366

为了使地源热泵系统工程设计、施工及验收做到技术先进、经济合理、安全适用，保证工程质量，中国建筑科学研究院会同13个单位共同编制了《地源热泵系统工程技术规范》GB 50366，该规范自2006年1月1日起实施。

规范主要分为8个部分和2个附录：（1）总则；（2）术语；（3）工程勘察；（4）地埋管换热系统；（5）地下水换热系统；（6）地表水换热系统：（7）建筑物内系统及整体运转；（8）调试与验收；附录A地埋管外径及壁厚；附录B垂直地埋管换热器的设计计算。

10.8 水源热泵主要经济技术指标

10.8.1 节能性指标

（1）性能系数

热泵性能系数（Coefficient of Performance，COP）是反映热泵节能性的重要指标，是循环中收益能与补偿能在数量上的比值。

$$COP=\frac{Q_0}{W}$$

式中 Q_0——制热（冷）量；

W——输入功率。如果考虑到驱动电机效率对能耗的影响，采用 EER（Energy Efficiency Ratio）来评价热泵性能，其定义为热泵供热（冷）量与电动机输入功率之比。

性能系数是水源热泵机组最重要的评价指标，其数值的大小决定了机组的节能性。在现行国家标准《冷水机组能效限定值及能源效率等级》GB 19577 中，对水冷式冷水机组能效限定值及能源效率等级进行了规定，见表 10-1。

水冷式冷水机组能效限定值及能源效率等级　　表 10-1

类　型	制冷量 CC（kW）	能效等级 COP（W/W）				
		1	2	3	4	5
水冷式冷水机组	$CC \leqslant 528$	5.00	4.70	4.40	4.10	3.80
	$528 < CC \leqslant 1163$	5.50	5.10	4.70	4.30	4.00
	$CC > 1163$	6.10	5.60	5.10	4.60	4.20

该标准规定了机组的节能评价值为上表中的能效等级 2 级。

以上只是对水源热泵机组本身的性能评价，对于水源热泵系统而言，除了应考虑水源热泵机组本身的性能外，还应考虑水源侧和空调末端侧系统其他设备的能源消耗，包括水源水泵、末端循环泵、空调末端设备等，系统各设备之间配备的优劣，决定了水源热泵系统性能的好坏。因此，水源热泵系统的优化设计对于系统的节能运行和评价是至关重要的。

(2) 季节性能系数

当室内所需制热的温度一定时，水源热泵的性能系数不仅与热泵本身的设计和制造情况有关，还与热泵的热源、供热负荷系数、热泵的运行特性等有关，为了计算水源热泵用于某一地区的供暖季节能耗，以及评价系统在整个采暖季节运行的热力经济性，提出了热泵的季节制热性能系数 $HSPF$（Heating Seasonal Performance Factor）这一概念。

$$HSPF = \frac{\text{供热季节总供热量}}{\text{供热季节总的输入能量}}$$

美国能源部为了节能和保护资源，已经制定了测定集中式空调机能耗的统一试验方法，该方法对住宅单元式设备（制热量大于 40kW 的商业与工业用的单元式热泵除外）规定了运行效率的季节性测定，对于热泵使用 $HSPF$ 表示，对于空调器使用季节能效比 $SEER$（Seasonal Energy Efficiency Ratio）表示。

(3) 能源利用系数

能源利用系数是指热泵对于一次（初级）能源的利用效率。对于有同样制热性能系数的热泵，若采用的驱动能源不同，则其节能意义和经济性均不相同。提出能源利用系数 E 评价热泵的节能效果。

$$E = \frac{Q_h}{E_p}$$

式中　Q_h——供热量；

E_p——消耗一次能源的总量。比如电驱动热泵，不但考虑制热系数，还要考虑一次能源的转换效率，包括发电效率和电力输配效率。

10.8.2 经济性指标

热泵是节能的，但同时其初投资费用较高，因此，必须寻求合理的经济效益评价方法来进行综合评价，以判断热泵在实际应用中是否节省费用（包括投资和运行费用），帮助人们对不同方案进行对比以作出正确的选择。主要有以下3种常用评价方法：

（1）投资回收年限法

$$\beta=\frac{C_F}{h\ (C_B-C_H)}$$

式中 C_F——热泵的单位初投资（元/kW）；

C_B——传统供热方式单位供热量价格[元/(kW·h)]；

C_H——热泵单位供热量价格[元/(kW·h)]；

h——热泵年运行时数（h）。一般回收年限为3~6年。

（2）费用现值法和费用年值法

由于资金的时间价值可能使不同时点绝对值不等的资金具有相等的价值，这就是资金的等值性问题。利用等值的概念可以将不同时点发生的金额换算成同一时点的金额，然后再进行比较。把将来时点上的金额换算成与现在时点相等价的金额，这一过程称为折现。把将来时点上的资金折现到现在时点的资金的价值称为现值。费用现值法是将使用寿命期内各年的运行费用折现，并将折现后的各年运行费用的现值与初投资相加，取和最小者为最经济方案。费用年值法是把投资值等价折算为年值后再与年运行费用相加，取和最小者为最经济方案。

$$\begin{cases}P_c=C_i+\sum_{k=1}^{n}C_k(1+i)^{-k}\\A_c=C_i\dfrac{i(1+i^n)}{(1+i)^n-1}+C_k\end{cases}$$

式中 P_c——费用现值（元）；

A_c——费用年值（元）；

C_i——初投资（元）；

C_k——第k年运行费用（元）；

i——基准折现率；

n——使用寿命（年）。

费用现值和费用年值均为项目的动态经济评价指标，不仅计入资金的时间价值，而且考察项目在整个寿命期内支出的全部经济数据。当方案使用寿命周期相同时，采用费用现值法，当寿命期不同时使用费用年值法。

10.9 水源热泵工程应用实例

10.9.1 青岛国际帆船中心媒体中心海水源热泵空调系统

建筑面积：8199m^2。

热源形式：海水源。

建筑功能：办公、会议、商用。

该水源热泵系统设置15台热泵机组，每5台为一组，每组热源侧和空调侧设有独立的循环泵，该系统为闭式系统，海水通过设置在沉箱里的板与乙二醇溶液换热后排入大海，经过换热的乙二醇溶液与机组的换热器进行换热。该系统同时提供夏季空调冷源和冬季空调热源。目前该系统已经投入运行，运行正常稳定。见图10-6。

图10-6 青岛国际帆船中心媒体中心海水源热泵空调系统

10.9.2 二十一世纪大厦地下水源热泵系统

建筑面积：15600 m^2。

热源形式：地下水源。

建筑功能：办公。

该系统配置3台型号为HT760的水源热泵机组，3台末端循环泵，热源侧配置3台二次循环泵，3台潜水泵。系统运行时，地下水不直接进机组，而是先通过设置在地下的板式换热器与二次水进行热量交换后回灌，由二次水进机组的冷凝侧与制冷剂进行热量交换。该水源热泵系统承担夏、冬季所需冷热负荷，夏季供回水温度分别为7~12℃，冬季供回水温度分别为50~55℃，末端为风机盘管系统。

10.9.3 沈阳金海园小区地下水源热泵系统

建筑面积：15600 m^2。

热源形式：地下水源。

建筑功能：办公楼。

系统热源和冷源采用水源热泵系统，末端空调散热设备为风机盘管。系统共设6台热泵机组，3台循环泵，热泵机组和循环泵集中设置在地下空调机房。系统室外共设8口抽灌两用井，系统设计全负荷运行时，3口抽水井，5口回灌井。井深40m，井间距50m，每口井均设置潜水泵，潜水泵设在地平面下 35m 处。热泵系统除了提供空调用冷热水外，同时还负责小区生活用热水，该系统于 2004 年冬季投入使用。

10.9.4 沈阳东北大学游泳馆地下水源热泵系统

建筑面积：6670 m^2。

热源形式：地下水源。

建筑功能：游泳馆。

该水源热泵系统提供夏季冷负荷、冬季热负荷及一年四季生活热水和游泳池热水负荷。该系统共设置 7 台机组，其中 3 台承担生活热水负荷，4 台承担空调冷热负荷。共设空调循环水泵 4 台，生活热水循环泵 2 台，集中设在地下机房，室外共设 6 口井，设计为 2 供 4 回，井深 46m，潜水泵设在地下 40m。该系统于 2005 年 10 月建成并投入使用，目前运行效果良好。见图 10-7。

图 10-7 沈阳东北大学游泳馆地下水源热泵系统

10.9.5 沈阳五里河污水源热泵系统

建筑面积：6000m^2。

热源形式：污水源。

建筑功能：办公、厂房。

五里河污水处理中心位于沈阳市浑南区，总建筑面积 6000 m^2，包括厂房和办公楼，中心年处理污水量为 1100 万 t。中心采用集中供暖系统，原供暖系统热源为燃油锅炉、末端为翅片式散热器。2004 年对供暖系统进行了改造，将热源改为污水源热泵系统，将原来燃油锅炉换为水源热泵机组，污水经污水处理厂处理后经热泵机组换热后流入浑河，使用侧增加一台循环泵，原来的两台循环泵作为备用，输送管道和末端没有进行相应改造。见图 10-8。

10.9.6 北京是第十七中学土壤源热泵系统

建筑面积：14000m^2。

热源形式：土壤源。

建筑功能：学校。

图 10-8　沈阳五里河污水源热泵系统

该地源热泵系统承担冬季热负荷和夏季冷负荷，系统共设置 2 台热泵机组，总装机制冷量为 831kW，总装机制热量为 876kW。该系统热源侧共设 90 口换热孔，孔深为 100m，采用双 U 形地埋管，地埋管孔间距为 5m。系统末端为风机盘管。

11 住宅区中水回用技术

11.1 技术概述

住宅区中水回用是将住宅洗浴废水等优质杂排水经过适当处理，达到规定的水质标准后，作为住宅冲厕、小区绿化、车辆清洗等杂用水。通过充分利用居民生活的污、废水资源，实现水资源的循环利用，提高水的利用效率，达到水资源节约和环境保护的目的。随着我国水资源节约和环境保护工作的不断深入，近年来中水回用技术在住宅建设中已得到了大力推广和应用，技术水平也得到了进一步的发展和完善，一些新技术、新产品不断出现，水处理工艺形式多样，如物化处理技术、生物接触氧化技术、膜式生物反应器处理技术、曝气生物滤池技术以及毛管渗滤土地处理技术等，这些技术都具有各自的特点，其适用性也各有不同。目前，在住宅工程的应用中，由于缺乏对各类技术的深入了解，已出现了技术类型选择不合理、中水处理规模不当、中水用途不明确等盲目采用的问题。为了便于各地在住宅工程建设中对中水回用技术的了解和掌握，科学合理地选用中水回用技术。本技术指南针对住宅工程项目的特点，对目前适用于住宅工程的比较成熟、先进的中水回用技术进行了系统的归纳，对其相关的技术内容和要求加以阐述，以供各地有关方面在住宅工程的建设中参考借鉴。

11.2 中水回用技术类型与特点

11.2.1 物化处理技术

物化处理技术主要是运用物理和化学的综合作用使废水得到净化的方法。通常是指由物理方法和化学方法组成的废水处理系统，或指包括物理过程和化学过程的单项处理方法，如浮选、吹脱、结晶、吸附、萃取、电解、电渗析、离子交换、反渗透等。

其主要工艺流程：原水→格栅→调节池→絮凝沉淀或气浮→过滤→消毒→中水。

（1）技术特点

物化处理方法，无需生物培养，具有设备体积小、占地省、可间歇运行、管理维护方便等特点。

（2）适用范围

适用于优质杂排水，原水的有机物浓度较低（$COD_{cr} \leqslant 100mg/L$，$BOD_5 \leqslant 50mg/L$ 和 $LAS \leqslant 4mg/L$）。

（3）设计要点

1）住宅工程中一般采用气浮工艺，絮凝气浮可以设备化，占地小，适用于层高较小的地下室等。

2）气浮和过滤对悬浮物去除效果较好，对溶解性有机物的去除效果较差，但对洗涤剂有一定的去除效果。

3）为了保证水质处理的效果，在气浮和过滤后，增加活性炭吸附装置，并在设计中明确，根据实际水质情况，半年至1年更换活性炭。

11.2.2　毛管渗滤土地处理技术

毛管渗滤土地处理技术是利用土壤膜中的微生物和植物根系对污染物的净化能力（过滤、吸附、微生物分解等）来处理生活污水，同时利用污水中的水、肥来促进农作物、牧草、树木生长。

其主要工艺流程：原水→格栅→厌氧调节池→毛管渗滤土地处理→消毒→中水。

（1）技术特点

系统运行稳定可靠，抗冲击负荷能力强；无需建设复杂的构筑物，综合投资和运行费用低；运行管理简单，便于维护。

（2）适用范围

适用于容积率较低的住宅小区，可与小区绿化系统相结合，对于杂排水和生活污水均适用。

（3）设计要点

1）布置在草坪、绿地、花园等之下的土壤中，日处理1m^3生活污水大约需占用8～12m^2土地面积；

2）根据小区内建筑物的位置，处理装置可集中设置，也可分散设置，并就地回用；

3）根据地形地势，利用自然地形，宜采用重力流布置；

4）处理装置应设置在冻土层之下；

5）当毛管渗滤处理装置设置在硬质地面（如道路、广场等）之下时，硬质地面的面积不得超过装置占地总面积的50%。

11.2.3　膜式生物反应器处理技术

膜式生物反应器处理技术是采用膜式生物反应器（Membrane Bioreactor，简称MBR），将生物降解作用与膜的高效分离技术结合而成的一种新型高效的污水处理与回用工艺。

其主要工艺流程：原水→调节池→预处理→膜式生物反应器→消毒→中水。

（1）技术特点

膜式生物反应器是在活性污泥法的曝气池中设置微滤膜，用微滤膜替代二沉池和后续的过滤装置，将生化与物化处理在同一池内完成，并对原水中的细菌和病毒具有一定的阻隔作用。该工艺具有耐冲击负荷能力强、有机污染物及悬浮物去除效率高、出水水质好、结构紧凑占地少、污泥产量少、自动化管理程度高等优点。

（2）适用范围

膜式生物反应器主要应用在以生活污水和有机物浓度较高的杂排水为原水的住宅中水系统中。

（3）设计要点

1）膜组件的寿命是影响住宅中水工程投资、设备运行管理和运行成本的主要问题，应根据膜材质、组件结构形式等因素，尽量采用质量好、寿命长的膜；

2）膜式生物反应器具有对水中细菌和病毒的阻隔功能，但工艺流程中不可缺少消毒环节；

3）采用抽吸出水的办法降低动力消耗，增加产水量；

4）宜设置自动计量、在线监测等设备，提高自动化管理水平。

11.3　各类中水回用技术比较与适用范围

各类中水回用技术比较与适用范围见表11-1。

各类中水回用技术的比较与适用范围　　**表11-1**

技术类型	处理方式	优缺点比较	适用范围
物化处理技术	物理、化学	可一体化，占地小，经济性较好；但出水水质不稳定	处理优质杂排水
毛管渗滤土地处理技术	土壤过滤、吸附、微生物分解	室外埋地设置，节省机房面积，动力消耗小；水质不够稳定，抗负荷冲击能力较弱，需要较好的预处理设施	容积率较低的住宅区，对于杂排水和生活污水均适用
膜式生物反应器技术	生物降解作用与膜的高效分离技术	占地面积小，出水水质稳定、可靠；造价较高	适用于以生活污水和有机物浓度较高的杂排水为原水的住宅中水系统

11.4　中水回用技术要点

11.4.1　住宅中水工程设计的基本原则

采用住宅中水回用技术在工程项目设计时，应遵循以下基本原则：

（1）住宅中水设施必须与主体工程同时设计、同时施工，其技术内容应符合现行国家标准《建筑中水设计规范》GB 50336的要求。

（2）住宅中水工程设计应根据可利用原水的水质、水量和住宅区中水用途，进行水量平衡和技术经济分析，合理确定住宅中水水源、系统形式、处理工艺和规模。住宅中水工程设计应做到安全可靠、经济适用、技术先进。

（3）住宅中水工程设计必须采取确保使用、维修的安全措施，严禁住宅中水直接或间接进入生活饮用水给水系统及可能产生的误接、误用。

11.4.2　住宅中水水源的选择

（1）住宅中水水源应根据排水的水质、水量、排水状况和中水回用的水质、水量要求确定。住宅优质杂排水水质相对干净，中水水源一般取自住宅洗浴废水等优质杂排水。

（2）住宅用水量较为稳定，杂用水用水量与排水量具有较强的相关性和一致性，一般洗浴废水的排水量大于杂用水用水量，因此住宅区一般收集洗浴废水可满足水量平衡要求，尽量不再收集其他污水作为中水原水，不足时可收集雨水作为建筑杂用水水源。

(3) 用水量及比例

住宅中的各种用水量及所占百分率应根据实测资料确定。表 11-2 给出了住宅各分项给水百分率，无实测资料时，可参照表 11-2 选取估算。

住宅各分项给水百分率（单位:%）　　表 11-2

项　目	住　宅	项　目	住　宅
冲厕	21～21.3	盥洗	6.0～6.7
厨房	19～20	洗衣	22～22.7
沐浴	29.3～32	总计	100

注：沐浴包括盆浴和淋浴。

11.4.3　住宅中水管道系统的设置

(1) 住宅中水系统由原水系统、处理系统和供水系统三部分组成。

(2) 住宅应采用原水污、废完全分流的系统。

(3) 住宅中水供水系统，主要有水泵水箱供水系统、气压供水系统和变频调速供水系统等形式。住宅中水供水系统的设计应符合以下要点：

1) 住宅中水供水系统必须独立设置，住宅中水管与自来水管严禁有任何方式的接通。

2) 住宅中水系统供水量按照现行国家标准《建筑给水排水设计规范》GB 50015 中的用水定额及表 11-2 中规定的百分率计算确定。

3) 住宅中水供水泵按住宅中水最大时用水量和供水最不利点所需总水头选择，住宅中水供水系统的设计秒流量和管道水力计算等参照现行国家标准《建筑给水排水设计规范》GB50015 中的规定进行计算。

4) 住宅中水管道一般采用塑料管、复合管或其他给水管材，由于住宅中水具有轻微腐蚀性，因此住宅中水管不得采用非镀锌钢管。

5) 住宅中水管道在室内一般采用明装，且应按规定涂成浅绿色。

6) 住宅中水储存池（箱）宜采用耐腐蚀、易清垢的材料制作，钢板池（箱）内、外壁及其附配件均应采取防腐蚀处理。

7) 住宅中水管道上一般不得装设取水龙头。当装有取水口时，必须采取严格的防误饮、误用的防护措施，如带锁龙头、明显标示不得饮用等。

8) 绿化、浇洒、汽车冲洗宜采用有防护功能的壁式或地下式给水栓。

9) 住宅中水供水系统上，应根据使用要求安装计量装置。

11.4.4　住宅中水水量的平衡

水量平衡是指整个住宅中水系统的中水量的计算和均衡，包括住宅中水原水量和处理量的调节和均衡，以及住宅中水原水量和住宅中水给水用量的调节和均衡。它是住宅中水系统设计中不可缺少的重要组成部分，其功能是确保处理前的原水合理最大化的收集、处理和利用。为使住宅中水原水量与处理水量、住宅中水产量与住宅中水用量之间保持平衡，并使住宅中水用量在一年各季节的变化中保持相对均衡，在住宅中水系统的设计中应采取一定的技术措施。水量平衡主要采取以下技术措施：

(1) 储存调节措施

前处理单元的原水调节池和后处理单元的住宅中水池是水量平衡系统的主要组成部分，足够容积的调节池和住宅中水池是确保住宅中水处理率和利用率的重要前提。设置原水调节池、住宅中水调节池、高位水箱等构筑物进行水量调节，以控制原水量、处理水量、用水量之间的不平衡。

(2) 运行调节措施

利用水位信号控制处理设备自动运行，并合理调整确定控制的水位和运行班次，可有效地调节水量平衡。

11.4.5 住宅中水水质的标准

(1) 住宅中水用作建筑杂用水，其水质应符合现行国家标准《城市污水再生利用 城市杂用水水质》GB/T 18920 的规定。

(2) 住宅中水用于景观环境用水，其水质应符合现行国家标准《城市污水再生利用 景观环境用水水质》GB/T 18921 的规定。

11.5 中水回用主要处理工艺和方法

住宅中水处理工艺流程应根据住宅中水原水的水质、水量和住宅中水的水质、水量及使用要求等因素，经技术经济比较后确定。选用住宅中水处理工艺流程的基本原则是：在保证住宅中水水质的前提下，尽可能节省投资、运行费用和占地面积；在中水处理过程中要避免噪声、气味和其他因素对环境造成不良影响；中水处理工艺流程具有一定的成熟性和可靠性。

11.5.1 住宅中水处理主要工艺流程

(1) 住宅采用优质杂排水作为中水水源时，宜选用物化或与生化处理结合的处理工艺流程。

1) 物化处理工艺流程：

原水→格栅→调节池→絮凝沉淀或气浮→过滤→消毒→中水。

2) 生物处理和物化处理相结合的工艺流程：

原水→格栅→调节池→生物处理→沉淀→过滤→消毒→中水。

3) 预处理和膜式分离相结合的处理工艺流程：

原水→格栅→调节池→预处理→膜分离→消毒→住宅中水。

(2) 利用污水处理站二级处理出水作为住宅中水水源时，宜选用物化或与生化处理结合的深度处理工艺流程。

1) 物化法深度处理工艺流程：

二级处理出水→调节池→混凝沉淀或气浮→过滤→消毒→中水。

2) 物化与生化结合的深度处理流程：

二级处理出水→调节池→微絮凝过滤→生物活性炭→消毒→中水。

3）微孔过滤处理工艺流程：

二级处理出水→调节池→微孔过滤→消毒→中水。

（3）选择工艺流程应注意的问题

1）住宅以优质杂排水或杂排水为中水水源，一般采用以物化处理为主的工艺流程或采用一般生化处理辅以物化处理的工艺流程。

2）为了使用安全，必须保障住宅中水的消毒工艺。

3）应充分注意住宅中水处理给建筑环境带来的臭味、噪声的危害。

4）选用定型设备尤其是一体化设备时，应注意其功能和技术指标，确保出水水质。

11.5.2　住宅中水处理设施

（1）预处理设施

1）格栅

原水为杂排水，可设置一道格栅，栅条空隙宽度不大于10mm；格栅流速宜取0.6～1.0m/s。

2）毛发聚集器

以洗浴（涤）排水为原水的住宅中水系统，泵吸水管上应设毛发聚集器。

（2）主处理设施（设备）

1）原水调节池

调节池宜设置预曝气管，曝气量不宜小于0.6m^3/h。池底应设有集水坑和泄水管，并应有不小于0.02坡度，坡向集水坑，池壁应设爬梯和溢水管。当采用地埋式时，顶部应设人孔和直通地面的排气管。

中、小型住宅中水工程的调节池可兼作提升泵的集水井。

2）沉淀池

原水为优质杂排水或杂排水时，设置调节池后可不再设置初次沉淀池。当处理水量较小时，絮凝沉淀池和生物处理后的沉淀池宜采用竖流式沉淀池或斜板（管）沉淀池；水量较大时，应参照现行国家标准《室外排水设计规范》GB 50014中有关内容的要求设计。

3）气浮池

气浮池一般采用溶气泵或微气泡发生器溶气。

4）生物接触氧化池

生物接触氧化池由池体、填料、布水装置和曝气系统等部分组成。供气方式宜采用低噪声的鼓风机加布气装置、潜水曝气机或其他曝气设备。

5）过滤

住宅中水过滤宜采用过滤池或过滤器，当采用新型过滤器、滤料和新工艺时，可按实际试验资料设计。

6）活性炭吸附

活性炭吸附过滤是住宅中水深度处理单元，主要用于去除常规处理方法难于降解和难于氧化的物质，以及除臭、除色、去除合成洗涤剂、有毒物质等。

7）消毒

消毒剂宜采用次氯酸钠、二氧化氯、二氯异氰尿酸钠或其他消毒剂；消毒剂宜采用自动定比投加方式，应与被消毒水充分混合接触；采用氯化消毒时，加氯量一般为5～8mg/L（有效氯），消毒接触时间应大于30min。当住宅中水水源为生活污水时，应适当增大加氯量。

11.5.3　中水处理站设置

（1）处理站设计要求

1）处理站位置的确定

住宅中水处理站应设置在所收集住宅中水原水的建筑和建筑群与住宅中水回用地点便于连接的地方，并应满足建筑的总体规划、周围环境卫生及管理维护等要求。住宅中水处理站位置确定原则如下：

①设置在靠近住宅中水水源和住宅中水用户楼层的地下室或裙房内。

②应避开建筑的主立面、主要通道入口和重要场所，选择靠辅助入口方向的边角，并与室外结合方便的地方。

③室内外进出方便并具有良好的通风条件，不会对建筑环境产生任何不良危害。

④高程上应满足住宅中水原水的自流引入和自流排入下水道。

⑤可作双层布置的地方，有利于水池和设备的合理布置。

2）处理站设计要点

①住宅中水处理站的面积按处理工艺需要确定，处理间高度应满足最高处理构筑物及设备的施工安装和维修要求。

②具备人员进出的方便条件，并应考虑设备进出的可能。

③处理构筑物及设备布置应合理、紧凑，可按工艺流程顺序排列布置，从而简化管路设计。

④处理构筑物及设备相互之间应留有操作管理和检修的合理距离，其净距一般不应小于0.7m。处理间主要通道宽度不应小于1.0m。

⑤在满足处理工艺要求的前提下，高程设计中应充分利用重力水头，尽量减少提升次数，节省电能。

⑥各种操作部件和检测仪表应设在便于操作观察的地方。

⑦处理间和化验间内应设有自来水龙头，以满足管理人员的正常需要。其他工艺用水应尽量使用住宅中水。

⑧加药储药间和消毒制备间宜与其他房间隔开，并有直接通向室外的门。

⑨根据处理站规模和条件，设置值班、化验、储藏、厕所等附属房间。

⑩处理站的处理水量、住宅中水水量、自来水补给量、用电量应单独计量，以便进行运行成本核算。

⑪处理站应设有适应处理工艺要求的采暖、通风换气、照明及给水排水设施。

⑫处理站应根据处理工艺及处理设备情况采取隔声降噪及防臭气污染等措施。

（2）隔声降噪及防臭措施

1）隔声降噪

住宅中水处理站设置在建筑内部时，必须与主体建筑及相邻房间严密隔开，并应做建筑隔声处理以防空气传声，如采用隔声门或隔声前室等。所有转动设备的基座均应采取减振处理，一般采用橡胶隔振垫或隔振器。连接振动设备的管道应做减振接头和吊架，以防固体传声。当设有空压机、鼓风机时，其房间的墙壁和顶棚宜采用隔声材料进行处理。

2）防臭措施

对住宅中水处理中散发出的臭气应采取有效的防护措施，以防止对环境造成危害。设计中尽量选择产生臭气较少的工艺和封闭性较好的处理设备，并对产生臭气的处理构筑物和设备加做密封盖板，从而尽量少地产生和逸散臭气。对于不可避免产生的臭气，工程中一般采用下列方法进行处置：

①稀释法：是把收集的臭气高空排放，在大气中稀释，属于物理方法。设计时要注意对周围环境的影响。

②天然植物提取液法：将天然植物提取液雾化，让雾化后的分子均匀地分散在空气中，吸附并与异味分子发生分解、聚合、取代、置换和加成等的化学反应，促使异味分子发生改变其原有的分子结构而失去臭味。反应的最后产物为无害的分子，如水、氧、氮等等。

另外，还有活性炭吸附法、化学洗涤法、化学吸附法、燃烧法、催化法等除臭措施，设计中可根据具体情况采用不同的方法。

11.5.4　安全防护及检测控制

（1）安全防护

在住宅中水处理回用的整个过程中，住宅中水系统的供水可能产生供水中断、管道腐蚀及住宅中水与自来水系统误接误用等不安全因素，设计中应根据住宅中水工程的特点，采取必要的安全防护措施：

1）严禁住宅中水管道与自来水管道有任何形式的连接。

2）室内住宅中水管道的布置一般采用明装。

3）住宅中水管道外壁应涂成浅绿色，以与其他管道相区别。住宅中水高位水箱、阀门、水表及给水栓上均应有明显的“中水”标志。

4）住宅中水管道与给水排水管道平行埋设时，其水平净距不得小于0.5m；交叉埋设时，住宅中水管道应位于给水管道的下面，排水管道的上面，其净距均不小于0.15m。

5）为保证不间断向各住宅中水用水点供水，应设有应急供应自来水的技术措施，以防止住宅中水处理站发生突然故障或检修时，不至于中断住宅中水系统的供水。补水的自来水管必须按空气隔断的要求。自来水补水管出口与住宅中水池（箱）内最高水位间，应有不小于2.5倍管径的空气隔断层。

6）原排水集水干管在进入住宅中水处理站之前应设有分流井和跨越管道。

7）储水池（箱）均应设有溢水管，住宅中水储水池（箱）设置的溢水管、泄水管，均应采用间接排水方式排出。

8）严格控制住宅中水的消毒过程，均匀投配，保证消毒剂与住宅中水的接触时间，确保管网末端的余氯量。

9）住宅中水管道的供水管材及管件一般采用塑料管、镀锌钢管或其他耐腐蚀的复合管材，不得使用非镀锌钢管。

（2）监测控制与管理

为保障住宅中水系统的正常运行和安全使用，做到住宅中水水质稳定可靠，应对住宅中水系统进行必要的监测控制和维护管理。

1）当住宅中水处理采用连续运行方式时，其处理系统和供水系统均应采用自动控制，以减少夜间管理的工作量。

2）当住宅中水处理采用间接运行方式时，其供水系统应采用自动控制，处理系统也应部分采用自动控制。

3）对于处理系统的数据监测方式，可根据处理站的处理规模进行划分：

①对于处理水量≤200m^3/d 的小型处理站，可安装就地指示的检测仪表，由人工进行就地操作，以加强管理来保证出水水质。

②对于处理水量＞200m^3/d 且≤1000m^3/d 的处理站，可配置必要的自动记录仪表（如流量、pH 值、浊度等仪表），就地显示或在值班室集中显示。

③对于处理水量＞1000m^3/d 的处理站，才考虑水质检测的自动系统，当自动连续检测水质不合格时，应发出报警。

④住宅中水水质监测周期，如浊度、色度、pH 值、余氯等项目要经常进行，一般每日一次；SS、BOD、COD、大肠菌群等必须每月测定一次，其他项目也应定期进行监测。

⑤设有臭氧装置或氯瓶消毒装置时，应考虑自动控制臭氧发生及氯气量，防止过量臭氧及氯气泄漏。

⑥要求操作管理人员必须经过专门培训，具备水处理常识，掌握一般操作技能，严格岗位责任制度，确保住宅中水水质符合要求。

11.6 中水回用技术应用中常见问题

目前在住宅区中水回用技术应用中仍存在一些问题，主要表现在以下几方面：

（1）处理工艺、设备质量较差，系统的运行管理水平不高，出现问题不能及时得到解决，使水质常常发生较大的波动，达不到预想效果，处理系统运行往往不正常，水质水量不稳定。

（2）设计不合理，未能进行较好的水量平衡计算，中水设施的设计规模与实际收集原水量存在较大差异，采用生活污水作为中水原水，处理难度较大，中水回用在运行中的实际成本较高。

（3）住宅中水回用水质标准偏低，虽然目前我国建筑中水回用执行的水质标准是现行国家标准《城市污水再生利用 城市杂用水水质》GB/T 18920，某些指标较高，但作为住宅区用水，与居住人群密切接触，卫生防疫安全的隐患始终存在，用户对使用中水存在较大的抵触心理，从而影响了中水的使用和普及。

（4）水价偏低，投资效益较差，设备生命周期无法收回成本，建设单位投资建设的积极性不高，大部分是被动式的投资建设，无法保证中水系统的设计、设备、运行管理各方面的质量。

11.7 中水回用技术工程应用实例

11.7.1 项目概况

本工程是收集住宅小区的优质杂排水（洗脸、洗澡等），主要设计参数详见表 11-3。

主要设计参数 表 11-3

使用人数（人）	用水量标准 [L/(d·人)]	杂排水比例（%）	冲厕用水比例（%）	排水量系数	平均日系数	原水收集量（m^3/d）	中水用水量（m^3）	中水调节池容积（m^3）	运行时间（h）	小时处理量（m^3/h）
5850	150.0	42	35	0.9	0.8	265.4	245.7	73.7	20	12.28

11.7.2 工艺流程

本工程的工艺流程见图 11-1。

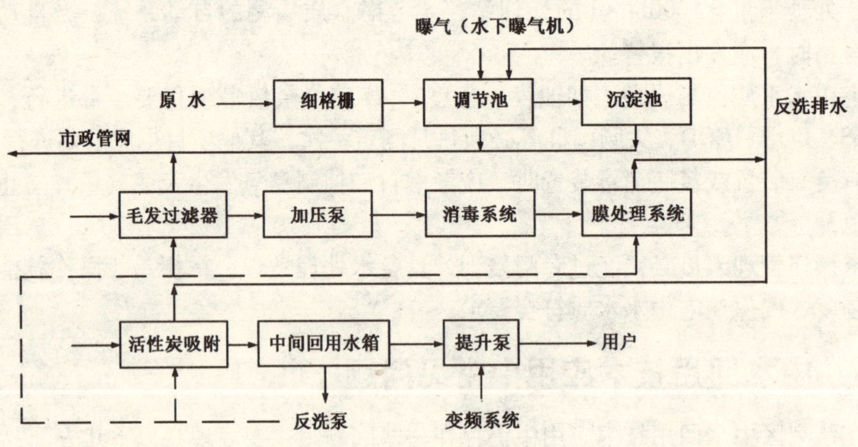

图 11-1 工艺流程

11.7.3 技术措施

（1）细格栅：由厂家定作完成。

（2）调节池：设计为 30% 的日中水用水量，采用水下曝气机。

（3）沉淀池：设计为 0.7h 的水力停留时间，池底设有放空管（也可不设）。

（4）毛发过滤器：小孔径的毛发过滤器，截留原水中的毛发等大的颗粒物。

（5）膜处理系统：采用 900 张平板膜，过滤面积 $720m^2$，单张平板膜的水流量维持在 $0.32m^3/d$。

（6）活性炭吸附：出水经过活性炭吸附，去臭、去味并且吸附水中的胶体物质。

（7）中水清水池：容积 $40m^3$，为 2h 最大小时用水量。

（8）消毒：采用次氯酸钠溶液，自动投加。

12 住宅区雨水利用技术

12.1 技术概述

我国是一个水资源短缺的国家，水资源短缺已经成为制约我国经济建设和城市发展的重要因素，住宅建设必须贯彻节能、节地、节水、节材的要求，节水是其中重要的一环。住宅区雨水利用是节约水资源的有效措施，目前在我国的住区建设中已得到了迅速发展，并取得了明显成效。雨水作为一种极有价值的水资源，对于城市住宅区的雨水利用，不仅仅是利用雨水资源和节约用水，它还包括减缓城区雨水洪涝和地下水的下降、控制雨水径流污染、改善住区生态环境等广泛意义。住宅区雨水利用的总目标是：有效地利用雨水径流，达到节水、水资源涵养与保护、截污减排、改善生态环境及可持续发展的要求。因此，住宅区雨水利用是一种多目标的综合性技术，大体分为土地入渗、收集回用、调蓄排放三部分技术系统。目前，在住宅区应用的主要系统为：分散式或小区集中式雨水渗透系统；分散式或小区集中式雨水收集回用系统，在具体雨水利用工程中可根据实际情况分别采用，也可组合采用上述系统。本章主要阐述雨水入渗和收集回用两大系统的相关技术内容。

12.2 小区雨水利用系统的规模与方式

12.2.1 雨水利用工程的规模

住宅区雨水利用系统的规模，总体上应满足建设用地排除日降雨水的设计径流总量和设计流量不应大于开发建设前的水平或规定的值。如果单纯以替代部分自来水（城市供水）为目的的雨水利用工程，要本着实际需求出发，以住宅区的实际用水需要量来决定雨水利用工程的规模。

（1）小区雨水利用量的确定

按《建筑与小区雨水利用工程技术规范》GB 50400—2006 的规定，雨水利用工程担负着节水和防止雨水流失的双重功能，保证小区的雨水外排放径流总量不大于地面硬化前的水平。

雨水的设计流量按下式计算：

$$Q=\psi_{m}qF \tag{12-1}$$

式中 Q——雨水的设计流量（L/s）；

ψ_{m}——流量径流系数；

q——设计暴雨强度[L/(s·hm²)]；

F——汇水面积（hm²）。

日降雨雨水径流总量按下式计算：

$$W = 10\psi_c h_y F \tag{12-2}$$

式中　W——日降雨雨水径流总量（m^3/d）；

ψ_c——雨量径流系数，见表12-1；

h_y——设计日降雨量（mm）。

径流系数表　　**表12-1**

下垫面种类	雨量径流系数 ψ_c	流量径流系数 ψ_m
硬屋面、没铺石子的平屋面、沥青屋面	0.8～0.9	1
铺石子的平屋面	0.6～0.7	0.8
绿化屋面（精细型）	0.4	0.5
绿化屋面（粗放型）	0.5	0.6
混凝土和沥青路面	0.8～0.9	0.9
块石等铺砌路面	0.5～0.6	0.7
干砌砖、石及碎石路面	0.4	0.5
非铺砌的土路面	0.3	0.4
绿地	0.15	0.25
水面	1	1
地下建筑覆土绿地（覆土深度≥500mm）	0.15	0.25
地下建筑覆土绿地（覆土深度≤500mm）	0.3～0.4	0.4

【例】某住宅区规划总面积10hm²，其中，绿地平均覆盖率40%，雨量径流系数0.15；硬化不透水面积55%，雨量径流系数0.8；水面面积5%，雨量径流系数1.0。住宅区平均雨量径流系数为0.55。按北京市一年重现期的日降雨量36mm，住宅区开发前自然状态的雨量径流系数取0.25。将以上数据代入公式（12-2），得出住宅区开发后的日雨水径流增量为1080m³，此值即是住宅区应具有的雨水利用量。

（2）雨水利用量的平衡

雨水利用主要通过土壤入渗和收集回用两种手段来实现。土壤入渗，是用各种雨水入渗设施使雨水渗入地下，转化为土壤水；收集回用，是把收集的雨水做必要的处理后送到用水点替代自来水。

分别用 W_S、W_T 表示雨水的入渗量和自来水的替代量，两者之和应不小于住宅区地面硬化后的雨水径流增量 ΔW，以实现雨水的利用，即

$$W_S + W_T \geq \Delta W \tag{12-3}$$

式（12-3）明确地表达了土壤入渗和收集回用两种雨水利用方式的雨水利用量与雨水径流增量的相互关系，两种雨水利用手段可以共同使用，也可以单独使用。W_S、W_T 的取值范围在 $0 \sim \Delta W$ 之间。

雨水径流增量 ΔW 的计算式中，降雨量与降雨重现期、降雨历时有关。《建筑与小区雨水利用工程技术规范》GB 50400—2006 规定：具体工程设计中，以降雨重现期1～

2a，降雨历时24h的典型降雨的降雨量为标准配置雨水利用设施的规模。北京市不同典型降雨量见表12-2。

北京市不同典型降雨量表　　表12-2

项目		降雨历程（mm）			
		最大24h	最大3d	最大7d	最大30d
降雨量	2年一遇	86	110	154	约185
	5年一遇	144	190	258	

北京市2年重现期持续降雨24h的降雨量86mm，按此雨水利用量设计的雨水利用设施平均每2年发生一次满负荷运行。

12.2.2 雨水利用的方式与选择

雨水利用的方式应根据工程具体情况决定。地面雨水宜采用雨水入渗；绿地的雨水应就地入渗；屋面雨水可采用收集回用、雨水入渗方式，或采用收集回用与雨水入渗相结合的方式。

小区内设有景观水体时，屋面雨水宜优先用于景观水体补水，水体宜作为雨水收集回用系统的调节水池。室外土壤在承担了室外各种地面雨水入渗后其入渗能力仍有足够的余量时，屋面雨水可进行雨水入渗。

当收集回用水体的回用水量或储水能力小于屋面的收集水量时，屋面雨水的利用可选用回用与入渗相结合的方式。

为削减城市洪峰或要求场地雨水迅速排干时，宜采用调蓄排放系统。

12.2.3 住宅区雨水利用的主要技术措施

（1）住宅小区道路和广场地面采用透水铺装效果良好，保证在中雨以下的降雨时不会产生径流。

（2）大面积的地下车库顶板上填埋种植土作为小区绿地时，顶板上应铺设渗排板及透水管，收集降雨下渗的雨水，既回收了雨水，减少了径流量，同时也避免了植物根系的烂根病害。

（3）在实行雨、污分流的住宅区，雨水排水管网宜按渗透管—排放系统设置。

12.3 小区雨水入渗系统

12.3.1 雨水入渗的方式

采用雨水入渗系统，将雨水回灌地下，用以补充涵养地下水资源，是一种间接的雨水利用技术。雨水入渗系统主要分为：分散入渗技术和集中回灌入渗技术两大类。雨水入渗方式主要有：绿地入渗、透水铺装地面入渗、浅沟与洼地入渗、浅沟渗渠组合入渗、渗透管沟、入渗井、入渗池、渗透管—排放系统等。雨水入渗方式的选择，宜优先选择绿地、透水铺装地面、渗透管沟、入渗井等入渗方式，也可根据具体工程条件将各种入渗方式进行组合。

例如在一个小区内可将渗透地面、绿地、渗透池、渗透井和渗透管等组合成一个入渗系统。其优点是可以根据现场条件的多变选用适宜的入渗设施，取长补短，效果显著。比如：渗透地面和绿地可截留净化部分杂质，超出其渗透能力的雨水进入渗透池（塘），起到渗透、调节和一定净化作用，渗透池的溢流雨水再通过渗井和滤管下渗，可以提高系统效率并保证安全运行。缺点是设施之间可能会产生相互影响。

12.3.2 雨水入渗设施的规模

入渗设施的规模用有效渗透面积表示。渗透面积计算公式如下：

$$A_S = W_S / \alpha \cdot K \cdot J \cdot t_S \quad (12\text{-}4)$$

式中 A_S——渗透面积（m^2）；

W_S——雨水渗透量（m^3）；

α——综合安全系数，一般取0.5～0.8；

K——土壤的渗透系数，应大于5×10^{-6} m/s；

J——水力坡度，一般取1.0；

t_S——渗透时间（s）。

土壤的渗透系数应以实测为准，无资料时参见表12-3。

岩土渗透系数参考值 **表12-3**

岩土名称	渗透系数（cm/s）	岩土名称	渗透系数（cm/s）
黏土	$<6\times10^{-6}$	中砂	$6\times10^{-3}\sim2\times10^{-2}$
粉质黏土	$6\times10^{-6}\sim1\times10^{-4}$	粗砂	$2\times10^{-2}\sim6\times10^{-2}$
粉土	$1\times10^{-4}\sim6\times10^{-4}$	砾石	$6\times10^{-2}\sim1\times10^{-1}$
粉砂	$6\times10^{-4}\sim1\times10^{-3}$	卵石	$1\times10^{-1}\sim6\times10^{-1}$
细砂	$1\times10^{-3}\sim6\times10^{-3}$	漂石	$6\times10^{-1}\sim6\times10^{0}$

当住宅区的土壤有良好的渗透条件时，可充分利用这一天然优势实施雨水入渗。当雨水利用采用雨水入渗单一方式时，设施的渗透面积应满足日渗透量不小于汇水面积上的雨水径流量，即当日降雨当日渗完。对于地下入渗设施（如入渗井、入渗池）可放宽至3d渗完。

入渗设施需要一定的蓄水容积，要维持一段时间内的入渗过程。对于绿地等入渗系统，要求当日雨水当日渗完，渗透设施应具有较强的雨水消纳能力，所需的蓄水容积可适当减小，只需储存降雨过程中来不及渗透的雨水，即在渗透面上的残流雨量。入渗池、入渗井的渗水时间长，需要的储水容积大，按一天的雨水量计算。

12.3.3 入渗的基本条件

（1）土壤的渗透系数不小于$10^{-6}\sim10^{-3}$m/s。

（2）渗透地面距地下水位的距离不小于1.0m。

（3）渗透地面应设透水垫层，透水土工布的单位面积的质量宜为100～300g/m^2。

12.3.4 雨水渗透排放系统

雨水渗透排放是一种非常有效的截污、渗透减排措施，它不但减轻了市政雨水管网的压力，而且对园区绿化环境起到良好的保护效果。雨水渗排一体化是将屋面、路面、绿地的雨水通过环保型雨水口收集到雨水渗透井，并通过雨水渗透井、雨水渗透管进行渗透（图12-1）。通过渗排系统的储存、渗透可以有效地减少流向市政雨水管网的雨水径流量。设计雨水渗透排放系统的基本原则是：

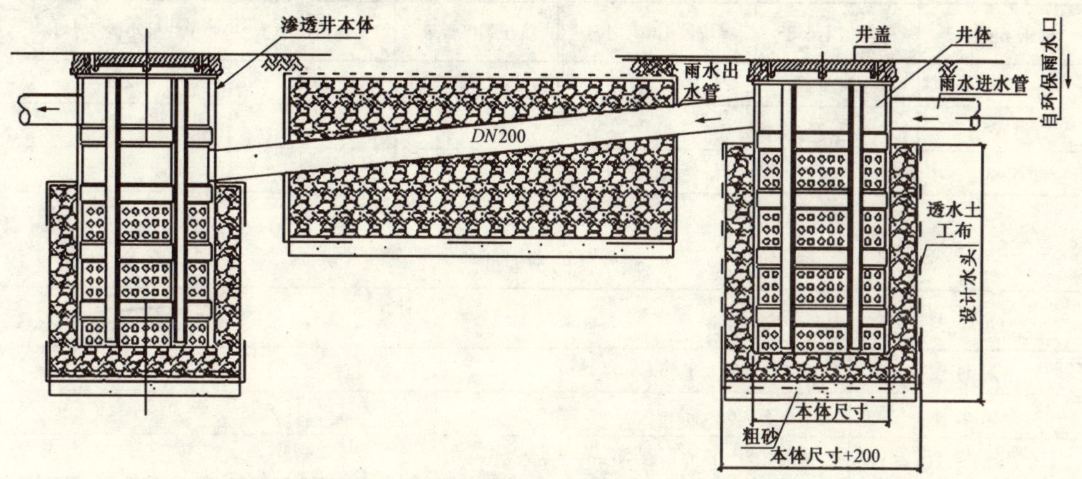

图12-1　雨水渗透排放系统的渗透管和渗透井

（1）雨水渗透排放系统，起点第一个检查井至最后一个检查井间的管道直径和敷设坡度，应满足雨水溢流排放流量的要求。计算所得的各井点的标高，为井的出水管管内底标高；

（2）井间的渗透管敷设坡度宜采用0.01～0.02。在下游检查井处，进水渗透管的管顶应在出水渗透管的管内底以下；

（3）渗透排放系统的检查井间距，不大于渗透管管径的150倍；

（4）渗透管的管径不小于200mm。塑料渗透管的开孔率不小于15%；

（5）雨水渗透排放系统的检查井使用渗透检查井或集水渗透检查井，渗透检查井应有0.3m深的沉砂室；

（6）雨水渗透排放系统的末端应设溢流井，溢流水排入雨水管道。

12.3.5 地面透水铺装入渗

地面透水铺装入渗是加大渗透面积的有效措施。透水铺装应设透水面层、找平层和透水垫层。合理的选材配有适当级配，可以产生良好的渗透作用，透水地面在降雨35mm/h时地面不产生径流。透水地面设施的蓄水能力不宜低于重现期2年的60min的降雨量。北方地区的地面铺装应满足抗冻要求。

（1）透水面层

透水面层可采用透水混凝土、透水砖、草坪砖等，面层的渗透系数应大于 1×10^{-4}m/s，孔隙率不小于20%，面层的厚度根据不同的材料、使用场地确定，厚度宜为20～50mm，且应满足承载要求。透水面层透水混凝土，石子粒径为5～10mm，水泥应用高强度的矿渣硅酸盐水泥，透水混凝土的孔隙率不小于20%，《透水砖》JC/T 945—2005行业标准中规定：透水砖的边长/厚度≥5时，抗折破坏荷载应不小于6000N。透水砖的抗压荷载、物理性能见表12-4。

透水砖的抗压强度（单位：MPa）　　**表12-4**

抗压强度等级	平均值不小于	单块最小值不小于	抗压强度等级	平均值不小于	单块最小值不小于
Cc30	30.0	25.0	Cc50	50.0	42.0
Cc35	35.0	30.0	Cc60	60.0	50.0
Cc40	40.0	35.0			

透水砖的物理性能　　**表12-5**

项　目	要　　求
耐磨性	磨坑长度不大于35mm
保水性	不小于 $0.6g/cm^2$
透水系数	透水系数（15℃）≥ 1.0×10^{-2}cm/s
抗冻性	25次冻融循环后外观质量符合《透水砖》JC/T 945—2005的有关规定，抗压强度的损失率不大于20.0%

找平层采用粗砂、细石、细石透水混凝土、干硬性砂浆等，厚度25～50mm。粗砂细度模数宜大于2.6。细石的粒径3～5mm，单级配，1mm以下颗粒体积含量不大于3.5%。细石透水混凝土找平层采用粒径为3～5mm的石子或粗砂，含泥量不大于1.0%，泥块含量不大于0.5%，针片状颗粒含量不大于10%。

（2）透水垫层

透水垫层采用连续级配砂砾料、单级配砾石、无砂混凝土等。连续级配砂砾料层的粒径为5～40mm，厚度≥150mm，碾压方式压实，压实系数应大于65%。单级配砾石垫层的粒径为5～10mm，含泥量不大于2.0%，泥块含量不大于0.7%，针片状颗粒含量不大于2.0%，夯实后的现场干密度应大于最大干密度的90%。

12.3.6　绿地入渗

（1）绿化用地入渗

绿地雨水宜就地入渗。绿地应低于周围地面，小区内路面宜高于路边绿地50～100mm。绿地植物宜选用耐淹品种。在满足景观要求的前提下，绿地宜设置成浅沟或洼地，积水深度不宜大于300mm。可以在绿地内设置雨水口，其雨水口的顶面高于绿地地面，用以限定绿地的降雨积水高度。

（2）车库顶板上的绿地入渗

多数住宅区设有大面积的地下车库，车库顶板上铺设覆土在1m以上进行绿化。从车库的防水需要和植物的生长条件要求，都必须设置排水系统，此时也为雨水入渗和雨水的回收提供了必要的条件。车库顶板铺设渗排水板是一种成功方法，渗排水板是以热熔性聚氢类制成的长纤维多孔新型土工合成渗排水材料，在铺设前套入200g/m^{2}的土工布袋内，满铺在车库顶板上，上面垫100mm厚中砂，再填种植土到地面。渗排水板带每隔5~10m放一根软式透水管，收集渗透的雨水，顶板应向软式透水管找坡。降雨时，雨水透过土壤和土工布进入软式透水管收集起来，汇集绿地周围的集水总管或集水沟内，流入雨水蓄水池。

12.3.7 雨水渗透排放系统施工方法

（1）施工前期准备

施工人员在施工前应认真阅读施工文件和图纸，理解设计意图和要求，侧重于雨水渗透排放系统中，体现雨水储存、渗透、排放功能的各项措施；编制科学的施工组织设计，确定施工方案。

（2）土方开挖

土方开挖应避开雨期，雨天不应施工。土方开挖可用人工或小型机械施工。开挖从地面向下进行，表层土用铁锹清除，回填时不再使用。人工开挖时，沟槽的侧面须用铁锹做层状剥离，切成光滑面。沟底面土壤不夯实，应尽量避免超挖。不得已超挖时，不得用超挖土回填，应用碎石回填。

（3）沟底铺砂

沟槽开挖到设计标高后，人工铺平一层中砂或粗砂，厚100mm，砂的含泥量不应大于3%。铺砂后用脚轻轻踏实，不得用滚轮等机械碾压。

（4）铺土工布

在沟槽全线铺设土工布，土工布随沟槽断面形状，呈U形，上部向外折边，在沟边压牢。渗透检查井位置放置预制的土工布检查井井套。

（5）井体定位与渗透管的连接

在进行井体定位与渗透管的连接之前，先在检查井的土工布井套内和沟槽底面的土工布层面，铺设粒径20~30mm的碎石骨料，厚约100mm，骨料的含泥量不应大于1%。核实检查井的底面标高，改变井底的碎石骨料厚度，使井底标高与设计值相符。将成品渗透井井体放入井袋内，放入厚约150mm的碎石，为井体定位。井体定位后，按设计要求连接检查井之间的渗透管路，注意骨料的直径、坡度、走向与设计相符。

（6）充填碎石、粗砂

在步骤（5）中已经充填少量碎石的基础上，继续充填碎石，至碎石的顶面设计标高。为保证沟槽侧壁土壤与土工布之间有一个砂间隔层，应先在土工布与沟槽侧壁土壤间充填粗砂，再在沟槽内充填碎石。充填碎石和粗砂的过程交替循序进行，至达到同一标高。每层充填的粗砂和碎石应踏实。最后，将沟槽上面的外翻的土工布折回、铺平。

(7) 回填

回填土壤前先铺粗砂一层，厚100mm。回填土分层进行，用滚轮充分压实。回填使用优质土。

(8) 水夯

回填土完工后，渗透管沟应进行充水，水夯时间不小于24h，再进行回填土补填。

12.4　小区雨水收集回用系统

12.4.1　雨水收集回用设施的规模

(1) 替代自来水雨水量的设计

收集的雨水经处理后进行回用，替代自来水，以满足小区的节水需求，自来水的替代量 W_T 用下式计算：

$$W_T = \sum q_I \cdot n_I \cdot t \tag{12-5}$$

式中　q_I——某种用途用水设备的平均日用水定额（m^3/d）；

n_I——某种用途用水设备的数量；

t——用水时间（d）。

t 按3d的用水量计算，并限定回用系统3d的雨水量不宜小于集雨面24h的雨水径流总量，相当于最高日用水量不宜小于集雨面雨水径流总量的40%。

替代自来水的雨水量 W_T 的最大值，可以等于或大于雨水径流增量 ΔW。

前已表述雨水径流总量用公式（12-2）计算。例如，北京地区2年重现期的24h降雨量为86mm。雨水收集回用设计应综合考虑雨水用途、水质、用量等因素，并结合工程具体特点选定集雨下垫面，使设定一次降雨的收集量与自来水的替代量相适应。

(2) 雨水处理回用设施的规模

蓄水池是雨水收集回用的必备设施，为主要的投资部分，具有储水和沉淀双重功能。雨水蓄水池的容积不应小于集雨面24h的雨水径流总量。

一般雨水处理设施的处理能力按3d将蓄水池的储水处理完毕，每天工作12h。处理设施的最大处理能力不应小于集雨面24h的雨水径流总量的40%。收集回用的供水管网的规模应满足3d的供水量大于集雨面24h的雨水径流量。

雨水处理设备的处理能力和供水管网的规模，也必须考虑雨水需求量的不均匀性，必要时处理设备和供水管网宜留有余量。

12.4.2　雨水的收集与储存

(1) 雨水的收集方式

雨水收集是将在下垫面上的雨水径流收集起来，以便于利用，雨水的收集方式应根据降雨下垫面和工程的特点进行合理选择。雨水收集回用应选取条件良好的下垫面，建议将屋面、水面、广场作为雨水直接收集的场所。在每次降雨时，经过弃流装置弃流掉一定的雨量后收集到蓄水池，并将大于设计重现期的雨量溢流到市政雨水管网。具体流程如图12-2所示。

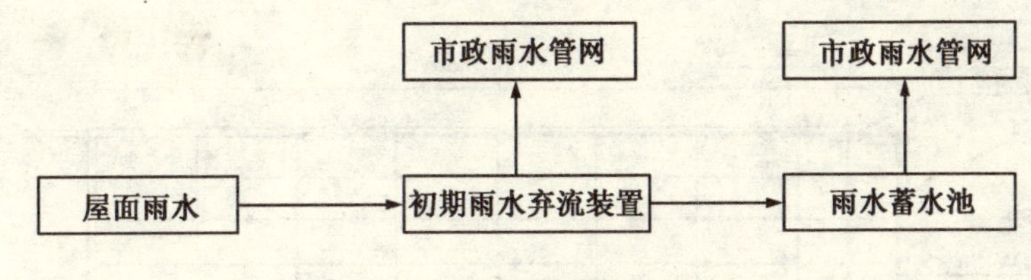

图 12-2 屋面雨水收集流程

绿地、道路的径流雨水不宜收集回用，可用雨水口收集，用入渗井、入渗池、渗排一体化系统实施入渗。雨水口宜使用渗透式，内设有截污筐。入渗井、入渗池的雨水进水管管口、渗排一体化系统的渗排管进、出水管管口设置筛网，可有效地拦截杂物，延长设施的使用寿命。

屋面雨水的收集宜采用半有压雨水收集系统，大型屋面宜采用虹吸式雨水收集系统。采用半有压雨水收集系统的单立管上，在距地面 1m 处宜设置自动排渣筛网截污器。

硬化地面的雨水应有组织地排向雨水口，雨水口内宜装有截污渗透装置，雨水口设在汇水面的低洼处，顶面标高低于地面 10～20mm。建设用地内的平面和竖向设计应考虑雨水收集的要求。

大面积广场的雨水宜用缝隙集水排水沟收集，每间隔 30m 左右设一个检修口或检修井，并把收集的雨水引至集水管网。

(2) 雨水的储存

单体住宅、别墅的屋面面积较小，收集的雨水可储存在小型蓄水罐中。内置潜水泵的小型蓄水罐设备简单适用。

住宅区有景观水体时，宜用景观水体的调节容积蓄水。水体水面超过最高水位时，溢流水流入城市雨水管网。

钢筋混凝土水池是常用的储水构筑物，见国家建筑标准图集《圆形钢筋混凝土蓄水池（50～2000m）》04S803、《矩形钢筋混凝土蓄水池（50～2000m）》04S804。在雨水利用工程中，储水构筑物兼有雨水沉淀的功能。因此，水池内宜设置浮标无动力滗水器，雨水处理时，抽取水池中的上层水质较好的雨水，有利于提高处理后的水质，降低处理成本。

塑料模块组合水池是一种新型的储水构筑物。它以塑料模块组合体为骨架，四周包裹不透水土工布构成储水构筑物，也可以四周包裹透水土工布构成渗水构筑物（图 12-3）。塑料模块组合水池重量轻、安装方便、储水不宜变质。在地下水位较高的地区使用塑料模块组合水池应做抗浮校核。塑料模块组合水池的池底沉积不易清除，应在池底设置压缩空气管，清淤时通入压缩空气，开启清淤泵，将淤泥抽吸清除。

12.4.3 雨水的处理与回用

(1) 雨水处理工艺

雨水处理工艺应符合相应用途的水质标准，当处理后的雨水用于多种用途时，其水质应按最高水质标准确定。雨水处理后 COD_{cr}、SS 指标要求见表 12-6。

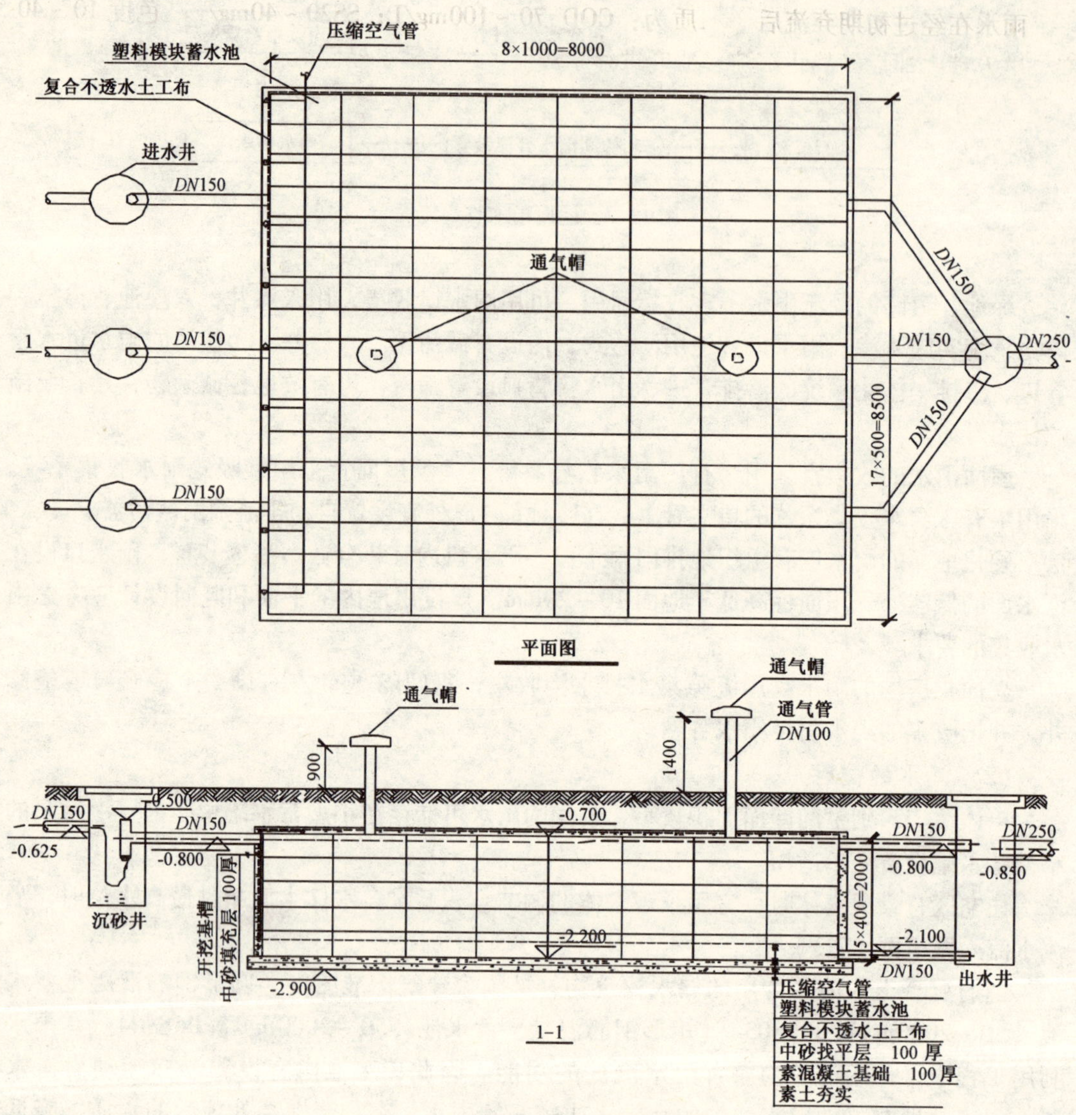

图 12-3 塑料模块组合水池安装示意图

雨水处理后的 COD_{cr}、SS 指标 表 12-6

序号	项目指标（mg/L）	循环冷却系统补水	观赏性水景	娱乐性水景	绿化用水	车辆冲洗	道路浇洒	冲厕用水
1	COD_{cr}≤	30	30	20	30	30	30	30
2	SS≤	5	10	5	10	5	10	10

选择雨水处理工艺时，必须对园区内工程所在地区的大气环境和集雨下垫面予以充分的了解。雨水 pH 值小于 5.6 的酸雨地区，雨水处理工程应包括 pH 值调整工艺。降雨受下垫面影响较重时，应设雨水初期弃流装置。流量型及雨量型雨水初期弃流装置适用于要求准确控制弃流量的情况。容积型的弃流池和跳跃堰式弃流井也可用于雨水利用工程。

雨水在经过初期弃流后的水质为：COD_{cr}70～100mg/L；SS20～40mg/L；色度10～40度。进入蓄水池后经静止沉淀，浊度进一步降低。过滤是水处理的主要工艺，水泵将蓄水池的上层水送入水处理间作必要的处理。过滤处理常用砂过滤器，过滤速度选用10m/h。处理能力大于50m^3/h时可选用纤维球滤料，过滤速度可提高到20～30m/h。雨水用于绿化灌溉，也可选用自动快速过滤器等其他新型设备。常用的处理工艺流程如图12-4所示。

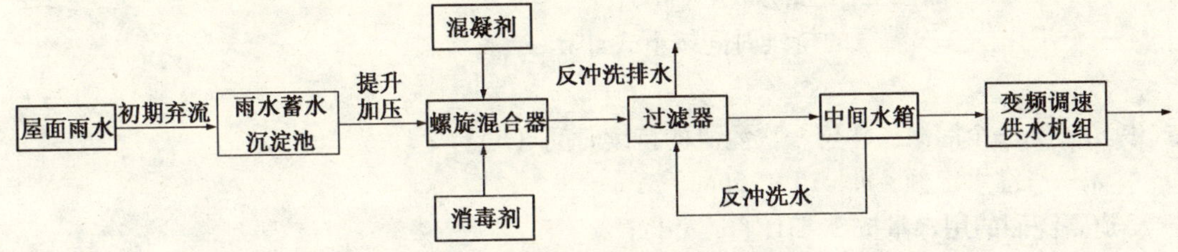

图12-4 雨水常用的处理工艺流程

图12-4的雨水处理工艺流程中有三个特点：一是雨水储水池兼沉淀池，但不可与中水原水池共用；二是消毒位置放在过滤之前，主要是考虑到消毒药剂有助于消除雨水处理间断工作造成的过滤器滤料板结，增加消毒时间。因此，对应于供水量的不均匀变化，过滤能力宜有一定的余量，供水选用变频调速供水机组。

（2）雨水的回用

雨水主要用于下列用途：景观用水及补水、绿化用水、路面及地面冲洗用水、汽车冲洗用水。国家已明确规定，从2006年3月1日起人工景观水体（人造湖、小溪、瀑布、喷泉）的补水严禁使用自来水，应采用中水、雨水作为景观环境的用水水源。住宅区的回收雨水优先用于景观用水及补水是非常适宜的。屋面收集的雨水不经处理可直接排入景观水体。景观水体本身设置循环水处理系统，防止水体的浊度和色度升高，使水体的水质符合现行国家标准《城市污水再生利用 景观环境用水水质》GB/T 18921的要求。景观水体的循环水处理系统可与雨水处理系统合并使用。

绿化灌溉是住宅区的另一种主要的雨水直接利用方式，常用喷灌和滴灌，喷灌以固定喷灌系统为主。以雨水为绿化灌溉的水源，喷灌水质应满足现行国家标准《农田灌溉水质标准》GB 5084，其雨水的处理方法和供水能力须与草坪的灌溉制度相适应。草坪灌溉制度是指草坪的全年灌水次数、灌水定额、灌水周期、一次灌水的延续时间和灌溉定额。灌水定额是单位面积草坪每次灌水的灌水量。灌溉定额是单位面积草坪的全年灌水总量。草坪灌水周期是两次灌水的间隔。灌水的延续时间是一次灌水的持续时间。

节水灌溉的草坪喷灌强度不得大于土壤允许喷灌强度，土壤允许喷灌强度见表12-7。

各类土壤的允许喷灌强度（mm/h） **表12-7**

土壤类别	允许喷灌强度	土壤类别	允许喷灌强度
砂土	20	壤黏土	10
砂壤土	15	黏土	8
壤土	12		

选定喷灌强度并对灌溉面积分区，得到一个灌溉工作位的面积，用下式计算灌溉的供水量：

$$Q=10^{-3}qA \tag{12-6}$$

式中 Q——喷灌系统的设计流量（m^3/h）；

q——喷灌强度（mm/h）；

A——一个灌溉工作位的面积（m^2）。

一个工作位一次灌溉的持续时间按下式计算：

$$t=m/q \tag{12-7}$$

式中 t——一个灌溉工作位一次灌溉的持续时间（h）；

m——灌水定额，$m=15\sim25$mm。

道路浇洒的用水量按2～3L/(m^2·d)计。

12.5 雨水利用工程执行的标准

（1）《建筑与小区雨水利用工程技术规范》GB 50400—2006

（2）《建筑给水排水设计规范》GB 50015—2003

（3）《建筑中水设计规范》GB 50336—2002

（4）《城市排水工程规划规范》GB 50318—2000

（5）《室外给水设计规范》GB 50013—2006

（6）《室外排水设计规范》GB 50014—2006

（7）《节水灌溉工程技术规范》GB/T 50363—2006

（8）《喷灌工程技术规范》GB/T 50085—2007

（9）《城市污水再生利用 分类》GB/T 18919—2002

（10）《城市污水再生利用 城市杂用水水质》GB/T 18920—2002

（11）《城市污水再生利用 景观环境用水水质》GB/T 18921—2002

（12）《二次供水设施卫生规范》GB 17051—1997

（13）《景观娱乐用水水质标准》GB 12941—91

（14）《建筑小区排水用塑料检查井》CJ/T 233—2006

（15）《透水砖》JC/T 945—2005

13 小区智能化管理成套技术

13.1 技术概述

小区智能化管理成套技术是指将现代智能技术、信息技术的系统与产品应用到居住小区的建设中，达到智能化系统与建筑的有机结合，并能通过高效的管理与服务，为住户提供一个安全、舒适与便利的居住环境。主要包括安全防范、管理与设备监控和通信网络三大系统。

我国小区智能化系统的技术发展始于20世纪末期，在21世纪初尤其是最近几年发展迅速。在该技术应用的起始阶段，房地产开发商往往看重智能化系统对楼盘销售带来的好处，对小区建成入住后，智能化系统的运行与维护，以及所需运行费用考虑很少。随着该领域技术的不断发展，以及人们对小区智能化技术认识的不断提高，开发商对该项技术的选用逐渐趋于理性。目前，全国新建的居住小区几乎都不同程度地应用了智能化系统技术。尤其在直辖市、省会城市以及经济较为发达的沿海城市已建设了不少高水平的智能化系统。其中，特别得到广泛应用的是安防装置与宽带接入网等技术。

小区智能化建设首先应正确定位系统的建设等级及主要内容，科学合理地选择系统功能及产品，这是成功的关键因素。另外，小区智能化系统的建设应与小区建设同步，实行统一规划、统一设计、统一施工。在建设规划中应对以后的物业服务进行全面策划，物业服务在工程实施的适当时机提前介入。工程交付使用前必须确保物业服务系统安全、准确、可靠地运转，做好工程竣工后物业服务的一切准备工作。其次，小区智能化系统应采用先进、适用的成套集成技术，选用性能可靠、经济合理的材料、设备和产品。建立和完善智能化工程质量保障体系。对已竣工的居住小区，要根据小区建设现状，特别重视智能化系统的管网设计与施工。智能化系统布线应符合开放性、兼容性、扩展性等要求，达到布线简化、安装方便、技术可靠、经济合理的目标。智能化系统布线应纳入小区综合管网的设计中，并满足小区总平面规划的要求，满足房屋结构对预埋管路的要求。

13.2 智能化系统组成与技术要求

13.2.1 系统组成

居住小区智能化是以信息传输通道（可采用宽带接入网、现场总线、有线电视网与电话线等）为网络平台；联结各个智能化子系统，通过物业管理中心向住户提供多种功能的服务。居住小区内可以采用多种网络拓朴结构（如树形结构、星形结构和混合结构）。图13-1为居住小区智能化系统总框图。

居住小区智能化系统是由安全防范系统、管理与设备监控系统和通信网络系统组成，总共15个子系统。

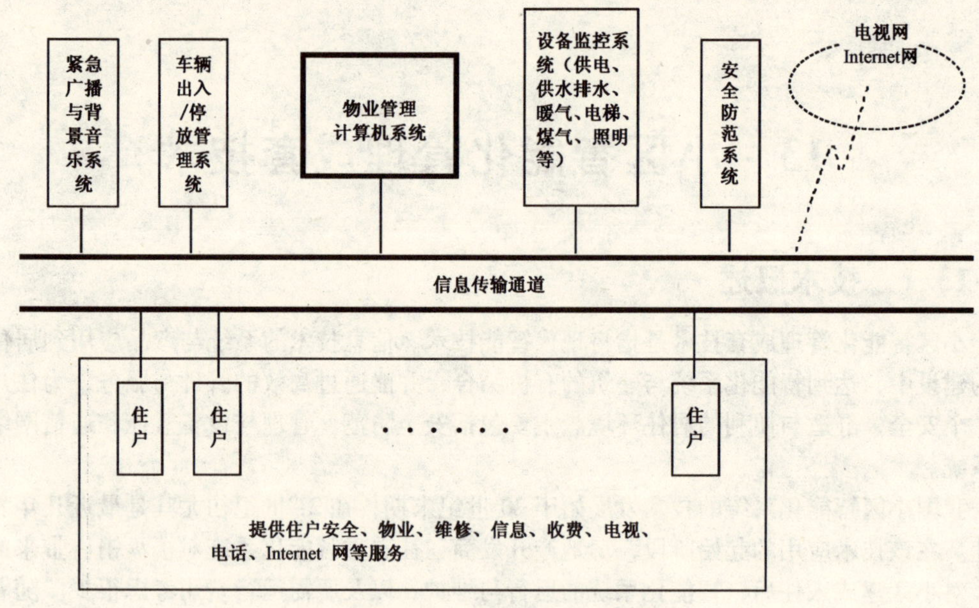

图 13-1　居住小区智能化系统总框图

(1) 安全防范系统

安全防范系统主要包括以下五个子系统：

1）住宅报警子系统；

2）访客对讲子系统；

3）周边防越报警子系统；

4）视频监控子系统；

5）电子巡更子系统。

(2) 管理与设备监控系统

管理与设备监控系统包括以下五个子系统：

1）远传抄表子系统；

2）车辆出入与停车场管理子系统；

3）应急广播与背景音乐子系统；

4）物业管理计算机子系统；

5）设备监控子系统。

(3) 通信网络系统

通信网络系统包括以下五个子系统：

1）电话网；

2）有线电视网；

3）宽带接入网；

4）控制网；

5）家庭网。

13.2.2 系统技术要求

(1) 系统硬件

系统硬件包括网络产品、布线系统、计算机、智能控制箱、家居综合布线箱、计量仪表和电子器材等，应选择先进、适用、成熟的产品和技术。避免短期内因技术陈旧造成整个系统性能不高而被过早淘汰。同时应避免采用技术上很先进但不成熟的、还处于研制阶段的硬件产品。硬件产品应具有兼容性，便于系统产品更新与维护。硬件产品应具有可扩充性，便于系统升级与扩展。

(2) 系统软件

系统软件的功能好坏直接关系到整个系统的水平。系统软件包括：计算机及网络操作系统、应用软件及实时监控软件等。系统软件应具有很高的可靠性和安全性。系统软件应操作方便，采用中文图形界面，采用多媒体技术，使系统具有处理声音及图像的能力。用机环境要适应不同层次住户及物业公司人员的素质。系统软件应支持硬件产品的更新。系统软件应具有可扩充性。

(3) 系统集成

系统集成是将小区智能化系统中的子系统，或系统内功能模块，在物理上、逻辑上和功能上融合一起，以实现信息与资源共享。根据小区智能化系统不同需求，可以采用不同的集成技术。小区智能化系统集成应在小区建设规划阶段，制定所采用的系统集成方案。提倡采用宽带接入网、控制网、有线电视网、电话网和家庭网的融合技术，简化小区内信息传输通道的布线系统，提高系统性能价格比。在规划阶段应将各子系统及子系统内功能模块的各种信息交换接口标准化，便于系统集成的实施。住宅内可采用集各种功能为一体的控制技术，逐步发展采用无线传输技术。提倡小区“一卡通”系统，并与社会相关服务系统联网使用。

系统集成主要有三个层面，第一层面是各子系统自身的集成度；第二个层面是各子系统监控管理界面都要集中于小区物业管理计算机系统，要求控制系统通信协议转换成IP/TCP等，采用实时数据库采集数据等技术；第三个层面是能够在Internet网上集成，用户可通过网上查看实时信息。系统集成不是小区智能化系统建设追求的目的，主要还应考虑系统的经济、实用、可靠、易于维修，特别要注意适用于物业管理要求。

(4) 控制室、管网等建设要求

小区应设立中心控制室，位置应首选小区的中间位置，当小区规模较大时，应设立一个或多个分控制室。智能化小区应将智能化系统布线管网纳入居住小区综合管路的设计中，并符合小区总平面规划的要求和房屋结构对预埋管路的要求。规范小区中各种管道的设计与分布，尽量将弱电系统管线统一到一条综合管道（井）中，既避免相互冲突，又可以节省投资并且便于维护管理。控制室应根据不同的地区和子系统，设置符合标准规范要求的接地与防雷技术，确定电气接地与防雷的类型、位置、接地排的引入方案。小区智能化系统宜采用中心控制室集中供电方式，对于家庭报警及远传抄表系统必须保证市电停电的24h内正常工作。

13.2.3 系统基本配置与可选配置

为使不同类型、不同居住对象、不同建设标准的小区合理配置智能化系统，小区按不同的功能设定、技术含量、资金投入等因素综合考虑，小区智能化系统建设具体实施功能上分为基本配置和可选配置。基本配置为在最低功能的情况下必须具备的配置，可选配置可依据具体情况要求扩充功能的配置，依据扩充功能要求选择一项或多项甚至于全部可选配置。基本配置内容可称为智能化小区所规定的门槛。这个门槛综合考虑当前具体情况，特别是要合理控制造价、国家建设标准和物业管理的适应性。

根据《居住区智能化系统配置与技术要求》CJ/T 174—2003 中所列举的基本配置。具体要求如下：

(1) 安全防范系统的基本配置：

住宅报警、访客对讲、周边防越报警、视频监控、电子巡更五个基本功能的装置。

(2) 管理与设备监控系统的基本配置：

自动抄表、车辆出入与停车（场）管理、紧急广播与背景音乐、物业管理计算机系统、设备监控五个基本功能的装置。

(3) 信息网络系统的基本配置：

住宅电话、电视、宽带上网基本功能的装置。

为实现上述功能，应科学合理布线，智能化系统中管网、设备间（箱）与电子产品安装以及防雷与接地等应严格按现行国家或行业标准进行设计与施工。

可选配置使智能化小区功能及技术水平有较大提升，并根据小区实际情况，选用《居住区智能化系统配置与技术要求标准》CJ/T 174—2003 中所列举的可选配置，以达到系统的先进、实用和可靠，具有可扩充性和可维护性。

13.3　安全防范系统

安全防范系统是通过在小区周界、重点部位与住户室内安装安全防范的装置，并由小区物业管理中心统一管理，来提高小区安全防范水平。

13.3.1　住宅报警子系统

(1) 系统功能

当住宅发生紧急情况时，由安装在住宅室内外的各种报警装置向居住区物业管理中心报警，物业管理中心应实时处理与记录报警事件。

(2) 系统构成

户门、阳台、外窗安装开关式传感器、入侵传感器（如红外微波传感器、超声波传感器、激光传感器）等装置，发生非法入侵时，自动报警提示住户，并向物业管理中心报警。住宅报警子系统框图见图 13-2。

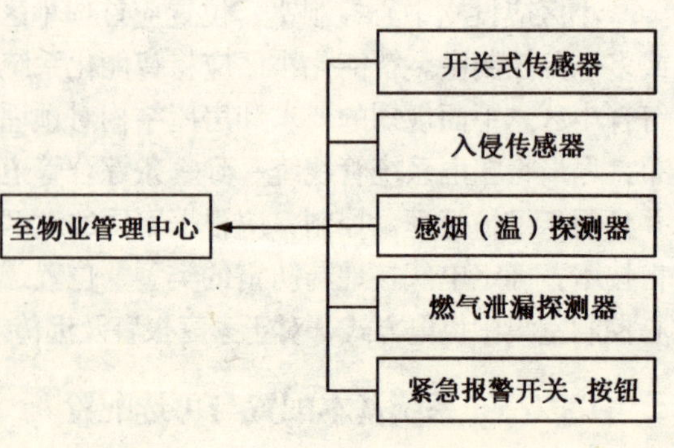

图 13-2　住宅报警子系统框图

室内安装感烟探测器、感温探测器、燃气泄漏探测器，发生火警及燃气泄漏时自动报警提示住户，并向物业管理中心报警。

室内易触及和隐蔽处设置报警开关或

无线报警按钮，用于向物业管理中心报警。

(3) 系统设备的基本要求

1）系统设备的安全性：

①系统设备应符合相关产品标准的安全性规定。

②系统设备任何部分的机械结构应有足够的强度，并能防止由于结构不稳定、移动、突出物和锐边造成对人员的损伤，报警装置应有防触电保护。

2）系统设备的可靠性：

①系统平均故障间隔工作时间（MTBF）大于5000h。

②住宅受到入侵时应发出报警，在户内报警时间应小于5s，物业管理中心接到报警时间应小于10s。

③住户内可根据需要显示报警和故障信号，物业管理中心应以声光显示报警及故障状态。

3）系统设备环境的适应性：

①报警装置所使用的设备应符合现行《报警系统环境试验》GB/T 15211 的要求。

②安装在室内的报警装置的工作温度为 -5 ~ 50℃，相对湿度小于90%。安装在室外环境（含阳台上）的报警装置的工作温度：一般地区为 -10 ~ 55℃、寒冷地区为 -40 ~ 35℃，相对湿度小于100%。

③报警装置应根据环境的电磁波、声及振动等干扰源的测量情况，选用符合要求的设备。

④报警装置的电磁兼容性应符合现行《入侵报警系统技术要求》GA/T 368 的要求。

⑤报警装置的电源装置应符合现行《报警系统电源装置、测试方法和性能规范》GB/T 15408 的要求。

4）传感器与控制器连接线缆应采用耐压不低于250V 的铜芯绝缘多股电线。每芯截面面积≥$0.3mm^2$。

(4) 系统设备安装要求

户门、阳台、外窗的报警装置不应装在入侵时易于拆卸的位置。信号线及电源线应有保护套管防护。系统应做接地保护。报警装置安装前，建筑工程应完成预埋管、预留件等工作，并通过验收合格。各类设备产品应进行进场验收，查验出厂合格证、产地证、产品技术资料，对于实行许可证和安全认证的产品，应有产品许可证和安全认证标志。外观检查应有铭牌、附件齐全、电气接线端子完好，表面无缺损，涂层完整。

(5) 系统检测要求

按现行《入侵探测器》GB 10408.1 ~ 7、《振动入侵探测器》GB/T 10408.8 的有关要求，检查、调试系统探测器的安装位置、探测范围、灵敏度、报警后的恢复时间、防拆保护等功能与指标。按现行《防盗报警控制器通用技术条件》GB 12663 的有关要求检查报警装置的本地、异地报警、防破坏报警、布撤防、自检及显示功能。检查紧急装置报警的响应时间。按设计要求检测系统联动功能。

13.3.2 访客对讲子系统

(1) 系统功能

系统分直通型、联网型两类。

1）直通型：在门外采用设定密码、IC 卡通过门口机开启防盗门电控锁，在室内由室内机通过门口机开启防盗门电控锁。

2）联网型：除具有直通型的功能外，通过安装在居住区主要出入口或智能化控制机房的管理员机实现联网控制。

（2）系统构成

直通型由室内机、门口机、电控锁、电源组成。联网型由室内机、门口机、电控锁、管理员机、监视屏及电源组成。室内机分为可视对讲与非可视对讲两类，可视对讲又分为彩色显示与黑白显示两类。联网型的管理员机分为可视、非可视两类，可视对讲分为彩色显示与黑白显示两类。图 13-3 为直通型对讲装置框图，图 13-4 为联网型对讲装置框图。

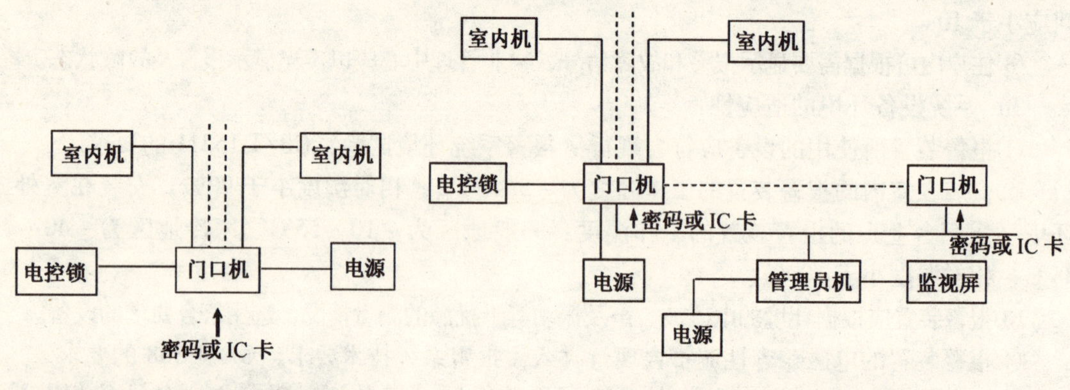

图 13-3　直通型对讲装置框图

图 13-4　联网型对讲装置框图

（3）系统设备的基本要求

1）系统设备应符合现行《防盗报警控制器通用技术条件》GB 12663 和《楼寓对讲系统及电控防盗门通用技术条件》GA/T 72 的要求。

2）系统设备的安全性：

①系统设备应符合相关产品标准的安全性规定。

②系统设备任何部分的机械结构应有足够的强度，并能防止由于结构不稳定、移动、突出物和锐边造成对人员的损伤。

③报警装置应有防触电保护。

④门口机应具有防水、防尘、防振、防拆等功能。

3）系统设备的可靠性：

①系统应有可靠的供电电源，在市电断电后，备用电源要保证系统正常工作 8h 以上。

②系统不受时间、环境的影响，接到信号，应立即动作。

③系统平均故障间隔工作时间（MTBF）大于 5000h。

4）系统设备的环境适应性：

①对讲装置所使用的设备应符合现行《报警系统环境试验》GB/T 15211 标准的要求。

②安装在室内的对讲装置的工作温度为 -5 ~ +50℃，相对湿度小于 90%。安装在室外环境（含阳台上）的对讲装置的工作温度：一般地区为 -10 ~ +55℃、寒冷地区为 -40 ~ +35℃，相对湿度小于 100%。

③对讲装置应根据环境的电磁波、声及振动等干扰源的测量情况，选用符合要求的设备。

5）系统输出信号要求：

①语音图像清晰。

②电控锁的控制可靠、稳定。

6）系统设备间的连接线缆：

①控制信号传输线路应采用耐压不低于250V的铜芯绝缘线，每芯截面面积≥0.5mm²。

②门口机与电控锁之间的连接导线采用耐压不低于500V的铜芯绝缘导线或铜芯电缆，每芯截面面积≥0.75mm²。

③视频传输应采用视频同轴电缆，并满足相关要求。

（4）系统设备安装要求

1）电控锁应装在不易拆卸、并有足够强度的位置。

2）信号线及电源线应有保护套管防护。

3）系统应作接地保护。

4）报警装置安装前，建筑工程应完成预埋管、预留件等工作，并通过验收合格。

5）各类设备产品应进行进场验收，查验出厂合格证、产地证、产品技术资料，对于实行许可证和安全认证的产品，应有产品许可证和安全认证标志。外观检查应有铭牌、附件齐全、电气接线端子完好，表面无缺损、涂层完整。

（5）系统检测要求

1）按现行《楼寓对讲系统及电控防盗门通用技术条件》GA/T 72，检查系统的寻呼、通话、电控开锁等功能。

2）检查可视对讲访客系统的图像质量。

13.3.3　周界防越报警子系统

（1）系统功能

周界设置防越探测装置，物业管理中心及时发现非法越界者并显示报警路段和报警时间，自动记录保存。有需要的小区，还可增设闭路电视实时监控，联网使用。

（2）系统构成

系统由安装在设防周界上的探测器（或传感线缆）、报警接收/通信主机及传输电缆组成。报警接收/通信主机安装在物业管理中心，接收探测器报警信号，显示发生警情的路段、时间，对周界进行分区布撤防。图13-5为周界防越报警装置框图。

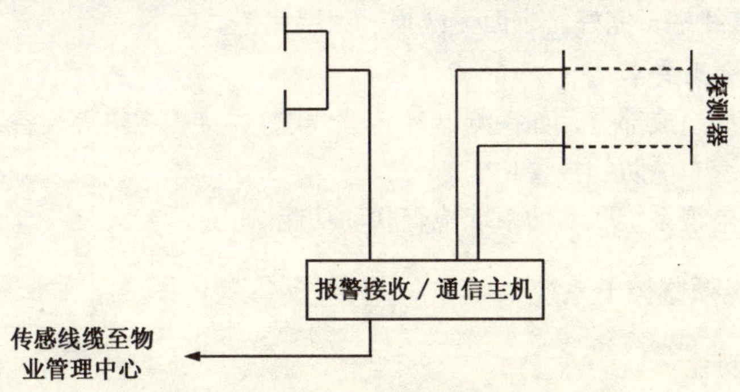

图13-5　周界防越报警装置框图

（3）系统设备的基本要求

1）系统设备的基本要求应符合现行《入侵探测器》GB 10408.1～7、《振动入侵探测器》GB/T 10408.8、《磁开关入侵探测器》GB 15209、《防盗报警控制器通用技术条件》GB 12663 的规定。

2）系统设备的安全性：

①装置设备应符合相关产品标准的安全性规定。

②装置设备任何部分的机械结构应有足够的强度，并能防止由于结构不稳定、移动、突出物和锐边造成对人员的损伤。

③探测器和传感线缆应具有防水、防尘、防振、防拆功能。

3）系统设备的可靠性：

①系统平均故障间隔工作时间（MTBF）大于5000h。

②发生入侵时，在物业管理中心接到报警时间小于10s。

③物业管理中心以声光显示故障状态。

4）系统设备环境的适应性：

①防越报警装置所使用的设备应符合现行《报警系统环境试验》GB/T 15211 的要求。

②安装在室内的装置的工作温度为－5～50℃，相对湿度小于90%。安装在室外环境（含阳台上）的装置的工作温度：一般地区为－10～55℃，寒冷地区为－40～35℃，相对湿度小于100%。

③防越报警装置应根据环境的电磁波、声及振动等干扰源的测量情况，选用符合要求的设备。

5）系统设备连接线缆应满足室外远距离传输的环境和技术性能要求。

（4）系统设备的安装要求

1）探测区底座和支架应固定牢靠。

2）传感线缆的固定构架应牢靠。

3）导线的外接部分不得外露，并留有适当余量。

4）系统应作接地保护。

5）报警装置安装前，建筑工程应完成预埋管、预留件等工作，并通过验收合格。

6）各类设备产品应进行进场验收，查验出厂合格证、产地证、产品技术资料，对于实行许可证和安全认证的产品，应有产品许可证和安全认证标志。外观检查应有铭牌、附件齐全、电气接线端子完好、表面无缺损、涂层完整。

（5）系统检测要求

1）检查系统组成部分，如探测器（传感线缆）、接警主机等设备，保证正常工作。

2）检查系统布撤防、报警功能。

3）与闭路电视系统联动的系统检查联动功能。

13.3.4　视频监控子系统

（1）系统功能

物业管理中心通过安装在居住小区的主要出入口、主要通道、停车场、电梯轿厢及公建重要部位的摄像机，进行监控，并自动/手动切换系统图像，对摄像机云台及镜头进行控制，并对重要部位进行长时间录像。在需要时系统可与周界防越等保安系统联动。

（2）系统构成

系统由摄像、传输、监视及控制四个主要部分组成。当需要记录监视目标的图像时，应设置录像装置。在监视目标的同时，当需要监听声音时，可配置声音传输、监听和记录系统。

（3）系统设备的基本要求

1）系统设备应符合现行《民用闭路监视电视系统工程技术规范》GB 50198、《视频入侵报警器》GB 15207、《报警图像信号有线传输装置》GB/T 16677 的规定。

2）系统设备的安全性：

①装置设备应符合相关产品标准的安全性规定。

②装置设备任何部分的机械结构应有足够的强度，并能防止由于结构不稳定、移动、突出物和锐边造成对人员的损伤。

③视频监控装置应有防触电保护。

3）系统设备的可靠性：

①系统平均故障间隔工作时间（MTBF）大于5000h。

②发生入侵时，在物业管理中心接到报警时间小于10s。

③物业管理中心以声光显示故障状态。

4）系统设备环境的适应性：

①视频监控装置所使用的设备应符合现行《报警系统环境试验》GB/T 15211 的要求。

②安装在室内的装置的工作温度为 -5 ~ 50℃，相对湿度小于90%。安装在室外环境（含阳台上）的装置的工作温度：一般地区为 -10 ~ 55℃，寒冷地区为 -40 ~ 35℃，相对湿度小于100%。

③视频监控装置应根据环境的电磁波、声及振动等干扰源的测量情况，选用符合要求的设备。

5）系统设备的连接线缆：

连接线缆应根据现场实际情况，满足室外远距离传输图像和控制信号传输的要求。

（4）系统设备安装要求

系统设备的安装要求应符合现行《民用闭路监视电视系统工程技术规范》GB 50198 中3.1 ~ 3.5 节的规定。

（5）系统检测要求

系统的工程验收应遵照现行《民用闭路监视电视系统工程技术规范》GB 50198 中4.1 ~ 4.5 节要求进行。

13.3.5 电子巡更子系统

（1）系统功能

根据设定路线进行巡更管理，并予以记录。物业管理中心可读取巡更记录的信息，实现对保安巡更工作的有效管理。

(2) 系统分类

系统分为离线式巡更系统和在线式巡更系统两种。离线式巡更系统的构成如图 13-6 所示，在线式巡更系统的构成如图 13-7 所示。

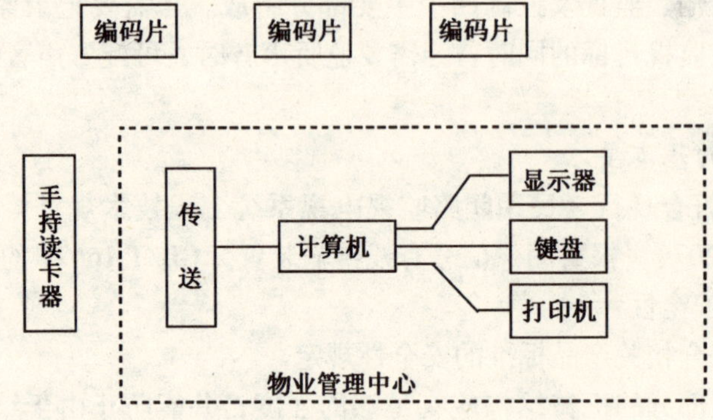

图 13-6　离线式巡更系统

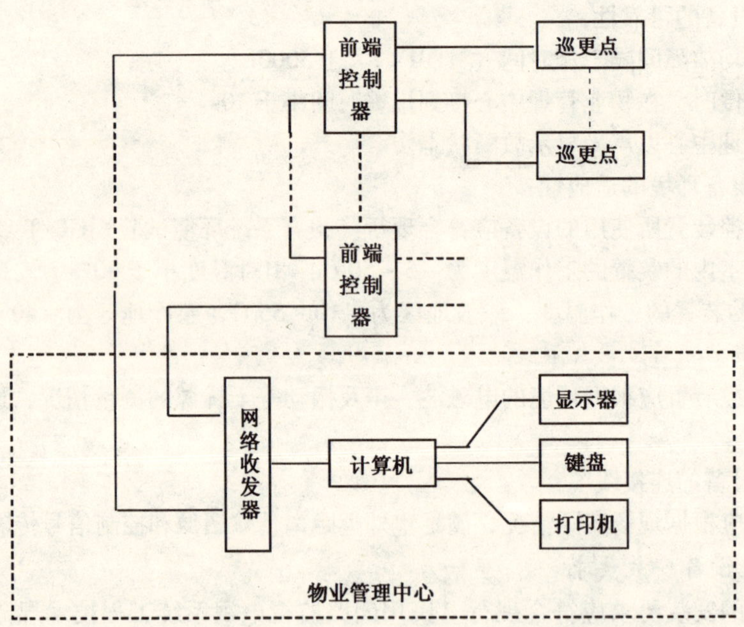

图 13-7　在线式巡更系统

(3) 系统设备的基本要求

系统设备应符合现行《入侵探测器 第一部分：通用要求》GB 10408.1、《防盗报警控制器通用技术条件》GB 12663 的规定，具体如下：

1) 系统设备的安全性：

①系统设备应符合相关产品标准的安全性规定。

②系统设备任何部分的机械结构应有足够的强度，并能防止由于结构不稳定、移动、突出物和锐边造成对人员的损伤。

③报警装置应有防触电保护。

2）系统设备的可靠性：

①系统平均故障间隔工作时间（MTBF）大于5000h。

②发生入侵时，在物业管理中心接到报警时间小于10s。

③物业管理中心以声光显示故障状态。

3）系统设备环境的适应性：

①系统装置所使用的设备应符合现行《报警系统环境试验》GB/T 15211 的要求。

②安装在室内的装置的工作温度为 -5 ~ +50℃，相对湿度小于90%。安装在室外环境（含阳台上）的装置的工作温度：一般地区为 -10 ~ +55℃，寒冷地区为 -40 ~ +35℃，相对湿度小于100%。

③系统装置应根据环境的电磁波、声及振动等干扰源的测量情况，选用符合要求的设备。

4）系统设备的连接电缆：

传输线路应采用耐压不低于250V 的铜芯绝缘多股电线。每芯截面面积≥0.3mm^2。

(4) 系统设备安装要求

1）巡更装置不应装在入侵时易于拆卸的位置。

2）信号线及电源线应有保护套管防护。

3）系统应作接地保护。

4）巡更装置安装前，建筑工程应完成预埋管、预留件等工作，并通过验收合格。

5）各类设备产品应进行进场验收，查验出厂合格证、产地证、产品技术资料，对于实行许可证和安全认证的产品，应有产品许可证和安全认证标志。外观检查应有铭牌、附件齐全、电气接线端子完好、表面无缺损、涂层完整。

(5) 系统检测要求

1）检测物业管理中心与巡更点之间的信息传输。

2）巡更路线的改变功能。

13.4 管理与设备监控系统

管理与设备监控系统包括远传抄表系统、车辆出入及停车场管理系统、背景音乐与应急广播系统、物业管理系统和设备监控系统。

13.4.1 远传抄表子系统

(1) 系统功能

为用户安装具有将计量数据远传至物业管理中心功能的水、电、气、热等表具，在物业管理中心计算机上实时、准确地反映每户的用量数据、金额、交费情况，打印出相应报表。可选用手持抄表设备作为辅助手段。

(2) 系统构成

系统主要由计量表头、多级数据传输模块与计算机组成。

(3) 系统设备的基本要求

1）系统装置应符合《户用计量仪表数据传输技术条件》CJ/T 188 和《电子测量仪器

基本安全试验》GB/T 6587.7 标准中的Ⅱ类测量仪器安全要求。

2）系统备用电源工作时间大于24h。

3）系统平均故障间隔工作时间（MTBF）大于5000h。

4）系统年累计误差小于仪表两个基本计量单位。

5）系统具有密码锁定功能。

6）远传抄表装置不影响原水、电、气、热等表具的精度、耐用性和防爆性。

7）系统装置的工作环境：工作温度 -25 ~ +55℃，相对湿度小于100%。

8）系统装置的机械结构必须要具有足够的强度，并能防止由于装置的结构不牢固、外表面上锐边对人体造成伤害。

9）系统装置应符合各自行业标准中的要求。

（4）系统装置安装要求

1）应符合《建筑电气工程施工质量验收规范》GB 50303 标准的规定。

2）一级数据传输模块的安装位置应靠近相应表具，应与强电区、防爆区隔离。

3）数据传输模块应封闭安装。

4）表具之间的信号线、电源线应有保护套管防护。

（5）系统检测要求

1）一次抄读成功率检测

物业管理中心计算机对住户采集器以固定的间隔抄读不少于100次，保证抄读成功率大于98%。

$$一次抄读成功率=\frac{一次抄读成功的次数}{抄读的总次数}\times 100\%$$

2）数据抄读总差错率试验，管理中心计算机对住户表具的累计用量数据以10min间隔进行抄读，数据精确到小数点后一位，数据量大于等于480组，得出的数据抄读差错率应小于1%。

$$数据抄读总差错率=\frac{不满足要求的次数}{抄读的总次数}\times 100\%$$

3）进行停电检测，要求系统在停电24h内能正常工作。

13.4.2　车辆出入及停车场管理子系统

（1）系统功能

系统应能自动记录车辆的出入时间、自动计费和打印各种报表；自动防止砸车事故等。需要时，可使进出小区的车辆受计算机的实时监控，提供图像对比、车辆识别、问讯对讲、与安防/消防监控系统联动受控及多出入口联网控制等功能。

（2）系统构成

系统由发卡机、读卡器、识别卡、挡车器、车辆信息采集器、系统控制器、停车费显示器、计算机、打印机及系统软件等组成。需要时，可增设车位显示屏、车辆导向牌及视频识别设备。

（3）系统设备的基本要求

1）系统应遵循国际标准通信协议，适应标准的国际通用网络。

2）系统应具有开放性、同类产品的互换性。

3）系统应具有抗干扰性（强电干扰及其他电磁干扰）。

4）系统设备的绝缘性能应满足相关规范、规定的要求。

5）系统设备接口应遵循相关的技术标准。

6）系统中的视频设备应符合现行《民用闭路监视电视系统工程技术规范》GB 50198、《彩色电视图像质量主观评价方法》GB 7401、《报警图像信号有线传输装置》GB/T 16677 的有关要求。

（4）系统设备安装要求

1）读卡器宜与发卡机合装于出入口平台内，距挡车器不少于2.2m，距地高度宜为0.8～1.2m。

2）摄像机安装于车辆行驶的正前方偏左的位置，摄像机距地高度宜为2.2m，在驾驶员停车刷卡时，摄像机距驾驶员宜为4～6m。

3）挡车器的安装必须留有挡杆上下摆动的空间。如受空间限制，可设置折臂式挡车器。

（5）系统检测及调试

1）发卡机的检测及调试

当车辆在信息采集器读感距离内时，请求发卡，发卡机应自动出卡。每车只发一卡。无车时请求发卡，不应出卡。

2）挡车器的检测及调试

在接收到动杆指令后，挡车器的抬杆或落杆时间应在1～3s内连续可调。在挡车器落杆过程中，车辆处在挡杆正下方时，挡杆应能立即停止下落，防止车辆被砸。

3）读卡器的检测及调试

使用各类无效卡时，系统无反应。使用有效识别卡时，在规定的读卡距离内，系统应在1～3s内抬杆或显示停车费金额。

4）停车费显示器（系统）的检测及调试

读卡后，正确显示停车费金额。

5）系统软件的检测及调试

系统软件要保证功能齐全、人机界面友好。

13.4.3 应急广播与背景音乐子系统

（1）系统功能

系统平时用于播放背景音乐，紧急状态下自动切换到紧急广播。需要时系统可与安防、消防系统联动。

（2）系统构成

系统由音源（电子语音盘、录/放音、话筒等设备）、功率放大器、分区输出盘、扬声器、控制器等组成。需要时可增加音频处理设备、计算机管理系统等。

（3）系统设备的基本要求

1）扬声设备的分布应能覆盖整个居住区，每个扬声设备的声场宜为30～50dB。每个扬声器分配的功率宜为标称功率的2/3。

2）功率放大器的最大输出功率应不低于正常广播所需功率的1.5倍。功率放大器等主要器件宜有备用设备。

3）系统设备的安全性：

①装置设备应符合相关产品标准的安全性规定。

②装置设备任何部分的机械结构应有足够的强度，并能防止由于结构不稳定、移动、突出物和锐边造成对人员的损伤。

③装置应有防触电保护。

（4）系统设备的安装要求

1）安装安全可靠，室外设备应能防雨、防尘。

2）电气连接可靠，不得开路或短路。

（5）系统检测及调试

1）系统功能应满足设计要求。

2）系统接收到安防、消防系统联动信号后，应自动切换，并播放设定的内容。

13.4.4　物业管理计算机子系统

（1）系统功能

居住小区应在物业管理中心建立计算机系统，并配备相应的支撑平台和应用软件，实现物业的计算机自动化管理。系统基本功能包括物业公司管理、托管物业管理、业主管理和系统管理四个子系统。

物业公司管理子系统包括办公管理、人事管理、设备管理、财务管理、项目管理和ISO 9000管理等；

托管物业管理子系统包括托管房产管理、维修保养管理、设备运行管理、安防卫生管理、环境绿化管理、业主委员会管理、租赁管理、会所管理和收费管理等；

业主管理包括业主资料管理、业主入住管理、业主报修管理、业主服务管理和业主投诉管理等；

系统管理包括系统参数管理、系统用户管理、操作权限管理、数据备份管理和系统日志管理等；

系统基本功能中还应具备多功能查询统计和报表功能。系统扩充功能包括工作流程管理、地理信息管理、决策分析管理、远程监控管理、业主访问管理等功能。

（2）系统构成

系统分为单机系统、物业管理局域网系统和居住区局域网系统三种体系结构。单机系统和物业管理局域网系统只面向物业管理公司服务，居住区局域网系统面向物业管理公司和居住区业主服务。

（3）系统的基本要求

1）系统硬件设备应优先选用品牌产品，硬件设备应具备可升级性和扩展性。系统运行应稳定、可靠；如果采用网络，网络设备应保证系统应用的传输速率。

2）系统软件应运行于一种操作系统平台下，操作系统和数据库系统选型应考虑安全性、稳定性和易维护性。

3）系统物业管理应用软件应满足系统基本功能，人机交互界面友好、具有安全性和可扩展性等，采用商品化的软件，并建议优先采用通过国家相关软件评测机构认证的软件。

（4）系统检测要求

1）功能测试：测试软件系统的所有功能，以验证是否符合设计功能要求。

2）性能测试：检查系统是否达到设计性能指标，应对软件的响应时间、并发数、吞吐量、存储量等进行检测。

3）安全测试：对系统、数据和代码的安全性进行测试；网络系统应测试网络安全性。

13.4.5 设备监控子系统

（1）系统功能

1）给水排水管理系统功能：

给水箱高/低液位显示报警，水泵状态监控与故障显示报警，污水池高液位显示报警，排污泵水泵状态监控与故障显示报警，饮水池杀菌、过滤设备故障显示报警。

2）电梯运行状态监视和故障报警。

3）公共照明系统：居住区照明分区控制，可设定和修改照明时间。

4）供配电系统：主要设备的运行状态进行监视和故障报警，并能检测、显示和记录有关电气参数。

（2）系统构成

系统由采集器、传感器、报警器、显示器、控制器、执行器件、系统网络、计算机以及系统软件等组成。

（3）系统设备的基本要求

1）系统应遵循国际标准通信协议，适应标准的国际通用网络。

2）系统应具有开放性、同类产品的互换性。

3）系统应具有抗干扰性（强电干扰及其他电磁干扰）。

4）系统设备的绝缘性能应满足相关规范、规定的要求。

5）系统设备接口应遵循相关的技术标准。

6）系统中的视频设备应符合现行《民用闭路监视电视系统工程技术规范》GB 50198、《彩色电视图像质量主观评价方法》GB 7401、《报警图像信号有线传输装置》GB/T 16677 的有关要求。

（4）系统安装要求

1）传感器、采集器、执行器、控制器、报警器应根据产品特性及应用条件进行安装。

2）配套设备应按照产品说明书安装。

（5）系统检测及调试

1）控制器的调试执行相应操作规程。

2）按设计要求检测系统各项指标、调试运行程序。

13.5 通信网络系统

信息网络系统由电话网、有线电视网、宽带接入网、控制网和家居网组成。提供住户电话、有线电视、宽带接入等功能。系统设备应符合国家及地方主管部门有关有线和卫星电视的规定和检测要求。电信设备应具有工业和信息化或国家相关部门的入网许可证。

基本配置为小区宽带接入网、控制网、有线电视网和电话网等各自成系统，采用多种布线方式，但要求科学合理、经济适用。

小区宽带接入网的网络类型可采用以下所列类型之一或其组合：FTTx（x可为B、F，即光纤到楼栋、光纤到楼层）、HFC（光纤同轴网）和xDSL（x可为A、V等，即高速数字用户环路）或其他类型的数据网络。小区宽带接入网应提供管理系统，支持用户开户、用户销户、用户暂停、用户流量时间统计、用户访问记录、用户流量控制等管理功能，使用户生活在一个安全方便的信息平台之上。小区宽带接入网应提供安全的网络保障。小区宽带接入网应提供本地计费或远端拨号用户认证（RADIUS）的计费功能。

13.6 智能化系统建设中应注意的问题

13.6.1 不能盲目追求先进

有些开发商贪多求全，甚至提出“世界一流”、“十五年不落后”等口号。过分强调了智能化系统的作用，忽视了中国的现实、文化背景和人们的实际生活水平等，缺乏对系统和产品深入的了解，超出了业主的功能需求，会造成浪费。在《居住小区智能化系统建设要点与技术要求导则》中，把智能化小区分为一星级、二星级和三星级。但并不是说按三星级标准设计，就是最佳方案。星级划分是对不同档次的小区而言的。简单地说，一星级适用于经济适用型居住小区，二星级适用于舒适型居住小区，三星级适用于豪华型居住小区。选择某类星级，取决于楼盘的定位也就是业主的实际需求。

不要盲目追求技术先进性，有些对智能化小区建设中的系统集成存在理解误区，追求不切合实际的集成高标准和技术先进性，片面强调系统集成概念。在小区内盲目搞三网合一方案，既不考虑是否有需求，也不考虑物业管理人员素质。智能化系统是高新技术的高度综合，这些高新技术本身也在迅速地发展和更新换代。智能化系统的建成只是一切的开始，在投入运行的几十年时间里，除了需要正确地管理和有效地维护外. 还要不断通过实际使用来发现各类系统存在的问题和不足，从而对系统内的部分硬件和软件进行更新与升级，使其达到最佳运行状态。一般来说，智能化系统产品与设备的生命周期为10年，综合布线与现场总线等的使用寿命在15~20年。这就涉及到业主利益与维修基金的使用等方面的问题。

13.6.2 充分重视物业服务

智能化系统的运营与实施是靠物业服务人员，在进行居住区智能化总体方案设计时必须考虑此因素。目前，有些方案在总体规划阶段，就没有考虑系统建成以后所需要的物业管理人员、运用费用等问题。出现了某些小区智能化系统建成后，由于物业管理费偏低或物业服务人员素质差，造成某些系统关闭、停机的现象。因此，在总体方案设计时，就应分析开通所有智能化系统需什么样素质的物业管理人员，收取物业管理费用是否能支付得起，不要为了项目炒作，盲目采用智能化系统，等建成后运营不起来，造成浪费。

13.6.3 重视竣工验收资料

从已建成的智能化小区来看，普遍存在竣工验收资料不够理想。一是资料不全；二是图纸与现场不完全对应，特别是布线较乱，图纸上画的线与现场线对不上，弱电井内一把线不贴标签，出了问题就很难维修。原因是有些智能化系统集成商对现场安装与施工组织了解不多，不能很好地组织指挥。目前对智能化小区设计的注意重点大都集中在智能化系统上，而建筑方面注意不够。建筑结构的灵活性、适应性欠佳，对智能化系统设备的安装空间、管线、路由等考虑不周。施工组织与管理不够健全。开发商应选择有系统设计和施工经验、并能规范施工的集成商来完成智能化系统项目。应严格按规范要求进行施工，否则待隐蔽工程结束后便无法更改了，由此造成的损失将是十分巨大的。

竣工验收技术文件一般应包括智能化系统工程说明、竣工图以及其他文件。竣工图包括：子系统系统图、布线图及子系统设备的布置平面图、子系统设备电气端子接线图、子系统操作监控及过程流程图等。其他文件包括：操作手册、子系统设备概要说明书、子系统设备器材表、子系统设备出厂检测报告及开箱验收记录、子系统工程施工记录、子系统隐蔽工程的工程质量验收资料、相关的重大工程质量事故报告表、工程设计变更单等。

13.6.4 重视多表远传计量系统管理

多表远传计量系统计费没有与有关部门沟通，会造成许多管理问题。有的建成后长期无法工作，造成浪费。有的选用一些价格低、质量差、性能不稳定的产品，造成系统不能正常运行或系统的误差很大，结果形同虚设，仍需人每月入户抄表，完全失去远传和集中检测的作用。水、电、气等业务部门的经营管理方式很不相同，有的在推行（或局部推行）预付费的IC卡经营方式，有的计量由小区物业公司管理，物业公司向水、电、气等业务部门用预售方式交费等。个别小区还将公共环境的浇花清洁用水、路灯照明和办公用电等摊到住户身上，常常由此引发纠纷。多表远传计量系统除了技术问题外，规范管理也非常重要。

多表远传计量系统主要目的是避免每月入户去查表，另一个作用是可监视一些异常情况，如水龙头未关或煤气表忘了关掉，煤气泄漏等，因此是受住户欢迎的。把表装在户外或采用IC卡表具也可同样达到不入户查表，均是可取的。“应以计量部门确认的表具显示数据作为计量依据”是十分必要的。在不少人误认为表具计量值已远传到物业管理中心，因此家中装饰时为了美观移位表具，甚至于不暴露在外，实际上从目前技术水平，由于突发干扰、长时间停电等会使远传到物业管理中心计量数据产生误差，因此，较为实际的做法是正常情况下每年将远传数据校正一次，校正依据正是表具显示数据。

13.6.5 合理建设控制室

控制机房宜设置于居住区的中心位置并远离振动源、噪声源、污染源、电气干扰源和易燃易爆品集中的地方，如锅炉房、变电室（站）等。控制机房面积应考虑以下因素：各子系统设备数量及设备占用面积；设备布置间距和走道的面积；各种管线引入引出所需占地面积；必须的值班室、操作室及间休室、厕所、库房等辅助性房间面积。200 户以下的居住区控制室面积宜为 $20m^2$，201 ~ 500 户的居住区控制室面积宜为 $40m^2$，501 ~ 1000 户的居住区控制室面积宜为 $80m^2$，1000 户以上的居住区宜设立分控机房或扩大面积。许多建成小区的中心控制室非常狭小，并且偏隅一方，有的在地下二层，致使智能化系统投入运行后效果不甚理想。

13.7 小区智能化管理成套技术的发展趋势

13.7.1 节能环保的智能技术

节能环保方面智能化技术的应用是大有作为的，也是今后小区智能化管理成套技术发展的重点。应用以智能技术为支撑的、提高建筑性能的系统与技术。节能控制系统与产品方面，如集中空调节能控制技术、热能耗分户计量技术、智能采光照明产品、公共照明节能控制、地下车库自动照明控制、隐蔽式外窗遮阳百叶、空调新风量与热量交换控制技术等。节水控制系统与产品方面，如水循环再生系统、给水排水集成控制系统、水资源消耗自动统计与管理、中水雨水利用综合控制系统等。利用可再生能源的智能系统与产品，如地热能协同控制、太阳能发电产品等。另外，室内环境综合控制系统与产品、室内环境监控技术、通风智能技术、高效的防噪声系统、垃圾收集与处理的智能技术等。

13.7.2 数字化网络平台技术

建立数字化运营管理网络平台，监控各系统及重点参数，使其达到设计预定的目标；建立突发事件的应急处理系统。加强环境管理，建立 ISO 14000 环境管理体系，达到保护环境，节约资源，改善环境质量的目的。

节水管理方面，应实施按照高质高用、低质低用的用水原则，制定节水方案；采用分户、分类的计量与收费，建立物业内部的节水管理机制；节水指标达到设计要求。

节能管理方面，业主和物业共同制定节能管理模式；分户、分类的计量与收费，建立物业内部的节能管理机制；节能指标达到设计要求。

耗材管理方面，建立建筑、设备、系统的维护制度；减少因维修带来的材料消耗。建立物业耗材管理制度，选用绿色材料（长寿、高效、节能、节水、可降解、可再生、可回用和本地材料）。

绿化管理方面，制定绿化管理制度；对绿化用水进行计量，建立并完善节水型灌溉系统；规范杀虫剂、除草剂、化肥、农药等化学药品的使用，有效避免对土壤和地下水环境的损害。

13.7.3 基于 IP 传输协议的家庭智能终端

发展基于 Internet 网的家庭智能化系统。家庭智能化系统中的家庭智能终端连接到控制中心，一般采用两种方式：现场总线和高速数据网，现场总线是一种传统技术，具有技术成熟、可靠性高的特点。但对室外布线系统要求较高，目前这部分尚不规范。采用与高速数据网共用一种传输介质，需采用 IP 协议传输，称为“基于 IP 传输协议的家庭智能终端”，其优点是布线简化，易实现集成与产品互换，这是一种非常有前途的产品。在技术上主要是考虑系统安全性及对一些开关量的响应延迟时间等问题，目前市场上已有这类产品。建设家庭智能化系统时，可以不将其所有内容划入小区智能化系统中。设计成允许业主根据需要选择相应产品和功能，可以自行升级。